化工腐蚀与防护

主　编：马彩梅　薛　斌
副主编：王　丽　罗　娟　刘婷婷

内 容 提 要

《化工腐蚀与防护》系统介绍了化工腐蚀的基本原理、影响因素及有效预防措施，详细阐述了腐蚀的电化学机制，深入探讨了材料、环境、工艺等多元因素对腐蚀的影响。同时，结合丰富的实际案例，提供了专业的腐蚀防护建议和解决方案。本书注重理论与实践的结合，旨在帮助读者深入理解化工腐蚀问题，掌握有效的防护措施，提高化工设备与生产过程的安全性和稳定性。

《化工腐蚀与防护》可供高等职业技术院校化工类、机械类等专业使用，也可作为其他相关专业用教材以及供有关工程技术人员参考。

图书在版编目（CIP）数据

化工腐蚀与防护/马彩梅，薛斌主编. —天津：天津大学出版社，2017.1（2024.2重印）

ISBN 978-7-5618-5757-1

Ⅰ. ①化… Ⅱ. ①马… ②薛… Ⅲ. ①腐蚀 ②防腐 Ⅳ. ①TG17 ②TB4

中国版本图书馆 CIP 数据核字（2017）第 019088 号

出版发行 天津大学出版社
地　　址 天津市卫津路 92 号天津大学内（邮编：300072）
电　　话 发行部：022-27403647
网　　址 publish.tju.edu.cn
印　　刷 北京虎彩文化传播有限公司
经　　销 全国各地新华书店
开　　本 185mm×260mm
印　　张 13
字　　数 332 千
版　　次 2024 年 2 月第 2 版　2017 年 1 月第 1 版
印　　次 2024 年 2 月第 3 次
定　　价 32.00 元

第二版前言

随着科学技术的不断发展和化工行业对腐蚀防护要求的日益提高，更好适应高等职业技术教育的需要，我们深感有必要在《化工腐蚀与防护》（第一版）的基础上，对教材进行全面修订，以更好地适应行业需求和培养高素质的技术人才。

在修订过程中，我们始终遵循科学性和实用性的原则，力求做到内容丰富、数据准确、案例典型，既满足高等职业技术教育的需要，又贴近化工行业的实际需求。第二版教材在保留首版教材基本框架和精华内容的基础上，进行了大量的更新、补充和优化，旨在为读者提供更为系统、全面的化工腐蚀与防护知识。

本次修订特别注重理论与实践的结合，强调知识的应用性和创新性。我们深入探讨了化工腐蚀的基本原理、腐蚀类型、环境因素对腐蚀的影响以及金属与非金属材料的耐蚀性能等核心问题，同时结合最新的研究成果和实际应用案例，介绍了常用的化工防腐蚀方法和具体的防腐蚀措施。通过这些内容的学习，读者将能够更好地理解和掌握化工腐蚀与防护的基本知识和技能。

为了增强教材的实用性和可读性，我们精心挑选了一些典型的腐蚀案例进行分析和解读，旨在帮助读者通过实际案例加深对理论知识的理解和应用。同时，我们还结合化学工业的特点和现状，对腐蚀试验进行了详细介绍，为读者提供了宝贵的实践经验和实验技能。

《化工腐蚀与防护》（第二版）教材仍包括十一章内容，涵盖了腐蚀及化学工业中腐蚀的危害、金属腐蚀的基本原理、腐蚀的主要类型、氢腐蚀与氧腐蚀、金属在不同环境下的腐蚀、金属材料的耐蚀性能、非金属材料的耐蚀性能、常用化工防腐蚀方法、防腐蚀案例分析、化学工业腐蚀的特点和现状以及腐蚀试验等方面的知识。这些内容既相互独立又相互联系，构成了一个完整、系统的知识体系。

参加本书编写的有马彩梅（第六章、第七章、第八章），薛斌（第一章、第二章、第三章、第十一章），王丽（第四章、第五章），罗娟（第九章、附录），刘婷婷（第十章）。全书由马彩梅、薛斌统稿。本书在编写过程中得到了相关院校和企业的大力支持以及许多宝贵的建议，在此一并表示感谢。

由于水平有限，书中难免有缺限和不妥之处，恳请读者批评指正。

编写组

2024 年 1 月

第一版前言

腐蚀与防护科学是研究材料在环境作用下破坏机理和防护的一门综合性技术科学，它涉及的领域较广，与多学科均有交叉，是一门不断发展的学科。

腐蚀现象遍及国民经济各部门，给国民经济带来巨大损失。根据工业发达国家的调查，每年因腐蚀造成的经济损失占国内生产总值的 3%～4%。我国虽未做过具体统计，但以现状来看，因腐蚀造成的经济损失不容乐观。搞好腐蚀与防护工作，已不是单纯的技术问题，而是关系到保护资源、节约能源、节省材料、保护环境、保证正常生产和人身安全、发展新技术等一系列重大的社会和经济问题。

化工、石油化工是国民经济的重要支柱产业之一，化工生产中的腐蚀常会造成巨大的经济损失，危害人身安全，污染环境等，居行业之首。全面普及腐蚀与防护科学知识，推广防护技术，以减少腐蚀造成的经济损失，延长材料和设备的使用寿命，促进经济的发展和企业经济效益的提高，是化工职业教育在教学过程中需要开展的内容。

为此，根据化工生产的情况，结合职业教育学生的特点，组织编写了《化工腐蚀与防护》。

本书可分为四部分。第一部分是第一章、第二章、第三章、第四章、第五章，介绍了金属腐蚀的基本原理、影响因素、腐蚀形式及常见的环境腐蚀；第二部分是第六章、第七章，介绍了金属和非金属材料的耐蚀性能；第三部分是第八章、第九章、第十一章，介绍了现代常用的化工防腐蚀方法、防腐蚀案例和实验方法；第四部分是第十章，介绍了化工各行业腐蚀的特点及现状。通过四个部分的学习，可以帮助读者了解腐蚀的机理，找到腐蚀的规律，掌握防腐蚀的方法，从而使读者正确分析腐蚀的原因，合理选择材料，预防腐蚀的发生，及时处理腐蚀的问题。

参加本书编写的有马彩梅（第六章、第七章、第八章），薛斌（第一章、第二章、第三章、第十一章），王丽（第四章、第五章），罗娟（第九章、附录），刘婷婷（第十章）。全书由马彩梅、薛斌统稿，管和疆主审。

在校审工作中得到了徐培江、李强的支持和帮助，特此表示感谢。

由于本书涉及的腐蚀与防护技术的面广，内容较多，加之编者的水平有限，不足之处请广大读者提出宝贵意见。

编写组

2016 年 7 月

目　录

第一章

腐蚀及化学工业中腐蚀的危害

学习目标

1. 了解腐蚀与防护的重要性，熟悉腐蚀与防护学科的内容和任务，理解金属腐蚀过程的本质；
2. 掌握腐蚀的定义和分类。

学习重点

1. 腐蚀与防护的重要性；
2. 腐蚀的定义和分类。

第一节　腐蚀的定义

据应急管理部相关网站消息，2021 年，山东某石化公司“1•1”常减压装置稳定塔液化气泵出口管线腐蚀减薄开裂，发生泄漏事故；2021 年，唐山市某钢铁集团煤焦公司“2•23”甲醇合成反应器出口管道法兰焊缝断裂泄漏发生燃爆事故，造成 2 人死亡；2020 年，珠海某石化公司“1•14”催化重整装置预加氢进料/产物换热器与预加氢产物/脱水塔进料换热器间的压力管道弯头因腐蚀减薄破裂，发生爆燃事故；2020 年，某石化公司“2•27”重催装置分馏塔顶循抽出管线因介质腐蚀、冲刷导致管体减薄管体开裂，发生泄漏事故。2020 年，石家庄某化肥企业合成车间甲醇回收装置合成气管线弯头因冲刷减薄合成气泄漏，发生爆炸事故。

这些事故给我们敲响了警钟，提醒我们必须高度重视化工设备的腐蚀问题，加强设备的维护和检查，及时发现和处理腐蚀隐患，以确保化工生产的安全和稳定。以防止类似的事故再次发生。

实际上，腐蚀是常见的自然现象，例如钢铁生锈变成褐色的氧化铁皮（化学成分主要是 Fe_2O_3），铜生锈生成铜绿（化学成分主要是 $CuCO_3 \cdot Cu(OH)_2$）等一般就是所谓金属的腐蚀。

但是腐蚀并不是单纯指金属的锈蚀，从导致金属设备或零件损坏而报废的主要原因来看有三个方面，即机械破裂、磨损和腐蚀。机械破裂，从表面看来似乎仅是纯粹的物理变化，但是在相当多的情况下，常包括由于环境介质与应力联合作用下引起的所谓应力腐蚀破裂。磨损中也有相当一部分是摩擦与腐蚀共同作用下造成的，例如一些在流动的河水中使用的金属结构常受到泥沙冲击发生磨损，同时也可能受到腐蚀。这就是说在材料的大多数破坏形式

中都有腐蚀产生的作用。

随着非金属材料，特别是其中的高分子材料的迅速发展，它们在各种环境中的破坏已引起人们普遍重视。因而许多权威的腐蚀学者或者研究机构倾向于把腐蚀的定义扩大到一切材料。

所以，腐蚀的定义为：材料（通常是金属）或材料的性质由于与它所处环境的反应而恶化变质（见图 1-1）。它包括化学腐蚀和电化学腐蚀两类。

化学腐蚀是指材料表面（常指金属表面）与非导电液体或气体等介质接触时，两者间发生相互作用，但不伴随电流产生。

电化学腐蚀是指材料表面（常指金属表面）与电解质溶液（酸、碱、盐的水溶液）接触时，两者间发生相互作用，此时发生氧化或还原反应，部分金属溶解的同时有电流产生。

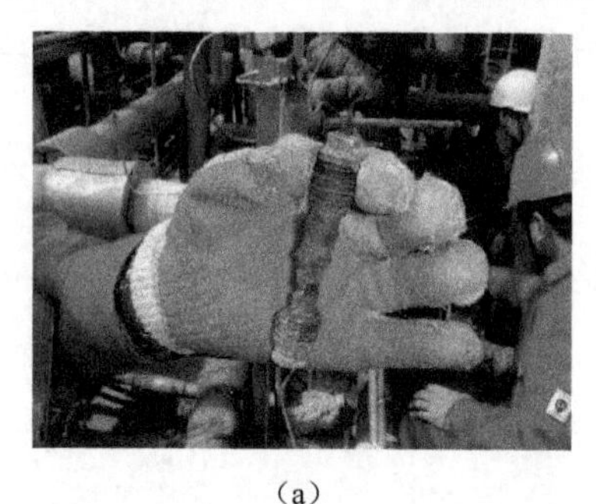

（a）

（b）

图 1-1　腐蚀现场

（a）腐蚀的螺栓　（b）腐蚀的甲铵液角阀

金属和合金的腐蚀主要是由化学或电化学作用所引起的。其破坏有时还伴随着机械、物理或生物的作用。单纯物理的作用所造成的破坏，如合金在液态金属中的物理溶解，仅是少数的例外。

对于非金属而言，破坏往往是由于直接的化学作用或物理作用（如氧化、溶解、溶胀等）引起的。

单纯的机械破坏并不属于腐蚀的范畴。

材料腐蚀的概念应明确指出包括材料和环境在内的反应体系，而且在一般情况下，一定的材料只能适应于一定的环境，尤其是在化工生产过程中，由于腐蚀介质特别复杂，这种情况更加明显。例如碳钢在稀硫酸中腐蚀很快，但在浓硫酸中则相当稳定；而铅则正好相反，它在稀硫酸中很耐蚀，在浓硫酸中则不稳定。所以，必须根据具体条件正确选用材料和采取适当的防护措施。

第二节　腐蚀与防护的重要性

随着社会的发展，三大公害（自然灾害、环境污染、腐蚀）之一的腐蚀越来越受到重视，腐蚀是悄悄自发的一种冶金的逆过程，发生在我们生产、生活和建设的各个环节。材料的腐蚀遍及国民经济各个部门。

日常生活中，人们常看到这样的现象：早晨打开水龙头时，水管里流出黄色的锈水；经加工后灰白色的钢铁放置在大气中生锈后变为褐色的氧化铁等。这些就是我们通常所说的生锈，生锈是人们最常见的一种腐蚀现象，它专指铁或铁合金的腐蚀。其他材料也会腐蚀，如铜质奖牌久放以后产生的绿色斑点，我们称为铜绿；银首饰放置时间久了发黑等。不仅仅金属材料会有腐蚀，非金属材料也一样会产生腐蚀，比如涂料、塑料等在自然条件下的老化失效等。腐蚀是现代工业中极重要的破坏因素，不仅给国民经济造成严重损失，有的还造成重大事故，危及人身安全，因而随着我国经济的不断发展和我国安全环保要求的提高，腐蚀与防护的研究越来越受到人们的重视。

根据国家材料腐蚀与防护科学数据中心、中国科学院金属研究所等权威机构发布的数据，我国每年因腐蚀造成的经济损失约占 GDP 的 3%~5%。这些损失主要发生在基础设施、能源、交通运输、工业生产等领域。

例如，在基础设施方面，桥梁、道路、建筑等因腐蚀而需要维修或更换，这不仅耗费了大量资金，还影响了其正常使用和安全性。在能源领域，石油、天然气管道因腐蚀而泄漏的事故时有发生，不仅造成了资源的浪费，还可能引发环境污染和安全事故。在交通运输领域，汽车、火车、船舶等交通工具的腐蚀也增加了其维护成本和安全隐患。

此外，腐蚀还会对工业生产造成严重影响。一些关键设备的腐蚀可能导致生产中断、产品质量下降甚至安全事故。这些损失不仅直接影响了企业的经济效益，还可能对整个产业链造成连锁反应。

腐蚀对我国 GDP 造成的损失是巨大的，加强防腐蚀工作、提高设备和基础设施的耐蚀性能、推广防腐技术和材料等措施刻不容缓。在腐蚀造成的损失中，有直接和间接两种：直接损失是指金属材料的消耗（据统计冶炼出来的金属中约有 1/10 被腐蚀掉而无法回收）、金属加工成设备的费用以及防腐蚀材料和防腐蚀施工工艺费用等；间接损失则包括原料和产品流失、产品污染、效率降低、停工减产甚至引起火灾、爆炸等情况造成的损失。例如，一个热力发电厂由于锅炉管子腐蚀爆破，更换一根管子价格不会太高，但因停电而引起大片工厂停产，其损失就非常惨重了。

在化工生产过程中，由于经常与腐蚀介质接触，生产又经常在高温、高压、高流速下进行，腐蚀就更为严重了。

材料腐蚀，还给化工生产带来多方面影响，例如因腐蚀而在设计时就要增加原材料的设计裕量，多消耗材料；腐蚀可使金属表面粗糙，加大摩擦系数，为维持管道内流体的流速，就要增加能耗，才能维持原定流量。

设备及机械的腐蚀常导致化工厂连续生产中断，使生产能力受到影响。以一个大型合成氨厂为例，停工一天就要少产 1 000 t 氨。腐蚀使部件损坏，管道泄漏，造成介质或产品的跑、冒、滴、漏，污染环境，影响人身健康，危害农作物。而当高温高压的生产装置因腐蚀而引起爆炸或火灾时，将导致严重的伤亡事故。

因此，为保证正常和均衡生产，节约更多的材料，延长设备的使用寿命；节约能源，提高企业的经济效益；减少污染给人民身体带来的危害等，采用新技术、新工艺，解决材料的腐蚀已是当前企业发展不容忽视的问题。

总的来说，腐蚀与防护研究在我国经济社会建设中意义重大。

（1）经济意义：腐蚀会导致设备、基础设施的过早损坏，从而增加维修和更换的成本。

有效的腐蚀防护措施可以延长设备的使用寿命，减少维修和更换的频率，为企业和国家节约大量资金。此外，腐蚀防护产业的发展也能带动相关产业链的发展，为经济增长提供动力。

（2）社会意义：腐蚀问题不仅关乎经济发展，还直接关系到人民的生命财产安全。例如，桥梁、建筑等基础设施的腐蚀问题如果不得到及时处理，可能会引发安全事故，威胁人民的生命安全。因此，加强腐蚀防护工作对于保障人民生命财产安全、维护社会稳定具有重要意义。

（3）生态意义：腐蚀问题还可能对环境造成破坏。例如，一些腐蚀性物质如果泄漏到环境中，可能会对土壤、水源等造成污染。通过采取有效的腐蚀防护措施，可以减少这类环境污染事件的发生，保护生态环境。

（4）科技意义：腐蚀与防护学科的发展推动了材料科学、化学、物理学等多学科的交叉融合，为科技创新提供了广阔的空间。同时，随着新型防腐技术、材料的不断涌现，也为我国在全球腐蚀防护领域取得领先地位提供了有力支撑。

第三节　腐蚀与防护学科的内容和任务

腐蚀与防护是研究结构材料的腐蚀过程和腐蚀控制机理，采取措施延长结构材料使用寿命的一门学科。正确地选用材料和采取防护措施则是其中的重要课题，这对于增产、节约、提高企业经济效益具有十分明显的现实意义。由于当前实际应用的结构材料仍以金属为主，而且使用最多的仍为普通碳钢及铸铁，所以，当前腐蚀与防护这门学科的对象仍是以金属为主。它的内容着重于研究结构材料的腐蚀机理及其在各种使用条件下的防腐方法。

人类在使用材料的同时，就开始了腐蚀与防护的研究。1965 年，湖北省发掘楚墓时出土的两柄越王勾践时期的宝剑，在地下埋藏两千多年，至今光彩夺目，经检验发现，剑身有抗氧化防蚀的经硫化处理的无机涂层。1974 年在陕西临潼，发掘出来的秦始皇时代的青铜宝剑和大量箭镞，经鉴定表面有一层致密的氧化铬涂层。这说明了早在两千多年前，我国就创造了与现代铬酸盐相似的钝化处理防护技术，这是中国文明史上的一大奇迹。此外，闻名于世的中国大漆在商代已大量使用。

深入而系统地开展腐蚀研究，并使之由经验阶段发展成为一门独立的学科，是从 20 世纪 30 年代开始的。第二次世界大战后，从 20 世纪 50 年代开始，特别是 20 世纪 70 年代以来，为满足工业生产高速发展的需要，出现了一系列腐蚀研究和腐蚀控制技术的新成就，反过来又促进了工业的发展。例如 1915 年合成尿素工艺中试成功，38 年后，由于解决了设备材料的耐蚀性，尿素于 1953 年才得以大规模生产。美国的阿波罗登月飞船贮存 N_2O_4 的高压容器曾发生应力腐蚀破裂，经分析研究加入 0.6% NO 之后才得以解决。类似的案例很多，说明了腐蚀与防护这门学科与现代科学技术的发展有极为密切的关系，对国民经济的发展有重大的意义。

腐蚀与防护这门学科基本上是以金属学与物理化学这两门学科为基础的，同时它还与冶金学、工程力学、机械工程学和生物学等有关学科有密切关系。因此，腐蚀与防护实际上是一门综合性很强的边缘科学，由于它涉及国民经济各个部门，因而也是一门实用性强的技术科学。研究腐蚀理论的目的最终要为腐蚀技术服务，而在腐蚀研究过程中，由于大量应用了

现代实验技术，更加深刻地揭示出腐蚀的本质，又促进了防腐技术的较快发展，如新型耐蚀合金、缓蚀剂、电化学保护、表面处理技术、涂料及非金属材料等方面的研制、生产及使用。

在新时代背景下，随着科学技术的迅速发展和化工行业的不断壮大，腐蚀与防护学科面临着新的挑战和机遇。为了更好地适应新时代的需求，腐蚀与防护学科需要承担以下具体任务：

一、加强腐蚀基础理论与应用研究

深入探索材料在不同介质、温度、压力等条件下的腐蚀行为，揭示腐蚀的本质和规律。通过基础研究的突破，为防腐技术的创新提供理论支撑。例如，研究不锈钢在高温、高压水中的应力腐蚀开裂机制，为核电站等关键设施的选材和设计提供指导。

二、发展新型防腐技术与材料

针对传统防腐技术的不足，研发新型、高效、环保的防腐技术和材料。例如，开发具有自修复功能的智能防腐涂层，能够自动修复因机械损伤或化学侵蚀造成的微小裂缝，延长涂层的使用寿命。在实际应用中，智能防腐涂层显著提高了设备的耐腐蚀性能，延长了设备的使用寿命，降低了维修成本，为企业带来了可观的经济效益。

三、构建完善的腐蚀监测与管理体系

建立全面的腐蚀监测网络，实现对关键设备和设施的实时腐蚀监测。通过数据分析和模型预测，及时发现腐蚀隐患，制定针对性的防护措施。例如，在石油化工企业中建立腐蚀监测系统，对储油罐、管道等关键设备进行定期检测，确保生产安全。

四、推动腐蚀防护标准化与规范化

制定和完善腐蚀防护相关的国家标准、行业标准和企业标准，推动腐蚀防护工作的规范化和标准化。通过标准的实施，提高腐蚀防护工作的质量和效率。例如，制定化工设备防腐蚀设计规范，明确设备的选材、设计、施工和维护要求。

腐蚀与防护学科的战略目标是：加强腐蚀与防护工作的基础研究，大力发展腐蚀与防护技术，广泛普及防腐蚀知识，实现国家的全面腐蚀控制，减少经济损失，节约资源，保护环境。

第四节　金属腐蚀的本质

在自然界中大多数金属常以矿石形式，即金属化合物的形式存在，而腐蚀则是一种金属回复到自然状态的过程。例如，铁在自然界中大多为赤铁矿（主要成分为 Fe_2O_3），而铁的腐蚀产物——铁锈主要成分也是 Fe_2O_3，可见铁的腐蚀过程正是回复到它的自然状态——矿石的过程。由此可知，腐蚀的本质就是金属在一定的环境中经过反应回复到化合物状态。

金属化合物通过冶炼还原出金属的过程大多是吸热过程。因此需要提供大量热能才能完

成这种转变过程；而当在腐蚀环境中，金属变为化合物时却能释放能量，正好与冶炼过程相反。可用下式概括腐蚀过程。

金属材料＋腐蚀介质——→腐蚀产物＋热量

铁为什么会腐蚀呢？因为单质状态的铁比它的化合物状态具有更高的能量。在自然条件下，金属铁自发地转变为能量更低的化合物状态，从不稳定的高能态变成稳定的低能态。腐蚀过程就像水从高处向低处流动一样，是自动进行的。

金属腐蚀的本质就是金属由能量高的单质状态自发地向能量低的化合物状态转变的过程。

从能量观点来看，金属腐蚀的倾向也可以从矿石中冶炼金属时所消耗能量的大小来判断。冶炼时，消耗能量大的金属较易腐蚀，例如铁、铅、锌等；消耗能量小的金属，腐蚀倾向就小，像金这样的金属在自然界中以单质状态（砂金）存在，它就不易被腐蚀。

第五节　腐蚀的类型

根据被腐蚀材料的差别，通常将腐蚀分为金属腐蚀与非金属腐蚀两大类。

一、金属腐蚀的分类

根据金属腐蚀的形态，可将金属的腐蚀分为两大类：全面腐蚀与局部腐蚀。据此又可划分为若干小的类型，如图 1-2 所示。

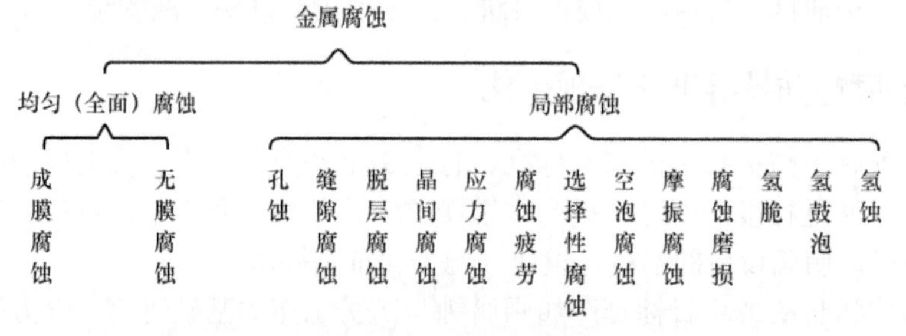

图 1-2　金属腐蚀的分类

金属的腐蚀是相互联系、相互影响的，实际的腐蚀可能是多种形态的综合作用。从危害性的观点看，局部腐蚀的影响较全面腐蚀大得多。据调查，在化工设备的腐蚀破坏中，局部腐蚀约占 70%，而且相当一部分的局部腐蚀是突发性的或灾难性的，可能引发各种事故，甚至造成人身伤亡或环境污染，因此必须特别注意这一类腐蚀。各类腐蚀的形态如图 1-3 所示。

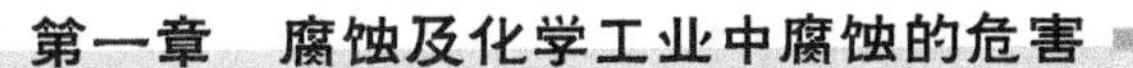

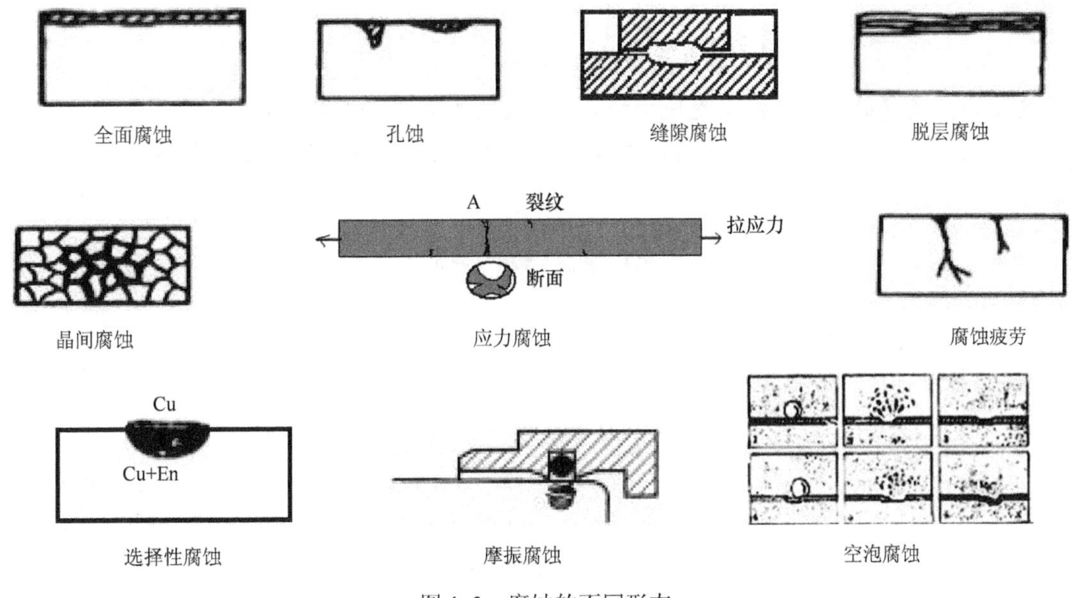

图 1-3 腐蚀的不同形态

二、非金属腐蚀的分类

非金属材料的种类很多，按其性质划分，可分为有机材料与无机材料两大类。按使用方法分，又可以分为结构材料、衬里材料、胶凝材料、涂料和浸渍材料等。由于工程中所用的材料常常是由多种材料混合制成的，例如玻璃钢等，因此上述分类的方法不是绝对的。

（一）高分子材料的腐蚀

高分子材料的腐蚀通常称为化学老化。一般可将高分子材料的腐蚀分为溶胀和溶解、化学裂解、应力腐蚀、渗透与扩散等。

（二）无机非金属材料的腐蚀

无机非金属材料很多，常见的有陶瓷、搪玻璃、玻璃钢、碳—石墨（如碳纤维及其复合材料、膨胀石墨）材料等。各种材料的性能根据工作环境的不同而有所不同，这些材料一般都具有较良好的耐腐蚀性。

无机非金属材料的腐蚀类型受多种因素影响，可有溶解、胀裂、渗透后腐蚀基体金属等。由于非金属的腐蚀与环境的物理作用紧密相连，且条件不同，其表现形式也有区别。

有关金属及非金属的腐蚀，将在后续章节中进一步介绍。

本章小结

1. 腐蚀的定义：指材料在环境的作用下引起的破坏或变质的现象。
2. 腐蚀与防护学科的内容是研究结构材料的腐蚀机理及其在各种使用条件下的防腐

方法。

3. 腐蚀的本质就是金属在一定的环境中经过反应回复到化合物状态，即金属腐蚀的本质就是金属由能量高的单质状态自发地向能量低的化合物状态转变的过程。

4. 根据被腐蚀材料的差别，通常将腐蚀分为金属腐蚀与非金属腐蚀两大类。

习题练习

1. 腐蚀的类型有哪些？
2. 金属腐蚀的本质是什么？

第二章

金属腐蚀的基本原理

学习目标

1. 了解腐蚀电化学反应的实质，清楚电极电位、腐蚀电池等概念；
2. 掌握金属腐蚀的电化学反应式，能够进行腐蚀倾向的判断，熟知腐蚀电池的工作过程。

学习重点

1. 金属腐蚀的电化学反应式；
2. 腐蚀倾向的判断；
3. 腐蚀电池的工作过程。

某化工厂使用不锈钢反应釜进行化学反应。然而，随着时间的推移，反应釜的内壁逐渐出现了锈迹和腐蚀坑。这不仅影响了反应釜的使用寿命，还可能对化工生产造成安全隐患。

金属腐蚀，简单来说，就是金属被周围环境中的某些物质“吃掉”了。在这个案例中，不锈钢反应釜的腐蚀主要是由以下几个因素引起的。

（1）氧化反应：化工生产中，反应釜内经常进行各种化学反应。其中，氧化反应是一种常见的反应类型。在这个过程中，氧气会与金属表面的原子结合，形成金属氧化物。就像铁生锈一样，这些氧化物会逐渐侵蚀金属表面，导致腐蚀。

（2）酸性环境：某些化工生产过程中会产生酸性物质。这些酸性物质会与金属反应，生成金属盐和氢气。这个过程就像是我们用酸来清洗金属表面的锈迹一样，但在这个案例中，酸性环境是持续存在的，所以会不断地腐蚀金属。

（3）电解质溶液：化工生产中，反应釜内经常接触到各种溶液。这些溶液中含有能够导电的离子，如氯离子等。这些离子会在金属表面形成微小的电池，加速金属的腐蚀过程，就像是我们用盐水来加快铁生锈的速度一样。

因此，金属腐蚀是金属与周围环境中的氧气、酸性物质、电解质溶液等发生化学反应的结果。引起金属腐蚀的原理是多种多样的，其基础是电化学原理，它包括金属腐蚀的热力学过程和动力学的作用机理等，其实质是研究金属的氧化。金属的氧化是金属腐蚀的一种重要形式。

众所周知，除金等少数材料之外，自然界的金属在室温下的空气中都有自发生成氧化物的倾向，这种倾向属于热力学过程所研究的问题；而氧化物的生成速度、发展及其规律等则是动力学的作用机理研究的范畴。这是两个不同的概念，不能混淆。

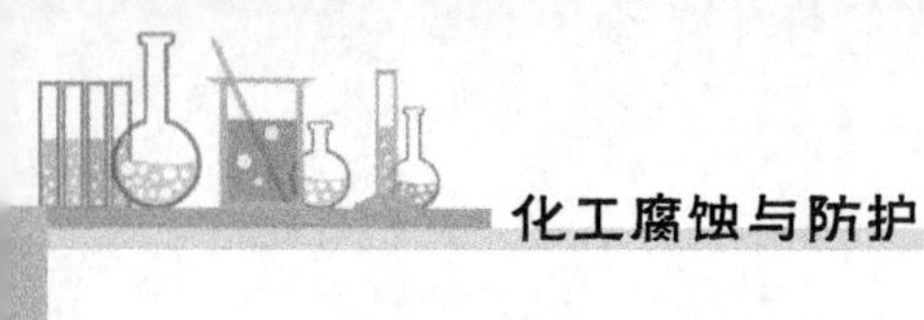

第一节　金属电化学的电化学反应式

金属在电解质溶液中的腐蚀与电化学有关，或者说金属与外部介质发生了电化学反应。这里所说的电解质溶液，简单地说就是能导电的溶液，它是金属产生电化学腐蚀的基本条件。几乎所有的水溶液，包括雨水、淡水、海水，酸、碱、盐的水溶液，甚至从空气中冷凝的水蒸气，都可以成为构成腐蚀环境的电解质溶液。电化学腐蚀是金属最常见、最普通的腐蚀形式。

一、金属腐蚀的电化学反应式

腐蚀虽然是一个复杂的过程，但金属在电解质溶液中发生的电化学腐蚀通常可以简单地看作是一个氧化还原反应过程。所以也可用化学反应式来表示。

（一）金属在酸中的腐蚀

锌、铝等活泼金属在稀盐酸或稀硫酸中会被腐蚀并放出氢气，其化学反应式如下：

$$Zn + 2HCl \longrightarrow ZnCl_2 + H_2\uparrow$$

$$Zn + H_2SO_4 \longrightarrow ZnSO_4 + H_2\uparrow$$

$$2Al + 6HCl \longrightarrow 2AlCl_3 + 3H_2\uparrow$$

（二）金属在中性或碱性溶液中的腐蚀

铁、铜等在水中或潮湿的大气中的生锈，其反应式如下：

$$4Fe + 6H_2O + 3O_2 \longrightarrow 4Fe(OH)_3 \longrightarrow 2Fe_2O_3\text{（铁锈）} + 6H_2O$$

（三）金属在盐溶液中的腐蚀

锌、铁等在三氯化铁及硫酸铜溶液中均会被腐蚀，其反应式如下：

$$Zn + 2FeCl_3 \longrightarrow 2FeCl_2 + ZnCl_2$$

$$Fe + CuSO_4 \longrightarrow FeSO_4 + Cu\downarrow$$

二、用离子方程式表示的电化学腐蚀反应

上述化学反应式虽然表示了金属的腐蚀反应，但未能反映其电化学反应的特征。因此，需要用电化学反应式来描述金属电化学腐蚀的实质。如锌在盐酸中的腐蚀，由于盐酸、氯化锌均是强电解质，所以可写成离子形式，即：

$$Zn + 2H^+ + 2Cl^- \longrightarrow Zn^{2+} + 2Cl^- + H_2\uparrow$$

在这里，氯离子反应前后化合价没有发生变化，实际上没有参加反应，因此可简化为：

$$Zn + 2H^+ \longrightarrow Zn^{2+} + H_2\uparrow$$

这表明，锌在盐酸中发生的腐蚀，实际上是锌与氢离子发生的反应。锌失去电子被氧化为锌离子，同时在腐蚀过程中，氢离子得到电子，还原成氢气。电化学反应式可分为独立的

氧化反应和独立的还原反应。

氧化反应（阳极反应）　　$Zn \longrightarrow Zn^{2+} + 2e$

还原反应（阴极反应）　　$2H^{+} + 2e \longrightarrow H_2 \uparrow$

通常把氧化反应（即放出电子的反应）通称为阳极反应，把还原反应（即接受电子的反应）通称为阴极反应。由此可见，金属电化学腐蚀反应是由至少一个阳极反应和一个阴极反应构成的电化学反应。

三、腐蚀电化学反应的实质

图 2-1 为锌在盐酸中腐蚀时的电化学反应过程示意图。图中表明，浸在盐酸中的锌表面的某一区域被氧化成锌离子进入溶液并放出电子，通过金属传递到锌表面的另一区域被氢离子所接受，并还原成氢气。锌溶解的这一区域称为阳极，遭受腐蚀。而产生氢气的这一区域称为阴极。因此，腐蚀电化学反应实质上是一个发生在金属和溶液界面上的多相界面反应。从阳极传递电子到阴极，再由阴极进入电解质溶液。这样一个通过电子传递的电极过程就是电化学腐蚀过程。

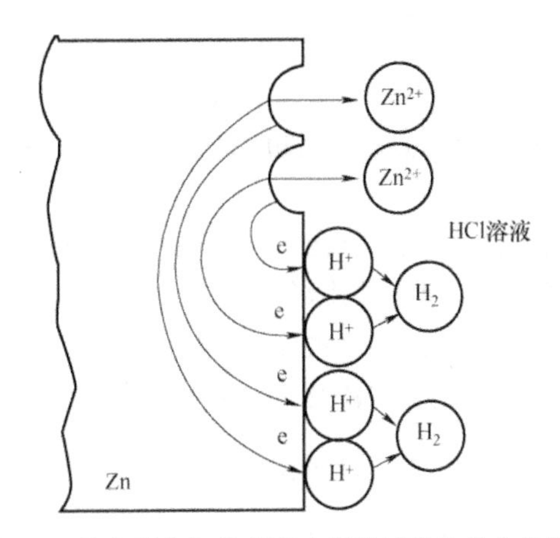

图 2-1　锌在无空气的盐酸中腐蚀时发生的电化学反应

电化学腐蚀过程中的阳极反应，总是金属被氧化成金属离子并放出电子的过程。可用下列通式表示：

$$M \longrightarrow M^{n+} + ne$$

式中　M——被腐蚀的金属；

M^{n+}——被腐蚀金属的离子；

n——金属放出的自由电子数。

上式适用于所有金属的腐蚀反应的阳极过程。

电化学腐蚀过程中的阴极反应，总是由溶液中能够接受电子的物质（称为去极剂或氧化剂）移去从阳极流出来的电子的过程。可用下列通式表示：

$$D + ne \longrightarrow [D \cdot ne]$$

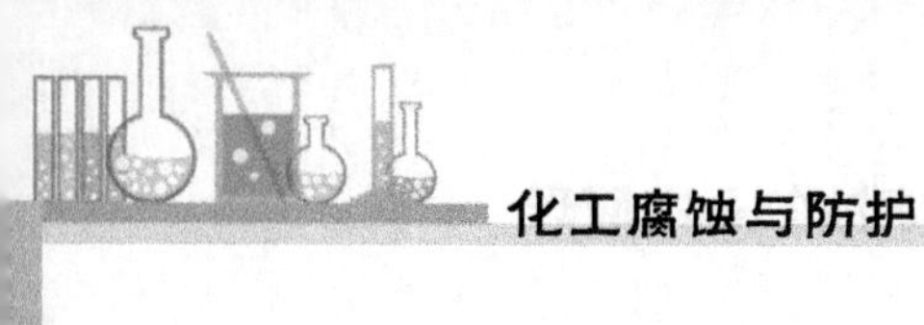

式中　D——去极剂；

[D • *n*e]——去极剂接受电子后生成的物质；

n——去极剂消耗的电子数，等于阳极放出的电子数。

常见的去极剂有三类。

第一类去极剂是氢离子，还原生成氢气，所以这种反应又称为析氢反应。

$$2H^+ + 2e \longrightarrow H_2 \uparrow$$

第二类去极剂是溶解在溶液中的氧，在中性或碱性条件下还原生成 OH^-，在酸性条件下生成水。这种反应常称为吸氧反应或耗氧反应。

中性或碱性溶液　$O_2 + 2H_2O + 4e \longrightarrow 4OH^-$

酸性溶液　$O_2 + 4H^+ + 4e \longrightarrow 2H_2O$

第三类去极剂是金属高价离子，这类反应往往产生于局部区域，虽然较少见，但能引起严重的局部腐蚀。这类反应一般有两种情况，一种是金属离子直接还原成金属，称为沉积反应。

$$Cu^{2+} + 2e \longrightarrow Cu$$

另一种是还原成较低价态的金属离子。

$$Fe^{3+} + e \longrightarrow Fe^{2+}$$

上述三类去极剂的五种还原反应为最常见的阴极反应，在这些反应中有一些共同的特点，就是它们都消耗电子。

所有的腐蚀反应都是一个或几个阳极反应与一个或几个阴极反应的综合。如上述铁在水中或潮湿的大气中的生锈，就是以上两式的综合。

氧化——阳极反应　$2Fe \longrightarrow 2Fe^{2+} + 4e$

还原——阴极反应　$O_2 + 2H_2O + 4e \longrightarrow 4OH^-$

$$2Fe + O_2 + 2H_2O \longrightarrow 2Fe^{2+} + 4OH^- \longrightarrow 2Fe(OH)_2 \downarrow$$

在实际腐蚀过程中，往往会同时发生一种以上的阳极反应和一种以上的阴极反应，如铁—铬合金腐蚀时，铬和铁二者都被氧化，它们以各自的离子形式进入溶液。同样地，在金属表面也可以发生一种以上的阴极反应，如含有溶解氧的酸性溶液，既有析氢的阴极反应，又有析氧的阴极反应：

$$2H^+ + 2e \longrightarrow H_2 \uparrow$$

$$O_2 + 4H^+ + 4e \longrightarrow 2H_2O$$

因此含有溶解氧的酸溶液一般来说比不含溶解氧的酸腐蚀性要强。其他的去极剂如三价铁离子也有这样的效应。工业盐酸中常含有杂质 $FeCl_3$，在这样的酸中，因为有两个阴极反应，即析氢反应和三价铁离子的还原反应，所以金属的腐蚀也严重得多。

$$2H^+ + 2e \longrightarrow H_2 \uparrow \text{（析氢反应）}$$

$$Fe^{3+} + e \longrightarrow Fe^{2+} \text{（还原反应）}$$

第二节 金属电化学腐蚀倾向的判断

金属的电化学腐蚀从本质上说是由金属自身的电化学性质和其所处的环境介质共同决定的。金属的电极电位，作为金属最重要的固有性质之一，在电化学腐蚀中扮演着关键角色。

电极电位是金属在特定条件下与溶液中的其他物质发生氧化还原反应时表现出的电位差。这个电位差反映了金属原子失去电子成为离子的倾向性，也就是金属的活泼性或还原性。电极电位越负，金属越容易失去电子，即金属的活泼性越强，电化学腐蚀的倾向性也就越大。

在金属与电解质溶液接触时，由于不同金属或同一金属的不同区域之间存在电位差，就会形成腐蚀电池。在这个电池中，电位较负的金属作为阳极，会发生氧化反应，即金属原子失去电子成为离子进入溶液；而电位较正的金属或区域则作为阴极，发生还原反应，通常是溶液中的氧或其他氧化剂接受电子。

通过比较不同金属的电极电位，可以对它们在特定环境中的电化学腐蚀倾向性进行热力学判断。例如，在海水环境中，由于氯离子的存在，电极电位较负的金属如铁、锌等更容易发生腐蚀，而电极电位较正的金属如铜、银等则相对较为稳定。

因此，了解金属的电极电位及其与环境的相互作用是预测和控制金属电化学腐蚀的重要基础。在实际应用中，人们通过选择合适的金属材料、设计合理的结构、采取防护措施等手段来降低或避免金属的电化学腐蚀。

一、电极电位

（一）双电层结构与电极电位

金属进入溶液中，在金属和溶液界面可能发生带电粒子的转移，电荷从一相通过界面进入另一相内，结果在两相中都会出现剩余电荷，并或多或少地集中在界面两侧，形成了一边带正电一边带负电的“双电层”。例如，金属 M 浸在含有自身离子 M^{n+}的溶液中，金属表面的金属离子 M^{n+}有向溶液迁移的倾向；溶液中的金属离子 M^{n+}也有从金属表面获得电子而沉积在金属表面的倾向。若金属表面的金属离子向溶液迁移的倾向大于溶液中金属离子向金属表面沉积的倾向，则金属表面的金属离子能够进入溶液。本来金属是电中性的，现由于金属离子进入溶液而把电子留在金属上，所以这时金属带负电；然而，在金属离子进入溶液时也破坏了溶液的电中性，使溶液带正电。由于静电引力，溶液中过剩的金属离子紧靠金属表面，形成了金属表面带负电，金属表面附近的溶液带正电的离子双电层[如图 2-2（a）所示]。锌、铁等较活泼的金属在其自身盐的溶液中可建立这种类型的双电层。相反，若溶液中的金属离子向金属表面沉积的倾向大于金属表面的金属离子向溶液迁移的倾向，则溶液中的金属离子将沉积在金属表面上，使金属表面带正电，而溶液带负电，建立了另一种离子双电层如图 2-2（b）所示。铜、铂等不活泼的金属在其自身盐的溶液中可建立这种类型的双电层。

以上两种离子双电层的形成都是由于作为带电粒子的金属离子在两相界面迁移所引起的。而某些离子、极性分子或原子在金属表面上的吸附还可形成另一种类型的双电层，称为吸附双电层。如金属在含有 Cl^-的介质中，由于 Cl^-吸附在表面后，因静电作用又吸引了溶液中的等量的正电荷从而建立了如图 2-2（c）所示的双电层。极性分子吸附在界面上做定向排列，也能形成吸附双电层如图 2-2（d）所示。

无论哪一类型双电层的建立，都将使金属与溶液之间产生电位差。我们称这样一个金属/电解质溶液体系为电极，而将该体系中金属与溶液之间的电位差称为该电极的电极电位。

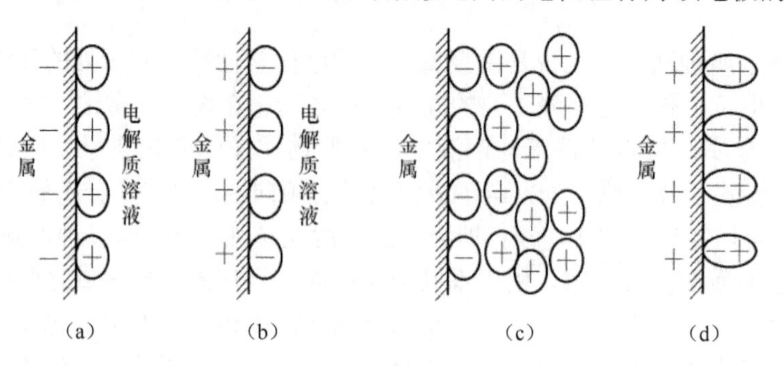

图 2-2　金属表面电层

（a）金属表面带负电、溶液带正电的双电层（离子双电层）（b）金属表面带正电、溶液带负电的双电层（离子双电层）（c）吸附双电层（一）（d）吸附双电层（二）

（二）平衡电极电位与能斯特（Nernst）方程式

由上述可知，当金属电极浸入含有自身离子的盐溶液中时，由于金属离子在两相间的迁移，将导致金属/电解质溶液界面上双电层的建立。对应的电极过程为：

$$M^{n+} + ne \longrightarrow \left[M^{n+} \cdot ne\right]$$

当这一电极过程达到平衡时，电荷从金属向溶液迁移的速度和从溶液向金属迁移的速度相等。同时，物质从金属向溶液迁移的速度和从溶液向金属迁移的速度也相等。即不但电荷是平衡的，而且物质也是平衡的。此时，在金属和溶液界面建立一个稳定的双电层，即不随时间变化的电极电位，称为金属的平衡电极电位（E_e），也可称为可逆电位。

如果上述平衡是建立在标准状态（纯金属、纯气体、$1.013\,25\times10^5$ Pa，25 ℃、单位活度）下，则得到的是该电极的标准电极电位。

由于电极电位的绝对值至今无法直接测出，因此只能用相比较的方法测出相对的电极电位，而实际应用中只要知道电极电位的相对值就够了。比较测定法就像我们测定地势高度用海平面的高度作为比较标准一样，目前测定电极电位采用标准氢电极作为比较标准。

标准氢电极是把镀有一层铂黑的铂片放在氢离子为单位活度的盐酸溶液中，在 25 ℃时不断通入压力为 $1.013\,25\times10^5$ Pa 的氢气，氢气被铂片吸附，并与盐酸中的氢离子建立平衡：

$$H_2 \longrightarrow 2H^+ + 2e$$

这时，吸附氢气达到饱和的铂和氢离子为单位活度的盐酸溶液间所产生的电位差称为标准氢电极的电极电位。我们规定标准氢电极的电极电位为零，即 $E^{\ominus}_{H^+/H_2} = 0.000\ V$。在这里，铂是惰性电极，只起导电作用，本身不参加反应。

测定电极电位可采用图 2-3 所示的装置。将被测电极与标准氢电极组成原电池，用电位差计测出该电池的电动势，即可求出该金属电极的电极电位。

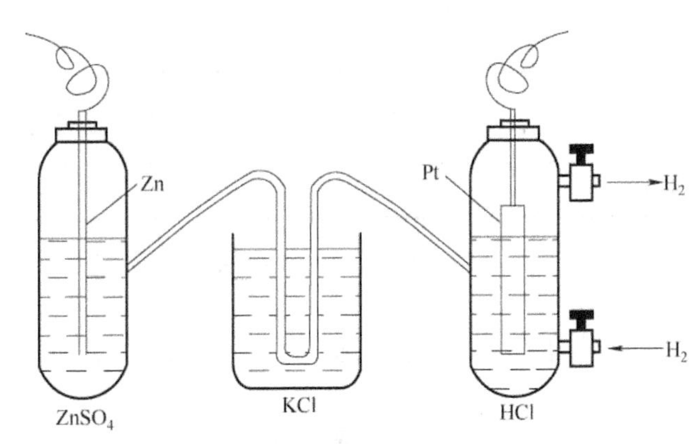

图 2-3　电极电位测定装置

如测定标准锌电极的电极电位是将纯锌浸入锌离子为单位活度的溶液中，与标准氢电极组成原电池，测得该电池的电动势为 0.763 V，因为相对于氢电极而言，锌为负极，而标准氢电极的电位为零，所以标准锌电极的电极电位为–0.763 V。

表 2-1 列出了一些电极的标准电极电位值。此表是按照电极电位值由小到大的顺序排列的，所以叫标准电极电位序或称电动顺序表，简称电动序。

表 2-1　金属在 25 ℃时标准电极电位　　V

$K \rightleftharpoons K^{+} + e$	–2.92	$2H^{+} + 2e \rightleftharpoons H_2$	0.000（参比用）
$Na \rightleftharpoons Na^{+} + e$	–2.71	$Sn^{4+} + 2e \rightleftharpoons Sn^{2+}$	0.154
$Mg \rightleftharpoons Mg^{2+} + 2e$	–2.38	$Cu \rightleftharpoons Cu^{2+} + 2e$	0.34
$Al \rightleftharpoons Al^{3+} + 3e$	–1.66	$O_2 + 2H_2O + 4e \rightleftharpoons 4OH^{-}$	0.401
$Zn \rightleftharpoons Zn^{2+} + 2e$	–0.763	$Fe^{3+} + e \rightleftharpoons Fe^{2+}$	0.771
$Cr \rightleftharpoons Cr^{3+} + 3e$	–0.71	$2Hg \rightleftharpoons 2Hg^{+} + 2e$	0.798
$Fe \rightleftharpoons Fe^{2+} + 2e$	–0.44	$Ag \rightleftharpoons Ag^{+} + e$	0.799
$Cd \rightleftharpoons Cd^{2+} + 2e$	–0.402	$Pd \rightleftharpoons Pd^{2+} + 2e$	0.83
$Co \rightleftharpoons Co^{2+} + 2e$	–0.27	$O_2 + 4H^{+} + 4e \rightleftharpoons 2H_2O$	1.23
$Ni \rightleftharpoons Ni^{2+} + 2e$	–0.23	$Pt \rightleftharpoons Pt^{2+} + 2e$	1.2
$Sn \rightleftharpoons Sn^{2+} + 2e$	–0.140	$Au \rightleftharpoons Au^{3+} + 3e$	1.42
$Pb \rightleftharpoons Pb^{2+} + 2e$	–0.126		

标准氢电极在实际的测定中往往由于条件的限制，不便直接采用，而用别的电极作为参比电极，如银—氯化银电极，铜—硫酸铜电极等。用这些参比电极测得的电位值要进行换算，即用待测电极相对这一参比电极的电位，加上这一参比电极相对于标准氢电极的电位，即可得到待测电极相对于标准氢电极的电位值。表 2-2 列出了一些常用参比电极相对于标准氢电极的电极电位值。

表 2-2　25 ℃时常用参比电极的电极电位　　V

参比电极	电极电位
饱和甘汞电极	+0.241 5
1 mol/L 甘汞电极	+0.282 0
0.01 mol/L 甘汞电极	+0.333 7

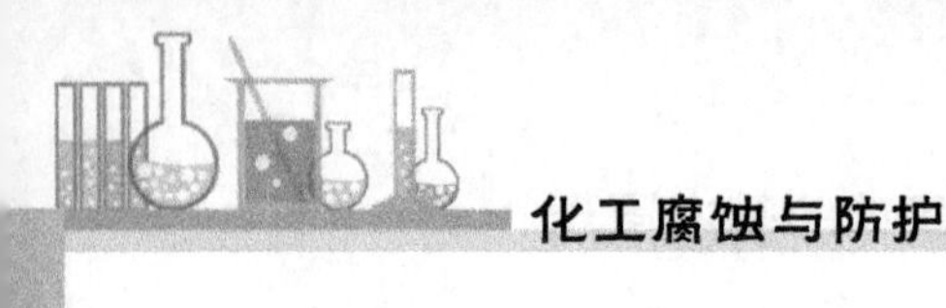

续表

参比电极	电极电位
Ag/AgCl 电极	+0.222 2
$Cu/CuSO_4$ 电极	+0.316 0

例如某电极相对于饱和甘汞电极的电位为+0.5 V，换算成相对于标准氢电极的电位则应为+0.5+0.241 5=+0.741 5 V。

当一个电极体系的平衡不是建立在标准状态下时，要确定该电极的平衡电位可以利用能斯特（Nernst）方程式。

$$E_e = E^\ominus + \frac{RT}{nF}\ln\frac{\alpha_{氧化态}}{\alpha_{还原态}}$$

式中　E_e——平衡电极电位（V）；

$E^\ominus$——标准电极电位（V）；

F——法拉第常数，96 500 C/mol；

R——气体常数，8.314 J/（mol • K）；

T——绝对温度（K）；

n——参加电极反应的电子数；

$\alpha_{氧化态}$——氧化态物质的平均活度；

$\alpha_{还原态}$——还原态物质的平均活度。

对于金属固体来说，$\alpha_{还原态}=1$，因此，能斯特方程式可简化为：

$$E_e = E^\ominus + \frac{RT}{nF}\ln\alpha_{M^{n+}}$$

式中　$\alpha_{M^{n+}}$——氧化态物质即金属离子的平均活度。

这里需要指出的是，在实际腐蚀问题中，经常遇到的是非平衡电位，电极上同时存在两个或两个以上不同物质参加的电化学反应。电极上不可能出现物质与电荷都达到平衡的情况。非平衡电位可能是稳定的，也可能是不稳定的，电荷的平衡是形成稳定电位的必要条件。

如锌在盐酸中的腐蚀，至少包含下列两个不同的电极反应。

阳极反应　$Zn \longrightarrow Zn^{2+} + 2e$

阴极反应　$2H^+ + 2e \longrightarrow H_2\uparrow$

在这种反应中，失电子是一个电极过程完成的，而获得电子靠的是另一个电极过程。当阴、阳极反应以相同的速度进行时，电荷达到平衡。这时所获得的电位称为稳定电位。非平衡电位不服从能斯特方程式，只能用实测的方法获得。

二、腐蚀倾向的判断

在任何电化学反应中，电位较负的电极进行氧化反应，电位较正的电极进行还原反应。对照表 2-1 应用这一规则就可以初步预测金属的腐蚀倾向。凡金属的电极电位比氢更负时，它在酸溶液中会腐蚀，如锌和铁在酸中均会遭受腐蚀。

$$Zn + H_2SO_4(稀) \longrightarrow ZnSO_4 + H_2\uparrow \quad（E^\ominus_{H^+/H_2} 比 E^\ominus_{Zn^{2+}/Zn} 更正）$$

铜和银的电位比氢正，所以在酸溶液中不腐蚀，但当酸中有溶解氧存在时，就可能产生氧化还原反应，铜和银将自发腐蚀。

$$Cu + H_2SO_4(稀) \longrightarrow 不反应（E^{\ominus}_{Cu^{2+}/Cu} 比 E^{\ominus}_{H^+/H_2} 更正）$$

$$2Cu + 2H_2SO_4(稀) + O_2 \longrightarrow 2CuSO_4 + 2H_2O（E^{\ominus}_{O_2/H_2O} 比 E^{\ominus}_{Cu^{2+}/Cu} 更正）$$

表 2-1 中最下端的金属如金和铂是非常不活泼的，除非有极强的氧化剂存在，否则它们不会腐蚀。

$$Au + H_2SO_4(稀) + O_2 \longrightarrow 不反应（E^{\ominus}_{Au^{3+}/Au} 比 E^{\ominus}_{O_2/H_2O} 更正）$$

运用电动顺序表只能预测标准状态下腐蚀体系的反应方向，对于非标准状态下的平衡体系，在预测腐蚀倾向前必须先按能斯特方程式进行计算。

必须强调的是，在实际的腐蚀体系中，遇到平衡电极体系的例子是极少的，大多数的腐蚀是在非平衡的电极体系中进行的，这样就不能用金属的标准电极电位而应采用金属在该介质中的实际电位作为判断的依据。另外，金属的标准电极电位是在金属表面裸露的状态下测得的，如果金属表面有覆盖膜存在则不能运用电动顺序表预测其腐蚀倾向。

虽然标准电极电位表在预测金属的腐蚀倾向方面存在以上的限制，但用这种表粗略地判断金属的腐蚀倾向是相当方便和有用的。

三、电位—pH 图

由于大多数金属腐蚀过程的本质是电化学的氧化还原反应，所以它不仅与溶液中离子的浓度有关，而且还与溶液的 pH 值有关。因此，电极电位与溶液的浓度和酸度存在着一定的函数关系。如果用这些变数来作图，就可以清楚地看出腐蚀体系各种化学平衡和电化学平衡的一个总轮廓。为简化起见，往往对浓度变数指定一个数值，则电位—pH 图中的各条直线代表一系列等温、等浓度的电位—pH 线。

因为电位—pH 图是比利时学者布拜首先提出的，故又称为布拜图，是一种描述电化学系统中各种反应平衡条件的图表。它以电位（通常是相对于标准氢电极的平衡电极电位）为纵坐标，以 pH 值为横坐标。布拜图可以用来预测在给定的电位和 pH 条件下，哪些物质是稳定的，哪些反应可能会发生。

布拜图在腐蚀科学中特别有用，因为它可以帮助我们理解金属在不同环境中的腐蚀行为。通过查看布拜图，我们可以确定金属在特定电位和 pH 条件下的稳定状态，以及它可能发生腐蚀的条件。这对于设计防止金属腐蚀的策略，选择适当的金属材料，以及在特定环境中使用金属具有重要的指导意义。

布拜图的绘制通常基于热力学数据，包括各种物质的自由能、电极电位等。这些数据可以通过实验测量或从文献中获得。通常理论电位—pH 图仅涉及某一元素（及其含氧和含氢化合物）与水构成的体系。图 2-4 是简化后的 Fe—H_2O 体系的电位—PH 图。

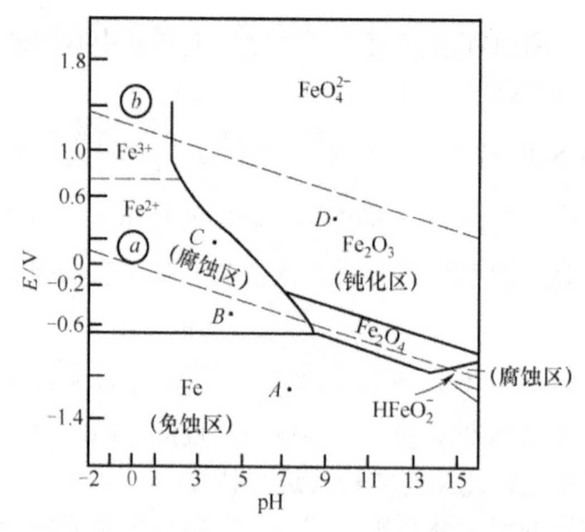

图 2-4　简化的 Fe—H_2O 体系的电位—pH 图

（一）免蚀区

在此区涉及的电位和 pH 范围内金属铁处于热力学稳定状态，不发生腐蚀，也称为稳定区。

（二）腐蚀区

在此区所涉及的电位和 pH 范围内，稳定存在的 Fe^{2+}、Fe^{3+}、FeO_4^{2-}和 $HFeO_2^-$等离子，金属处于不稳定状态，可能发生腐蚀。

（三）钝化区

在该区金属铁由于表面生成了保护性氧化膜（Fe_3O_4，Fe_2O_3）而处于热力学稳定状态，因而腐蚀不明显。

通过简化的电位—pH 图，我们可以大致地从理论上判断一种金属在给定的电位、pH 值的条件下是否会发生腐蚀。当然这是一种热力学的判断，不能确定实际的金属腐蚀速度有多大。

下面我们通过对简化的 Fe—H_2O 体系电位—pH 图上所示各点进行简略分析，讨论电位—pH 图在腐蚀与防护中的应用。

如果金属铁处于图中 *A* 点，因该区是 Fe 和 H_2 的稳定区，所以不会发生腐蚀。在 *B* 点所处的区域是 Fe^{2+}和 H_2 的稳定区，因此若 Fe 处于 *B* 点所对应的条件下将产生阳极溶解，生成 Fe^{2+}同时放出氢气；*C* 点所对应的是 Fe^{2+}和 H_2O 的稳定区，在此条件下，铁也将发生腐蚀，但此时生成的是 Fe^{2+}和 H_2O，不可能放出氢气。如果铁处于图中 *D* 点所示状态，由于这个区是 Fe_2O_3 和 H_2O 的稳定区，因而铁溶解的同时，有 Fe_2O_3 生成。若生成的 Fe_2O_3 有较好的保护性能，则将阻碍铁的进一步溶解。

如果我们欲将铁从 *C* 点移出腐蚀区，从电位—pH 图来看，可以采取三种措施，即：

（1）把铁的电位降低至免蚀区；

（2）把铁的电位升高至钝化区；

（3）调整溶液的 pH 值使铁进入钝化区。

从以上的分析我们可以看出，电位—pH 图在腐蚀与防护上的应用主要是预测金属腐蚀倾向，估计腐蚀产物的成分以及选择控制腐蚀的方法等几个方面。

目前电位—pH 图已用于许多常见金属腐蚀问题的分析，在腐蚀研究中，该图是热力学分析的一种有力工具。但是由热力学数据计算获得的电位—pH 图，在预测金属腐蚀的实际情况时至少存在以下几方面的局限性。首先，电位—pH 图是一种热力学状态图，只能预测金属的腐蚀倾向而不能说明腐蚀速度的大小；其次，电位—pH 图只表明平衡状态下的腐蚀行为，但通常金属的腐蚀很少在平衡状态下进行，而且水中常含有其他杂质离子，如 Cl^-、SO_4^{2-}、PO_4^{3-} 等，因此实际腐蚀情况比该图表示的要复杂得多；再有就是电位—pH 图中的钝化区并不能反映出各种金属氧化物、氢氧化物等究竟具有多大的保护性能。

不过，尽管电位—pH 图有这些局限性，但在许多情况下，它们能预示金属腐蚀倾向的大致情况。如果把对钝化研究的成果充实到理论的电位—pH 图中去，则可得到所谓经验的或实验的电位—pH 图，其实际应用价值更大。

第三节　腐 蚀 电 池

一、产生腐蚀电池的必要条件

我们知道，如果将两个不同的电极组合起来就可以构成原电池。例如把锌和硫酸锌水溶液、铜和硫酸铜水溶液这两个电极组合起来，就可成为铜锌原电池（丹尼尔电池），如图 2-5 所示。

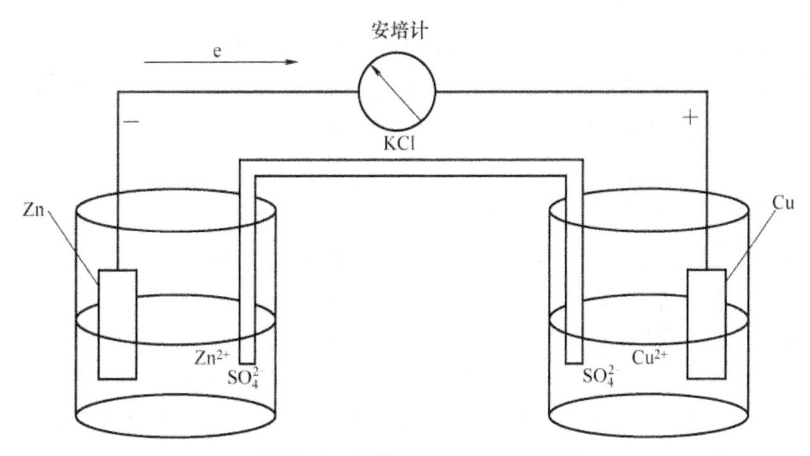

图 2-5　铜锌原电池装置示意图

在此电池中，若 $ZnSO_4$ 水溶液中 Zn^{2+} 活度 $\alpha_{Zn^{2+}}=1$，$CuSO_4$ 水溶液中 Cu^{2+} 活度 $\alpha_{Cu^{2+}}=1$ 时，则根据表 2-1 数据可计算该原电池的电动势为

$$E^{\ominus}=E^{\ominus}_{Cu^{2+}/Cu}-E^{\ominus}_{Zn^{2+}/Zn}=+0.337-(-0.763)=1.100\text{ V}$$

在这一原电池的反应过程中，锌溶解到硫酸锌溶液中而被腐蚀，电子通过外部导线流向

铜而产生电流，同时铜离子在铜上析出。在水溶液外部，电流的方向是从铜极到锌极，而电子流动的方向正好与此相反。因此铜极是正极，而锌极是负极。

原电池可用下面的形式表达：

$$(-)\ Zn\ |\ Zn^{2+}\ \|\ Cu^{2+}\ |\ Cu\ (+)$$

原电池的构成并不限于电极金属浸入含有该金属离子的水溶液中。如果将锌与铜浸到稀硫酸中（图 2-6），铜和锌之间也存在电动势，两极间也产生电位差，这就是伏特电池。它与前面所说的丹尼尔电池的不同之处就在于金属与不同种离子之间所产生的电位差。这种原电池中负极仍然为锌，正极为铜，但是在铜上进行的是 H^+的还原反应。

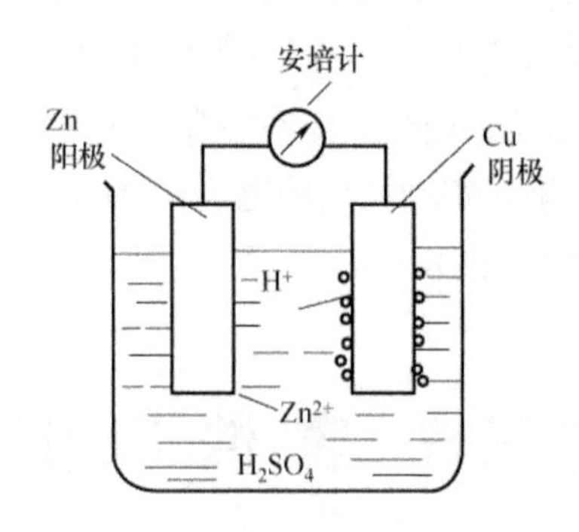

图 2-6　腐蚀原电池示意图

原电池的电化学反应过程如下：

负极上的反应：$Zn \longrightarrow Zn^{2+} + 2e$（氧化反应）

正极上的反应：$2H^+ + 2e \longrightarrow H_2\uparrow$（还原反应）

原电池的总反应：$Zn + 2H^+ \longrightarrow Zn^{2+} + H_2\uparrow$

原电池可表示为下面的形式：$(-)\ Zn\,|\,H_2SO_4\,|\,Cu\ (+)$

同样地，在这一电化学反应过程中锌溶解于硫酸中而遭受腐蚀，而铜则不受腐蚀（在不产生二次反应的情况下）。由此可见，金属的电化学腐蚀正是由于不同电极电位的金属在电解质溶液中构成了原电池而产生的，通常称为腐蚀原电池或腐蚀电池。必须注意的是在腐蚀电池中规定使用阴极和阳极的概念，而不用正极和负极。在上述腐蚀电池中，Zn 为阳极，Cu 为阴极；阳极发生氧化反应而被腐蚀，在阴极上发生还原反应但本身不腐蚀。

由以上剖析，可得出形成腐蚀电池必须具备以下条件。

（1）存在电位差，即要有阴、阳极存在，其中阴极电位总比阳极电位为正，阴、阳极之间产生电位差，电位差是腐蚀原电池的推动力。电位差的大小反映出金属电化学腐蚀的倾向。

产生电位差的原因很多，不同金属在同一环境中互相接触会产生电位差，例如上述 Cu 与 Zn 在 H_2SO_4 溶液中可构成电偶腐蚀电池；同一金属在不同浓度的电解质溶液中也可产生电位差而构成浓度腐蚀电池；同一金属表面接触的环境不同，也可构成浓度差腐蚀电池。

（2）要有电解质溶液存在，使金属和电解质之间能传递自由电子。这里所说的电解质稍微有一点离子化就够了，即使是纯水也有少许离解引起电传导。如果是强电解溶液，则腐蚀将大大加速。

（3）在腐蚀电池的阴、阳极之间，要有连续传递电子的回路。

由此可知，一个腐蚀电池必须包括阳极、阴极、电解质溶液和电路四个不可分割的部分。

二、腐蚀电池的工作过程

腐蚀电池的工作过程主要由下列三个基本过程组成。图 2-7 是腐蚀电池工作示意图。

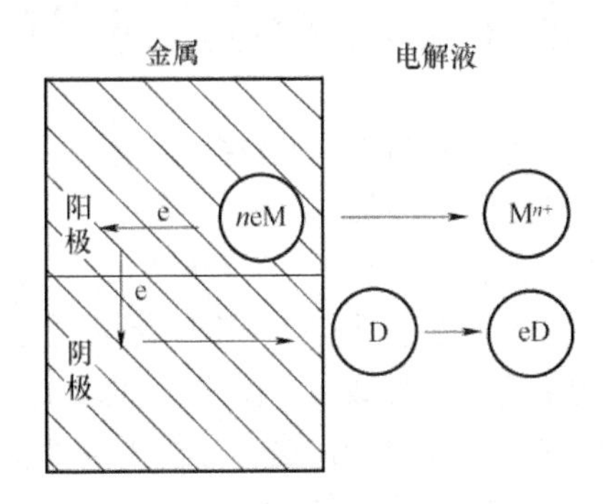

图 2-7　腐蚀电池工作示意图

（一）阳极过程

金属溶解，以离子的形式进入溶液，并把当量的电子留在金属上：

$$M \longrightarrow M^{n+} + ne$$

（二）阴极过程

从阳极流过来的电子被电解质溶液中能够吸收电子的氧化剂即去极剂（D）所接受：

$$D + ne \longrightarrow [D \cdot ne]$$

在与阴极接受电子的还原过程平行地进行的情况下，阳极过程可不断地继续下去，使金属受到腐蚀。

（三）电流的流动

电流在金属中是依靠电子从阳极流向阴极，而在溶液中是依靠离子的迁移，这样就使整个电池系统中的电路构成通路。

腐蚀电池工作所包含的上述三个基本过程，相互独立又彼此依存，缺一不可。只要其中一个过程受到阻滞不能进行，其他两个过程也将受到阻碍而不能进行。整个腐蚀电池的工作势必停止，金属电化学腐蚀过程当然也停止。

一个完整的腐蚀电池，是由两个电极组成。一般把电池的一个电极称作半电池。从这个意义上说，电极不仅包含电极自身，而且也包括电解质溶液在内。在金属与溶液的界面上进行的电化学反应称为电极反应。电极反应导致在金属和溶液的界面上形成双电层，双电层两侧的电位差，即为电极电位，也称为绝对电极电位。当金属电极上只有唯一的一种电极反应，并且该反应处于动态平衡时，金属的溶解速度等于金属离子的沉积速度，则建立起一个电化学平衡。

常见的电化学腐蚀有析氢腐蚀和吸氧腐蚀。以氢离子作为去极剂，在阴极上发生 $2H^{+}+2e \longrightarrow H_2\uparrow$ 的电极反应叫氢去极化反应。由氢去极化引起的金属腐蚀称为析氢腐蚀。

如果金属（阳极）与氢电极（阴极）构成原电池，当金属的电位比氢的平衡电位更负时，两电极间存在着一定的电位差，才有可能发生氢去极化反应。当电解质溶液中有氧存在时，在阴极上发生氧去极化反应。在中性或碱性溶液中：$O_2+2H_2O+4e \longrightarrow 4OH^-$；在酸性溶液中：$O_2+4H^++4e \longrightarrow 2H_2O$。由此引起阳极金属不断溶解的现象就是氧去极化腐蚀。

第四节　金属电化学腐蚀的电极动力学

在一个化工厂里，有一个大型的金属储罐，用来存放某种酸性液体。随着时间的推移，工人们发现储罐的某些部位开始出现了腐蚀的迹象。

腐蚀的原因：这个储罐是由一种金属（比如铁）制成的。当它与酸性液体接触时，金属表面的原子就开始与酸中的离子发生反应。这个反应是一个电化学过程，就像电池里的反应一样。

在这个反应中，金属储罐的某些部位变成了“阳极”，也就是电流流出的地方。在这些阳极区域，金属原子失去了电子，变成了金属离子，这个过程叫做“氧化”。这些金属离子随后溶解在酸性液体中，导致金属逐渐变薄，最终形成腐蚀坑。

同时，在储罐的其他部位，可能有一些不容易被腐蚀的杂质或涂层，这些地方就变成了“阴极”。在阴极区域，酸中的离子接收了来自阳极的电子，这个过程叫做“还原”。还原反应通常不会导致金属的腐蚀，因为它不直接涉及金属的消耗。

电极动力学，这个腐蚀过程的动力学是由几个因素决定的。

（1）电位差：阳极和阴极之间的电位差是推动电流流动的原因。电位差越大，腐蚀反应进行得就越快。

（2）电解质浓度：酸性液体的浓度也会影响腐蚀速率。浓度越高，离子与金属表面碰撞的机会就越多，反应也就越快。

（3）温度：温度升高通常会加速化学反应，包括腐蚀反应。

（4）氧气供应：在某些情况下，氧气的存在会加速阴极反应，从而加快整个腐蚀过程。

为了减缓这种电化学腐蚀，化工厂通常会采取以下一些措施。

（1）在储罐内部涂上一层防腐涂层，以隔绝金属与酸性液体的直接接触。

（2）控制酸性液体的浓度和温度，以减少腐蚀反应的动力。

（3）定期检查储罐的腐蚀情况，及时进行修复或更换。

通过这个案例，我们可以看到金属电化学腐蚀是如何在实际化工生产过程中发生的，以及如何通过控制电极动力学因素来减缓腐蚀的影响。电化学动力学中的一些理论在金属腐蚀与防护领域中的应用就构成了电化学腐蚀动力学的研究内容，主要研究范围包括金属电化学腐蚀的电极行为与机理、金属电化学腐蚀速度及其影响因素等。例如，就化学性质而论，铝是一种非常活泼的金属，它的标准电极电位为–1.662 V。从热力学上分析，铝和铝合金在潮湿的空气和许多电解质溶液中，本应迅速发生腐蚀，但在实际服役环境中铝合金变得相当稳定。这不是热力学原理在金属腐蚀与防护领域的局限，而是腐蚀过程中反应的阻力显著增大，使得腐蚀速度大幅度下降所致，这些都是腐蚀动力学因素在起作用。除此之外，氢去极化腐蚀、氧去极化腐蚀、金属的钝化及电化学保护等有关内容也都是以电化学腐蚀动力学的理论为基础的。电化学腐蚀动力学在金属腐蚀与防护的研究中具有重要的意义。

电化学腐蚀通常是按原电池作用的历程进行的，腐蚀着的金属作为电池的阳极发生氧化（溶解）反应，因此电化学腐蚀速度可以用阳极电流密度表示。

例如，将面积各为 10 m^2 的一块铜片和一块锌片分别浸在盛有 3%的氯化钠溶液的同一容器中，外电路用导线连接上电流表和电键，这样就构成一个腐蚀电池，如图 2-8 所示。

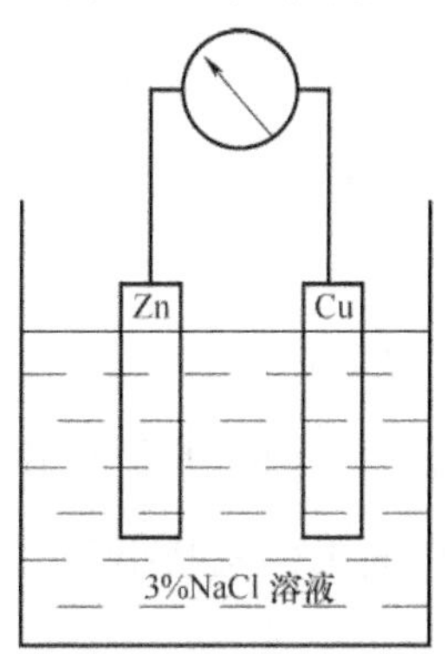

图 2-8　腐蚀电池及其电流变化示意图

查表得知铜和锌在该溶液中的开路电位分别为+0.05V 和–0.83V，并测得外电路电阻 $R_{外}=110\Omega$，内电路电阻 $R_{内}=90\Omega$。

让我们观察一下该腐蚀电池接通后其放电流随时间变化的情况。

外电路接通前，外电阻相当于无穷大，电流为零。

在外电路接通的瞬间，观察到一个很大的起始电流，根据欧姆定律其数值为

$$I_{始}=(\varphi_K^o-\varphi_A^o)/R=[0.05-(-0.83)]/(110+90)=4.4\times10^{-3}\,A$$

式中　φ_K^o——阴极（铜）的开路电位（V）；

φ_A^o——阳极（锌）的开路电位（V）；

R——电池系统的总电阻（Ω）。

在达到最大值 $I_{始}$后，电流又很快减小，经过数分钟后减小到一个稳定的电流值 $I_{稳}=1.5\times10^{-4}\,A$，约为 $I_{始}$的 1/30。

为什么腐蚀电池开始作用后，其电流会减小呢？根据欧姆定律可知，影响电流强度的因素是电池两极间的电位差和电池内外电路的总电阻。因为电池接通后其内外电路的电阻不会随时间而发生显著变化，所以电流强度的减小只能是由于电池两极间的电位差发生变化的结果。实验测量证明确实如此。

图 2-9 表示电池电路接通后，两极电位变化的情况。从图上可以看出，当电路接通后，阴极（铜）的电位变得越来越小。最后，当电流减小到稳定值 $I_{稳}$时两极间的电位差减小到（$\varphi_K-\varphi_A$），而 φ_K 和 φ_A 分别是对应于稳定电流时阴极和阳极的有效电位。由于（$\varphi_K-\varphi_A$）比（$\varphi_K^o-\varphi_A^o$）小很多，所以，在 R 不变的情况下，

$$I_{稳}=\frac{\varphi_K-\varphi_A}{R}$$

必然要比 $I_{始}$小很多。

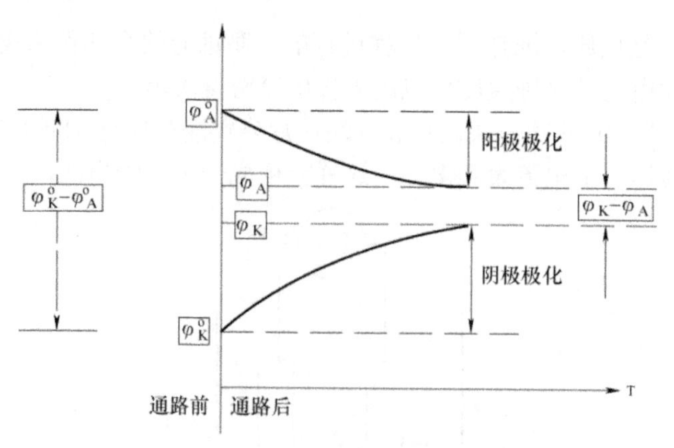

图 2-9　电极极化的电位—时间曲线

由于通过电流而引起原电池两极间电位差减小并因而引起电池工作电流强度降低的现象，称为原电池的极化作用。

当通过电流时阳极电位向正的方向移动的现象，称为阳极极化。

当通过电流时阴极电位向负的方向移动的现象，称为阴极极化。

在原电池放电时，从外电路看，电流是从阴极流出，然后再进入阳极。我们称前者为阴极极化电流，称后者为阳极极化电流。显然，在同一个原电池中，阴极极化电流与阳极极化电流大小相等方向相反。

消除或减弱阳极和阴极的极化作用的电极过程称为去极化作用或去极化过程。相应地有阳极的去极化和阴极的去极化作用。

能消除或减弱极化作用的物质，称为去极化剂。

极化现象的本质在于，电子的迁移（当阳极极化时电子离开电极，当阴极极化时电子流入电极）比电极反应及其有关的连续步骤完成得快。

如图 2-10 所示，如果在进行阳极反应时金属离子转入溶液的速度落后于电子从阳极流入外电路的速度，那么在阳极上就会积累起过剩的正电荷而使阳极电位向正的方向移动；在阴极反应过程中，如果反应物来不及与流入阴极的外来电子相结合，则电子将在阴极积累而使阴极电位向负的方向移动。

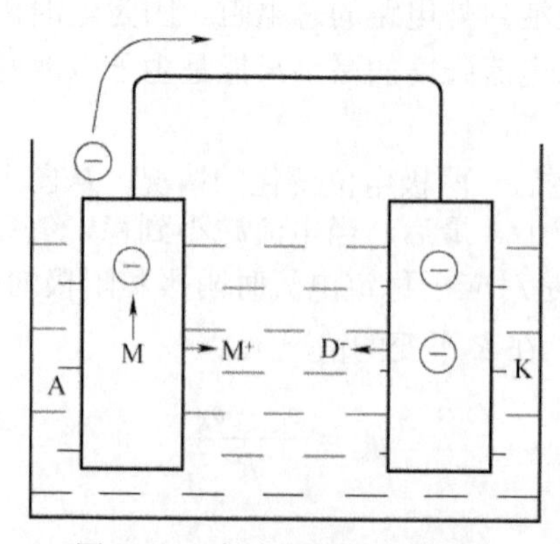

图 2-10　腐蚀电池极化示意图

各类腐蚀电池作用的情况基本上与上述原电池短路时的情况相似。由于腐蚀电池的极化作用，使腐蚀电流减小从而降低了腐蚀速度。假若没有极化作用，金属电化学腐蚀的速度将要大得多，这对金属设备和材料的破坏更为严重。所以，对减缓电化学腐蚀来说，极化是一种有益的作用。

本章小结

1. 金属腐蚀是由至少一个阳极反应和一个阴极反应构成的电化学反应。

2. 腐蚀电化学反应的实质是一个发生在金属和溶液界面上的多相界面反应。

3. 金属的电极电位是金属本身最重要的性质，根据金属电极电位的正、负及其正、负的程度，可以进行金属电化学腐蚀倾向性的热力学判断。

4. 金属的电化学腐蚀正是由于不同电极电位的金属在电解质溶液中构成了原电池而产生的，通常称为腐蚀原电池或腐蚀电池。必须注意的是在腐蚀电池中规定使用阴极和阳极的概念，而不是正极和负极。

习题练习

1. 腐蚀电化学反应的实质是什么？举例说明。

2. 说明电极系统（金属/电解质）产生双电层的原因。双电层有哪几种情况？

3. 什么叫金属的电极电位？什么叫金属的平衡电极电位？建立一个平衡电极电位应满足哪些条件？

4. 金属的电极电位如何测定？用锌的例子说明之。

5. 什么叫非平衡电位？其与平衡电位有何区别？

第三章

腐蚀的主要类型

学习目标

1. 掌握金属和非金属腐蚀的类型;
2. 了解全面腐蚀与局部腐蚀的概念与区别;
3. 掌握电偶腐蚀、点蚀、缝隙腐蚀、晶间腐蚀、应力腐蚀的概念、影响因素、防止方法;
4. 了解非金属腐蚀的形式。

学习重点

1. 金属和非金属腐蚀的常见类型。
2. 电偶腐蚀、点蚀、缝隙腐蚀、晶间腐蚀、应力腐蚀的概念、影响因素、防止方法。

第一节　腐蚀的类型

腐蚀是材料与其环境间的物理化学作用引起的材料本身性质的变化。材料腐蚀包括金属腐蚀和非金属腐蚀。

一、金属腐蚀的类型

按照腐蚀破坏形式可分为全面腐蚀和局部腐蚀。例如在化工厂里，有着错综复杂的金属管道系统，用于输送各种化学品。随着时间的推移，这些管道可能会发生腐蚀，但腐蚀的形式可能会有所不同。

（一）全面腐蚀

全面腐蚀指腐蚀在整个金属表面进行。腐蚀可以是均匀的，也可以是不均匀的。其特征表现为金属质量减少，壁厚减小；非金属体积膨胀，韧或脆性能减退或失去。腐蚀虽然同样发生在整个材料表面上，但各部分的微观腐蚀速度实际上并不均等。发生全面腐蚀的条件是腐蚀介质均匀地抵达金属表面的各部位，而且金属的成分和组织比较均匀。

全面腐蚀的电化学过程特点是腐蚀电池的阴、阳极面积非常小，甚至在显微镜下也难于区分，而且微阴极和微阳极的位置是变幻不定的，因为整个金属表面在溶液中都处于活化状态，只是各点随时间有能量起伏，能量高时（处）为阳极，能量低时（处）为阴极，因而使金属表面都遭到腐蚀。

如果化工厂管道输送的是一种强酸性液体，并且这种液体在整个管道内部都保持均匀的浓度和温度，那么管道的内壁就可能会均匀地变薄。这是因为酸性液体与金属管道的反应在整个表面上都是均匀的。

全面腐蚀虽然会导致金属的整体性能下降，但它也有一个好处，那就是比较容易预测。因为腐蚀是均匀的，所以工程师可以通过定期检查管道的厚度来评估其剩余寿命，并及时进行更换。

（二）局部腐蚀

与全面腐蚀不同，局部腐蚀是指金属表面的某些特定区域发生腐蚀，而其他区域则相对未受影响。其特点是腐蚀仅局限或集中在金属的某一特定部位。

局部腐蚀时，阳极和阴极区一般是截然分开的，其位置可用肉眼或微观检查方法加以区分和辨别。腐蚀电池中的阳极溶解反应和阴极区腐蚀剂的还原反应在不同区域发生，而次生腐蚀产物又可在第三地点形成。

局部腐蚀可细分为电偶腐蚀、点蚀、缝隙腐蚀、晶间腐蚀、选择性腐蚀、磨损腐蚀、应力腐蚀断裂、氢脆和腐蚀疲劳等。

局部腐蚀是金属构件与设备腐蚀损伤的一种重要形式。局部腐蚀金属损失的量不大，但由于局部腐蚀常会导致设备的突发性破坏，因这种突发性破坏常常难以预测，往往会造成巨大的经济损失，甚至引发灾难性的破坏。

在化工厂，局部腐蚀可能发生在以下几种情况。

（1）浓度差异：如果管道内部的化学品浓度不均匀，高浓度区域就可能会对金属造成更严重的腐蚀。

（2）温度差异：如果管道受到不均匀的加热或冷却，热应力可能会导致某些区域的金属更容易发生腐蚀。

（3）杂质或沉积物：管道内部的杂质或沉积物可能会在某些区域集中，形成一个电化学腐蚀电池的阳极，从而导致该区域的金属发生腐蚀。

为了防止局部腐蚀，化工厂通常会采取一些措施，如定期清洗管道以去除杂质和沉积物、保持化学品的均匀浓度和温度，以及在管道内部涂上一层防腐涂层等。

（三）全面腐蚀与局部腐蚀比较

全面腐蚀与局部腐蚀相比较，在腐蚀形貌、电极面积、腐蚀产物、腐蚀危害等方面存在不同，见表 3-1。

表 3-1　全面腐蚀与局部腐蚀的比较

项　目	全面腐蚀	局部腐蚀
腐蚀形貌	腐蚀分布在整个金属表面上	腐蚀破坏集中在一定区域，其他部分不腐蚀
腐蚀电池	阴、阳极在表面上变幻不定；阴、阳极不可辨别	阴、阳极可以分辨
电极面积	阳极面积=阴极面积	阳极面积≪阴极面积
电位	阳极电位=阴极电位=腐蚀电位	阳极电位<阴极电位
腐蚀产物	可能对金属有保护作用	无保护作用

续表

项　目	全面腐蚀	局部腐蚀
失效事故率	低	高
预测性	容易预测	难以预测

二、非金属腐蚀的类型

非金属材料可分为无机非金属材料和有机非金属材料。

有机高分子材料是指以 C、H 为主要元素，相对分子质量很大的高分子材料。高分子材料根据性质和用途分为塑料、橡胶、纤维等。

有机高分子材料腐蚀的现象有溶胀、溶解、老化等。

无机非金属材料是指除有机高分子材料和金属材料以外的固体材料，其中大多数为硅酸盐材料。无机非金属材料常根据材料的不同，腐蚀类型也不尽相同，如玻璃腐蚀的现象有溶解、风化、水解、选择性腐蚀等；混凝土腐蚀有浸析腐蚀、化学腐蚀等。

第二节　金属局部腐蚀的类型

一、电偶腐蚀

（一）概念

当两种电极电位不同的金属或合金相接触并置于电解质溶液中时，即可发现电位较低的金属腐蚀加速，而电位较高的金属腐蚀反而减慢（得到了保护）。这种现象称为电偶腐蚀，也称为异种金属接触腐蚀。

实际生产中，常常会见到电偶电池，如某啤酒厂的大啤酒罐，用碳钢制造，表面涂覆防腐涂料，用了 20 年。为了解决罐底涂料层容易损坏的问题，新造贮罐采用了不锈钢板作罐底，筒体仍用碳钢，认为不锈钢完全耐蚀就没有涂覆涂料。几个月后，碳钢罐壁靠近不锈钢的一条窄带内发生大量蚀孔泄漏。

（二）电偶序

不同金属在同一介质中相互接触，哪种金属腐蚀，哪种金属被保护，我们可以根据金属电极电位判断，电位较负的金属做阳极，加速腐蚀，电位较正的金属做阴极，腐蚀减缓。

前面章节中，我们学习了在标准状况下，根据电动序表可以判断金属腐蚀的倾向。但实际生产中，腐蚀环境并不都符合标准状况，我们不能用标准电极电位来判断实际情况中金属腐蚀的倾向，而是应该用它们在特定介质中腐蚀电位（即稳定电位）作为判断依据。

金属（或合金）在一定条件下测得的稳定电位按相对大小排序得到的表称为电偶序。表 3-2 列出了若干金属和合金在海水中的电偶序。

表 3-2 若干金属和合金在海水中的电偶序

金属和合金	电位
铂	↑ 电位正，阴极
金	
石墨	
银	
18-8 钼不锈钢（钝态）	
18-8 不锈钢（钝态）	
11%～30%Cr 不锈钢（钝态）	
因考耐尔（80Ni，13Cr，7Fe）（钝态）	
镍（钝态）	
镍焊药	
蒙耐尔（70Ni，30Cu）	
铜镍合金（60%～90%Cu，40%～10%Ni）	
青铜（Cu-Sn）	
铜	
黄铜（Cu-Zn）	
Chlorimet 2（66Ni，22Mo，1Fe）（镍钼合金 2）	
因考耐尔（活态）	
镍（活态）	
锡	
铅-锡焊药	
18-8 钼不锈钢（活态）	
18-8 不锈钢（活态）	
高镍铸铁	
13%Cr 不锈钢（活态）	
铸铁	
钢或铁	
2024 铝（4.5Cu，1.5Mg，0.6Mn）	
镀锌钢	
工业纯锌	
镁和镁合金	↓ 电位负，阳极

这里要指出，电动序与电偶序在形式上相似，但含义不同：电动序是纯金属在平衡可逆的标准条件下测得的电极电位排列顺序，用来判断金属腐蚀的倾向；而电偶序是金属或合金在非平衡可逆体系的稳定电位来排序的，用来判断在一定介质中两种金属或合金相互接触时

产生电偶腐蚀的可能性，以及判断哪一种金属做阳极、哪一种做阴极。

电偶序在使用中的注意事项如下。

（1）电偶序是根据在某一介质中测得的不同金属的稳定电位按顺序排列的表，稳定电位是热力学参数，利用电偶序能判断金属在偶对中的电极性质和腐蚀倾向，但无法解决腐蚀速度问题。

（2）在表中，合并为一组的金属或合金，其电极电位相差不大，偶合时，无显著的电偶效应，可联合使用。

（3）在表上方金属（合金）电位高于下方的，距离越远电位差越大，阳极腐蚀程度越大。也有违反规律的，如：18-8 不锈钢和铜在海水中。

（三）影响因素

1. 面积效应

电偶腐蚀率与阴、阳极面积比有关。通常，增加阳极面积可以降低腐蚀率。从电化学腐蚀原理可知道，大阳极—小阴极，阳极腐蚀速度较慢；大阴极—小阳极，阳极腐蚀速度加剧。例如，海水浸入大铜板上带有铁铆钉的试件腐蚀就是如此，铁铆钉受到严重腐蚀。反之，大阳极和小阴极的连接，则危险性较小。如大铁板上带有铜铆钉，电偶效应就大大降低了，见图 3-1。

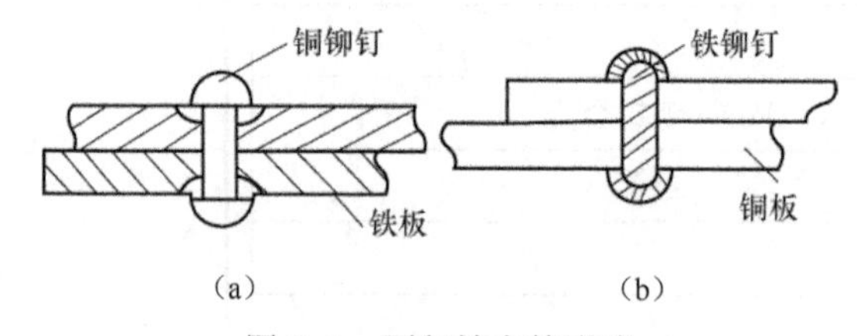

图 3-1　面积效应的影响

（a）大阳极—小阴极　（b）大阴极—小阳极

2. 环境因素

电偶腐蚀是两种不同金属在一起时，其中一种金属更容易被腐蚀的现象。这种情况会受到环境的影响。不同的环境，比如水的成分、温度等，都会影响金属的腐蚀程度。

一般来说，在某种环境下，比较容易被腐蚀的金属会变成电偶的阳极。但有时候，如果环境变了，比如水的温度升得很高，那么原来不容易被腐蚀的金属也可能会变成阳极，开始被腐蚀。

例如把钢和锌放在一起，然后放到水里，通常锌会更容易被腐蚀，从而保护了钢。但是，如果水温非常高，达到 80℃以上，情况就会反过来，钢开始被腐蚀，而锌则得到了保护。

又如镁和铝一起被放在中性或者稍微有一点酸性的盐水中，一开始镁会更容易被腐蚀。但是，随着镁的不断溶解，盐水的性质会发生变化，变得越来越呈碱性，这时候铝反而会变成更容易被腐蚀的金属。

所以，环境因素对电偶腐蚀的影响是非常大的，不同的环境下，哪种金属更容易被腐蚀是会发生变化的。

3. 溶液电阻的影响

介质的电导率高，则较活泼金属的腐蚀可能扩展到距接触点较远的部位，即有效阳极面积增大，腐蚀不严重。

在电解质溶液中，如果没有维持阴极过程的溶解氧、氢离子或其他氧化剂，就不能发生电偶腐蚀。如在封闭热水体系中，铜与钢的连接不产生严重的腐蚀。

（四）防止方法

两种金属或合金的电位差是电偶效应的动力，是产生电偶腐蚀的必要条件。因此在实际结构设计中应尽可能使接触金属间电位差达最小值。经验认为，电位差小于 50 mV 时电偶效应通常可以忽略不计。

（1）选择电偶序相近的金属相连，避免大阴极—小阳极的面积组合。

（2）在不同金属的连接处加以绝缘，如法兰处用绝缘材料做垫圈。

（3）涂料涂敷在阴极性金属上（减小阴极面积）。

（4）向介质中加缓蚀剂。

（5）设计时，考虑到易于腐蚀的阳极部件在维修时易于更换或修理。

二、点蚀

（一）概念

点蚀又称孔蚀，是在金属上产生小孔的一种极为局部的腐蚀形态，而其他地方几乎不腐蚀或腐蚀轻微，见图 3-2。点蚀是常见的局部腐蚀之一，是化工生产和航海事业中常遇到的腐蚀破坏形态。

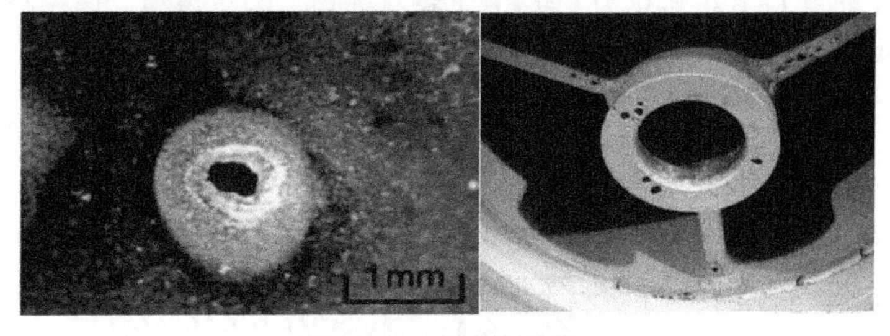

图 3-2 点蚀的形貌

（二）特点

点蚀的蚀孔有大有小，多数情况下为小孔。一般说来，点蚀表面直径等于或小于它的深度，只有几十微米，分散或密集分布在金属表面上，孔口多数被腐蚀产物所覆盖，少数呈开放式。

点蚀金属损失量小；点蚀发生首先会在金属表面形成一个蚀孔，而蚀孔的产生有一个诱导期（诱导期长短受材料、温度、介质成分的影响）。蚀孔通常沿重力方向生长。点蚀在自催化作用下，加速进行，是破坏性和隐患较大的局部腐蚀形态之一。

点蚀常发生在具有自钝化性能的金属或合金上，且在含 Cl^- 的介质中更易发生。

（三）机理

点蚀的发生、发展可分为两个阶段，即蚀孔的成核和蚀孔的生长过程。

1. 蚀孔成核

点蚀多半发生在表面有钝化膜或有保护膜的金属上。点蚀的产生与腐蚀介质中活性阴离子（尤其是 Cl^-）的存在密切相关。

当介质中存在活性阴离子时，钝化膜的溶解和修复平衡即被破坏，使溶解占优势。关于蚀孔成核的原因现有两种说法。一种说法认为，点蚀的发生是由于 Cl^- 和氧竞争吸附所造成的，当金属表面上氧的吸附点被 Cl^- 所替代时，点蚀就发生了。其原因是 Cl^- 选择性吸附在氧化膜表面阴离子晶格周围，置换了水分子，就有一定概率使其和氧化膜中的阳离子形成络合物（可溶性氯化物），促使金属离子溶入溶液中。在新露出的基底金属特定点上生成小蚀坑，成为点蚀核。另一说法认为 Cl^- 半径小，可穿过钝化膜进入膜内，产生强烈的感应离子导电，使膜在特定点上维持高的电流密度并使阳离子杂乱移动，当膜/溶液界面的电场达到某一临界值时，就发生点蚀。

含 Cl^- 的介质中若有溶解氧或阳离子氧化剂（如 Fe^{3+}）时，也可促使蚀核长大成蚀孔。因为氧化剂可使金属的腐蚀电位上升至点蚀临界电位以上。上述原因一旦使蚀孔形成后，点蚀的发展是很快的。

2. 蚀孔生长

点蚀的发展机理也有很多学说，现较为公认的是蚀孔内发生的自催化过程。

1）闭塞电池的形成条件

在一定条件下，蚀孔将继续长大，随着腐蚀的进行，孔口介质的 pH 值逐渐升高，水中的可溶性盐，如 $Ca(HCO_3)_2$ 将转化为 $CaCO_3$ 沉积在孔口，结果锈与垢层一起沉积在孔口形成一个闭塞电池，见图 3-3。

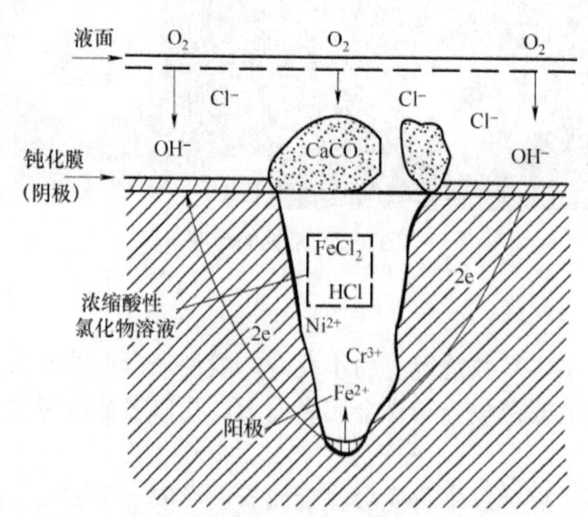

图 3-3　18-8 不锈钢在充气 NaCl 溶液中点蚀的闭塞电池示意图

2）蚀孔的自催化发展过程

由于 Cl^- 滞留在孔内，与溶解的金属离子发生作用，造成穴内的酸度增加，使得腐蚀速度不断增大。这种反应过程的酸化作用称为自催化酸化作用。自催化酸化作用使得蚀坑不断发

展。至此，点蚀的诱导期结束，进入高速溶解阶段。

以 18-8 不锈钢在充气 NaCl 溶液中点蚀为例，见图 3-3。

当钝化膜被破坏后，裸露出来的基地金属与周围有钝化膜的金属构成大阴极—小阳极的腐蚀电池，裸露出来的基地金属发生腐蚀，孔内外发生以下反应。

孔内（阳极）：

$$Fe \longrightarrow Fe^{2+} + 2e$$

$$Cr \longrightarrow Cr^{3+} + 3e$$

$$Ni \longrightarrow Ni^{2+} + 2e$$

孔外（阴极）：

$$\frac{1}{2}O_2 + H_2O + 2e \longrightarrow 2OH^-$$

随着反应的进行，孔内金属离子浓度增加，使得外界的氯离子向孔内迁移，并与金属离子结合并水解。

$$Fe^{2+} + 2Cl^- \longrightarrow FeCl_2$$

$$FeCl_2 + 2H_2O \longrightarrow Fe(OH)_2 + 2HCl$$

水解后，孔内酸性增加，导致金属的更大溶解，同时，$Fe(OH)_2$ 在孔口氧化为 $Fe(OH)_3$, 形成疏松沉淀，氯离子不断向孔内迁移→水解 pH 下降→环境不断恶化，由闭塞电池引起孔内酸化从而加速腐蚀的作用，称为自催化酸化作用。

（四）影响因素

点蚀的破坏性和隐患性很大，不但容易引起设备穿孔破坏，而且会使晶间腐蚀、剥蚀、应力腐蚀、腐蚀疲劳等易于发生。在很多情况下点蚀是引起这类局部腐蚀的起源。为此，了解点蚀发生的规律、特征及防止途径是相当重要的。

点蚀与金属的本性、合金的成分、组织、表面状态、介质成分、性质、pH 值、温度和流速等因素有关。

1. 材料

具有自钝化特性的材料易发生点蚀，钝化膜局部有缺陷时，点蚀核在这些点上优先形成。材料的表面粗糙度和清洁度对耐点蚀能力有显著影响，光滑和清洁的表面不易发生点蚀。

2. 介质成分

多数点蚀破坏是由氯化物和含氯离子引起的。

在阳极极化条件下，介质只要含有一定量的氯离子便可使金属发生点蚀，故称氯离子为点蚀的激发剂，氯离子浓度增加，点蚀更易发生。在氯化物中，含有氧化性金属离子的氯化物（$CuCl_2$，$FeCl_3$ 等）为强烈的点蚀促进剂。

3. 流速和温度

有流速或提高流速可减轻点蚀或不发生点蚀。

增大流速有助于溶解氧向金属表面的输送，使钝化膜容易形成和修复；减少沉积物及氯离子在金属表面的沉积和吸附，从而减少点蚀发生的机会。但流速过高，会对钝化膜起冲刷

破坏作用，引起磨损腐蚀。

介质温度升高，会使低温下不发生点蚀的材料发生点蚀。

（五）防止方法

首先从材质（加入合适的抗点蚀的合金元素，降低有害杂质）角度考虑较多，其次是改善热处理制度和环境因素的问题。环境因素中尤其是卤素离子的浓度影响。

此外，可采取提高溶液的流动速度、搅拌溶液、加入缓蚀剂或降低介质温度及采用阴极极化法等措施，使金属的电位低于临界点蚀电位。

三、缝隙腐蚀

（一）概念

金属部件在介质中，金属与金属、金属与非金属之间形成特别小的缝隙，使得缝隙内介质处于滞留状态，引起缝隙内金属加速腐蚀的现象称为缝隙腐蚀。

（二）产生的条件

缝隙腐蚀的缝的宽度一般在 0.025～0.1 mm 范围内。缝太窄，外界的液体不能进入缝隙内，太宽，进去后又能出来，这样就无法形成滞留状态。

（三）特征

几乎所有的金属、所有的腐蚀性介质都有可能引起金属的缝隙腐蚀，其中以依赖钝化而耐蚀的金属材料和以含 Cl^- 的溶液最易发生此类腐蚀。

几乎所有的介质，包括中性、接近中性及酸性介质都能发生缝隙腐蚀。几乎所有的材料和金属都能发生缝隙腐蚀。只是材料不同，缝隙腐蚀的敏感性不同。

（四）机理

关于缝隙腐蚀的机理已有一些理论上的解释。大多数人认为缝隙腐蚀是由于金属离子和溶解气体在侵蚀溶液中造成缝隙内外浓度不均匀，形成氧浓差电池与闭塞电池自催化效应共同作用的结果。图 3-4 所示为碳钢在中性海水中的缝隙腐蚀。

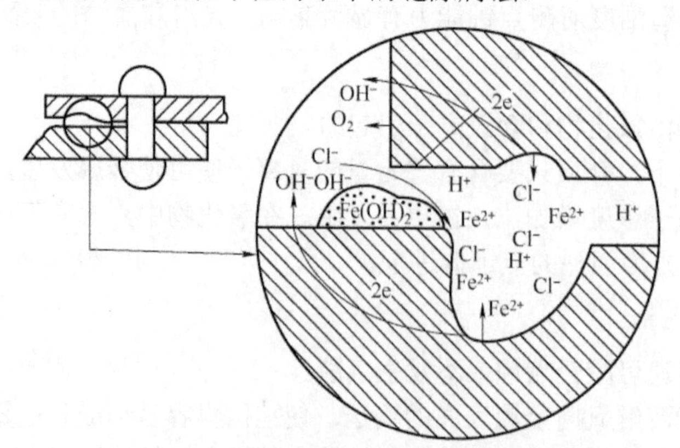

图 3-4　碳钢在中性海水中缝隙腐蚀示意图

在缝隙腐蚀初期，缝隙内外同时进行着：

阳极溶解　　$M \longrightarrow M^{n+} + ne$

阴极还原　　$O_2 + 2H_2O + 4e \longrightarrow 4OH^-$

随着腐蚀的进行，缝隙内的 O_2 逐渐耗尽，致使缝隙内溶液中的氧靠扩散补充，氧扩散到缝隙深处很困难，从而中止了缝隙内氧的阴极还原反应，使缝隙内金属表面和缝隙外自由暴露表面之间组成宏观电池。氧难以到达的区域（缝隙内）电位较低，为阳极区；氧易到达的区域（缝隙外）电位较高，为阴极区。结果缝隙内贫氧区作阳极溶解，富阳区作阴极，发生还原反应。由于缝内金属溶解速度的增加，使相应缝外邻近表面的阴极过程（氧的还原反应）速度增加，从而保护了外部表面。缝内金属离子进一步过剩又促使 Cl^- 迁入缝内，形成金属盐类。水解、缝内酸度增加，更加速金属的溶解，这与自催化孔蚀相似。

（五）影响因素及防止措施

缝隙腐蚀的难易程度与很多因素有关。不同金属材料耐缝隙腐蚀的性能不同。如不锈钢随着含 Cr、Mo、Ni 元素量的增高，其耐缝隙腐蚀性能就会提高。又如金属 Ti 在高温和较浓的 Cl^-、Br^-、I^-、SO_4^{2-} 溶液中，就易产生缝隙腐蚀，但若在 Ti 中加入 Pd 进行合金化，这种合金有极强的耐缝隙腐蚀性能。缝隙腐蚀的速率和深度与缝隙大小关系密切，一般在一定限度内缝隙愈窄，腐蚀愈大。缝隙外部面积大小也会影响其速率，外部面积愈大，缝内腐蚀愈严重。

除此之外，溶液中氧的含量、Cl^- 的浓度、溶液 pH 值等对缝隙腐蚀速率都有影响。

（六）防止或减少的措施

（1）设计要合理，尽量避免缝隙。设计时应避免积水处，设计容器时要使液体能完全排净，要便于清理和去除污垢。避免锐角和静滞区（死角）。

（2）焊接比铆接或螺钉连接好。对焊优于搭焊。焊接时要焊透，避免产生焊孔和缝隙。搭接焊的缝隙要用连续焊、钎焊或捻缝的方法将其封塞。

（3）螺钉接合结构中可采用低硫橡胶垫片，不吸水的垫片（聚四氟乙烯）。或在接合面上涂以环氧、聚胺酯或硅橡胶密封膏，以保护连接处。或涂以有缓蚀剂的油漆，如对钢可用加有 $PbCrO_4$ 的油漆，对铝可用加有 $ZnCrO_4$ 的油漆。

（4）如果缝隙难以避免，则采用阴极保护，如在海水中采用 Zn 或 Mg 的牺牲阳极法。

（5）实在难以解决时，改用耐缝隙腐蚀的材料。选用在低氧酸性介质中不活化并具有尽可能低的钝化电流和较高的活化电位的材料。如静海中无缝隙腐蚀的材料有 Ti 和 Ni—16Cr—16Mo—5Fe—4W—2.5Co；其他耐缝隙腐蚀的材料有 18Cr—12Ni—3MoTi，18Cr—19Ni—3MoTi 等。一般 Cr、Mo 含量高的合金，其抗缝隙腐蚀性也较好。Cu—Ni，Cu—Sn，Cu—Zn 等铜基合金也有较好的抗缝隙腐蚀性能。

（6）带缝隙的结构若采用缓蚀剂法防止缝隙腐蚀，一定要采用高浓度的缓蚀剂才行。由于缓蚀剂进入缝隙时常受到阻滞，其消耗量大，如果用量不当，反而会加速腐蚀。

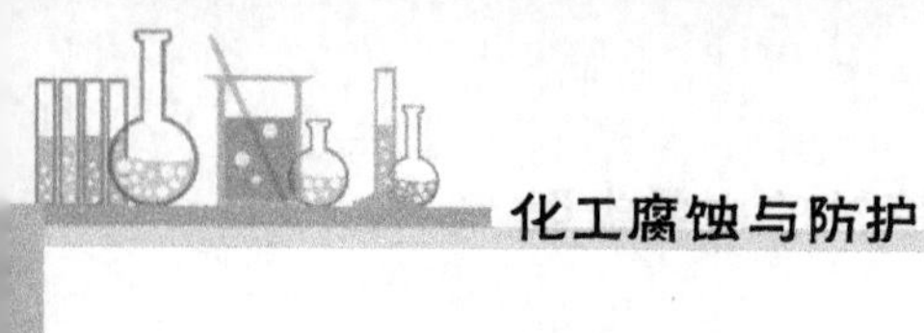

四、晶间腐蚀

（一）概念

晶间腐蚀是一种由微电池作用而引起的局部破坏现象，是金属材料在特定的腐蚀介质中沿着材料的晶界产生的腐蚀。这种腐蚀主要是从表面开始，沿着晶界向内部发展，直至成为溃疡性腐蚀，整个金属强度几乎完全丧失。

（二）特点

腐蚀特征是在表面还看不出破坏时，晶粒之间已丧失了结合力，失去金属声音，严重时只要轻轻敲打就可破碎，甚至形成粉状。因此，它是一种危害性很大的局部腐蚀。

（三）产生的条件

晶间腐蚀必备的两个条件：一是晶界物质的物理化学状态与晶粒本身不同；二是特定的环境因素，如潮湿大气、电解质溶液、过热水蒸气、高温水或熔融金属等。

（四）机理

晶间腐蚀机理有三种：贫铬理论、阳极相理论、晶界吸附理论。目前，人们普遍接受的是贫铬理论，它能很好地解释奥氏体不锈钢的晶间腐蚀，即腐蚀与碳化铬的生成有关。

固溶处理的奥氏体不锈钢若在450～850 ℃温度范围内保温或缓慢冷却，然后在一定腐蚀介质中暴露一定时间，就会产生晶间腐蚀。

若在650～750 ℃范围内加热一定时间，则这类钢的晶间腐蚀就更为敏感。例如在649 ℃下加热一小时就是一种人为敏化处理的方法。这就是说，利用这种方法可使奥氏体不锈钢（如18-8钢）更容易产生晶间腐蚀。为什么在上述情况下易产生晶间腐蚀倾向呢？

含碳量高于0.02%的奥氏体不锈钢中，碳与铬能生成碳化物（$Cr_{23}C_6$）。这些碳化物高温淬火时成固溶态溶于奥氏体中，Cr呈均匀分布，使合金各部分Cr含量均在钝化所需值，即12%Cr以上合金具有良好的耐蚀性。这种过饱和固溶体在室温下虽然暂时保持这种状态，但它是不稳定的。如果加热到敏化温度范围内，碳化物就会沿晶界析出，Cr便从晶粒边界的固溶体中分离出来。由于Cr的扩散速度缓慢，远低于碳的扩散速度，不能从晶粒内固溶体中扩散补充到边界，因而只能消耗晶界附近的Cr，造成晶粒边界贫铬区。贫铬区的含Cr量远低于钝化所需的极限值，其电位比晶粒内部的电位低，更低于碳化物的电位。贫铬区和碳化物紧密相连，当遇到一定腐蚀介质时就会发生短路电池效应。该情况下碳化铬和晶粒呈阴极，贫铬区呈阳极，迅速被侵蚀，见图3-5。

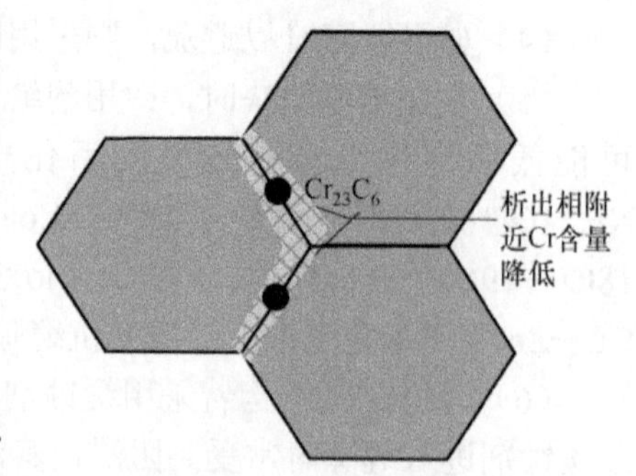

图3-5　晶间腐蚀机理

贫铬理论较早地阐述了奥氏体不锈钢产生晶间腐蚀的原因及机理，已被大家所公认。奥氏体不锈钢在多种介质中晶间腐蚀都以贫铬理论来解释。其他很多实验和观点也支持了这一理论。

（五）防止方法

基于奥氏体不锈钢的晶间腐蚀是晶界产生贫铬而引起的，控制晶间腐蚀可以从控制碳化铬在晶界上沉积来考虑。通常可采用下述几种方法。

1．采用超低碳不锈钢

降低不锈钢中碳含量，可降低晶间腐蚀的倾向，C 含量小于 0.009%的不锈钢对晶间腐蚀完全稳定。

2．稳定化处理

在不锈钢中加入能形成稳定碳化物的合金元素 Ti 或 Nb，当其加入量分别为碳含量的 5 倍或 8 倍时，可消除晶间腐蚀倾向。

3．固溶处理

对含碳量较高（0.06%～0.08%）的奥氏体不锈钢，要在 1 050～1 100 ℃进行固溶处理；对铁素体不锈钢在 700～800 ℃进行退火处理；加 Ti 和 Nb 的不锈钢要经稳定化处理。

五、应力腐蚀

（一）概念

应力腐蚀破裂是指金属材料在固定拉应力和特定介质的共同作用下所引起的破裂，简称应力腐蚀，英语缩写是 SCC。

应力腐蚀是一种更为复杂的现象，即在某一特定介质中，材料不受应力时腐蚀甚微；而受到一定拉伸应力时，经过一段时间甚至延性很好的金属也会发生脆性断裂。

（二）特征

（1）从 Au 到 Ti、Zn，几乎所有的金属的合金在特定环境中都有某种应力腐蚀敏感性。合金比纯金属更容易产生应力腐蚀破裂。

（2）每种合金的应力腐蚀破裂只对某些特定的介质敏感。随着合金使用环境不断增加，现已发现能引起各种合金发生应力腐蚀的环境非常广泛。

（3）发生应力腐蚀必须有拉伸应力作用。

（4）应力腐蚀破裂是一个典型的滞后破坏，是材料在应力与环境介质共同作用下，经一定时间的裂纹生核、裂纹亚临界扩展，最终达到临界尺寸，此时由于裂纹尖端的应力强度因子达到材料的断裂韧性，而发生失稳断裂。

（5）应力腐蚀的裂纹有晶间型、穿晶型和混合型三种类型。裂纹的途径与具体的金属—环境体系有关。同一材料因环境变化，裂纹途径也可能改变。应力腐蚀裂纹主要特点是：裂纹起源于表面；裂纹的长宽不成比例，相差几个数量级；裂纹扩展方向一般垂直于主拉伸应力的方向；裂纹一般呈树枝状。

（6）应力腐蚀裂纹扩展速度一般为 10^{-6}～10^{-3} mm/min，比均匀腐蚀要快大约 10^{6} 倍，但仅约为纯机械断裂速度的 10 倍。

（7）应力腐蚀破裂是一种低应力脆性断裂。断裂前没有明显的宏观塑性变形，大多数条件下是脆性断口，由于腐蚀介质作用，断口表面颜色暗淡，显微断口往往可见腐蚀坑和二次

裂纹，穿晶微观断口往往具有河流花样、扇形花样、羽毛状花样等形貌特征；晶间显微断口呈冰糖块状。

（三）条件

1. 存在一定的拉应力

此拉应力是冷加工、焊接或机械束缚引起的残余应力；也可能是在使用条件下外加的应力。腐蚀的拉应力值一般低于材料的屈服极限。

2. 金属本身对应力腐蚀具有敏感性

合金和含有杂质的金属或纯金属容易产生应力腐蚀。

3. 存在能引起该金属发生应力腐蚀的介质

对某种金属或合金并不是任何介质都能引起应力腐蚀，只有在特定的腐蚀介质中才能发生。

（四）腐蚀过程

第一阶级——孕育期：因腐蚀过程的局部化，拉应力作用的结果使裂纹生核。

第二阶段——裂纹的发展：当裂纹生核后在腐蚀介质和拉应力共同作用下裂纹扩展。

第三阶段——破坏：由于拉应力的局部集中裂纹急剧生长导致零件的破坏。

（五）防止措施

（1）正确选材，尽量避免使用对应力腐蚀敏感的金属材料。

（2）结构设计要合理，尽量减少应力集中和避免积存腐蚀介质。

（3）喷丸强化使表面形成残余压应力。

（4）减少介质的腐蚀性和添加缓蚀剂。

（5）采用保护层和阴极保护。

六、腐蚀疲劳

（一）概念

金属材料在循环应力或脉动应力和腐蚀介质共同作用下产生脆性断裂。

循环应力以交变的张应力和压应力（拉—压应力交替变化）最为常见。如海上、矿山的卷扬机牵引钢索、油井钻杆、深井泵轴等。

脉动应力是指一个周期性的应力和变形反应，通过实施反复的应力周期来检查物体的机械强度和稳定性。在化工生产中，脉动应力常见于管道、储罐、泵等设备中，由于流体的脉动流动而产生的周期性应力。这种应力会导致设备的疲劳破坏，从而影响设备的正常运行和安全性。

（二）分类

按其受力方式不同可分为：弯曲疲劳、拉压疲劳、扭转疲劳、冲击疲劳、复合疲劳等。

按介质、温度、接触情况不同又可分为：一般（空气）疲劳，腐蚀疲劳，常温、低温、

高温疲劳，接触疲劳，微动磨损疲劳和冷热反复循环的热疲劳。

（三）特征

腐蚀疲劳形成的条件：绝大多数金属或合金在交变应力下都可以发生，而且不要求特定的介质，在容易引起孔蚀的介质中更容易发生。

金属遭受疲劳腐蚀后，表面容易观察到短而粗的裂缝群。裂缝容易在原有的坑蚀或蚀孔的底部开始，亦可从金属表面的缺陷部位开始。

腐蚀疲劳与应力腐蚀相似但又有区别。应力腐蚀是特殊腐蚀介质和稳定张应力共同作用的结果；而腐蚀疲劳所受的应力是交变的。它可以在大多数水介质中发生，不需要金属与腐蚀介质的特殊组合，因此腐蚀疲劳更具有普遍性。

裂缝多半穿越晶粒发展，只有主干，没有分支。裂缝的前缘较“钝”，所受的应力不像应力腐蚀那样的高度集中，裂缝扩展速度比应力腐蚀缓慢。断口大部分有腐蚀产物覆盖，小部分断口较为光滑，呈脆性断裂。在扫描电镜观察下，断口呈贝壳状，或带有疲劳纹。

（四）影响因素

1．温度的影响

一般来说，温度升高腐蚀疲劳寿命降低，但若温度升高引起孔蚀增多，造成许多裂纹源，从而降低了应力集中并使阳极面积增加，反而改善了材料的耐腐蚀性。

2．溶液 pH 值的影响

碳钢在 pH 值小于 4 的介质中，随 pH 值的下降腐蚀疲劳寿命降低；在 pH=4～10 时，腐蚀疲劳寿命保持恒定；在 pH=10～12 时，腐蚀疲劳寿命显著增加；当 pH>12 时，腐蚀疲劳极限接近于纯疲劳极限。

3．溶液中的含氧量对疲劳的影响

氧含量提高，腐蚀疲劳寿命降低。

4．交变应力的幅度影响

随交变应力幅度的增加，腐蚀速度增加。

（五）防止方法

（1）选择能在预定环境中抗腐蚀的材料。这可以通过选择具有高耐腐蚀性的合金或金属来实现，例如不锈钢、钛合金等。

（2）对材料进行表面处理，如喷丸、氧化等工艺，使表面残留压应力。这些处理可以提高材料表面的抗疲劳性能，并降低腐蚀疲劳的发生概率。

（3）表面附加镀层或涂层可以有效预防腐蚀疲劳。例如，镀锌、镀铬等阳极镀层可以改善腐蚀疲劳抗力，而涂漆、涂油或用塑料、陶瓷形成保护层也可以防止腐蚀介质对材料的侵蚀。

（4）优化选材和设计。根据所处的化学环境合理选择金属材料，通常选择钝化作用较强的材料。同时，优化设备的设计，如将材料缺口设置于低应力区，选择平滑连接方式等，都

可以降低腐蚀疲劳的风险。

（5）电化学保护方法。采用阴极保护或阳极保护等电化学保护方法，可以防止金属材料的腐蚀。例如，牺牲阳极的阴极保护法就是常用的一种防腐措施。

（6）改善工作环境。降低工作环境中的腐蚀性介质浓度，调整 pH 值，控制温度等，都可以减轻腐蚀疲劳的程度。

第三节　非金属腐蚀的类型

一、高分子材料的腐蚀

常见的高分子材料有塑料、橡胶、涂料、纤维等，它们具有较好的耐蚀性能。目前，在化工生产中，高分子材料使用得越来越广泛。但高分子材料在使用过程中，常会出现老化现象，主要表现为变硬、变脆、变软、变黏等。

高分子材料在加工、储存和使用过程中，由于内外因素的综合作用，其物理化学性能和机械性能逐渐变坏，以致最后丧失使用价值，这种现象称为高分子材料的腐蚀，也叫老化。

外因指物理、化学、生物因素等：物理因素有光、热、高能辐射，机械作用力等；化学因素有氧、臭氧、水、酸、碱等；生物因素有微生物、海洋生物等。

内因指高聚物的化学结构、聚集态结构、配方条件等。

材料老化常表现在外观、物理性能、力学性能、电性能等方面。

老化可分为物理老化、化学老化。物理老化是指由物理过程引起的发生可逆性的变化，不涉及分子结构的改变。主要是溶胀与溶解。而化学老化主要发生主键的断裂，有时发生次价键的断裂。主键断裂一般不可逆，如大分子的降解和交联。

降解是指高聚物的化学键受到光、热、机械作用力、化学介质等因素的影响，分子链发生断裂，从而引发的自由基链式反应。降解使分子量下降，材料软化。

交联是指断裂的自由基互相作用产生交联，分子量增大。交联使材料变硬、变脆。

溶胀与溶解是指溶剂分子渗入材料内部，破坏大分子间的次价键，引起高聚物溶胀和溶解。

二、无机非金属材料的腐蚀

无机非金属材料是指除有机高分子材料和金属材料以外的固体材料，其中大多数为硅酸盐材料。

硅酸盐材料指主要由硅和氧组成的天然岩石、铸石、陶瓷、玻璃、水泥等。其主要成分是各种氧化物，如 SiO_2、Al_2O_3、TiO_2、Fe_2O_3、CaO、MgO、K_2O、Na_2O、PbO 等。

无机非金属材料的腐蚀往往是由化学作用或物理作用引起的。

（一）玻璃的腐蚀

玻璃的成分以 SiO_2 为主，并含有 R_2O、RO（R 代表碱金属或碱土金属）、Al_2O_3、B_2O_3 等多种氧化物。玻璃与水及水溶液接触时，可以发生溶解和化学反应，以及由于相分离所导致的选择性腐蚀。玻璃常见的腐蚀类型有溶解、水解和腐蚀、风化、选择性腐蚀等。

1．溶解

玻璃具有很好的耐酸性（除 HF 外），耐碱性相对较差些。随着溶液 pH 值的增大，可溶性 SiO_2 的含量增大。

2．水解和腐蚀

含有碱金属或碱土金属离子 R（Na^+、Ca^{2+}等）的硅酸盐玻璃与水或酸性溶液接触，破坏 Si—O—R 键。

3．风化

玻璃和大气的作用称为风化。表现在玻璃表面出现雾状薄膜，或者点状、细线状模糊物，有时出现彩虹。严重时，玻璃表面形成白霜，因而失去透明，甚至产生平板玻璃粘片现象。

4．选择性腐蚀

$SiO_2-B_2O_3-Na_2O$ 三元系中的“影线区”的成分，通过热处理（如 580 ℃，3～168 h）可以形成双向组织—孤立的硼酸盐相弥散在高 SiO_2 基体中。这种双向组织的玻璃在酸中发生了选择性腐蚀，富 B_2O_3 的硼酸盐相受侵，而高 SiO_2 的基体没有变化，从而形成疏松的玻璃。

（二）混凝土的腐蚀

混凝土是一种很复杂的复合材料，它是砾石、卵石、碎石或炉渣在水泥或其他胶结材料中的凝聚体。

用量最大的胶结构材料是水泥。水泥的主要组元是氧化物，如 $CaSiO_3$，$Ca_3Al_2O_6$，CaO，SiO_2，Al_2O_3，MgO，Na_2O，K_2O，P_2O_3，Fe_2O_3，FeO 等。

水泥在混凝土中由于水合作用而变硬，成为“水泥石”。

水泥水合硬化时还出现了另一个结构参数——孔隙。其大小、分布和含量对混凝土的力学和耐蚀性能有着重要的影响。

混凝土结构大多在室外遭受大气、河水、海水或土壤的腐蚀；在地下或阴暗的场所，例如排污水的混凝土管道，还有微生物腐蚀。室温下混凝土结构的腐蚀主要是水和水溶液腐蚀，见图 3-6。这类破坏可分为两类。

图 3-6　混凝土腐蚀

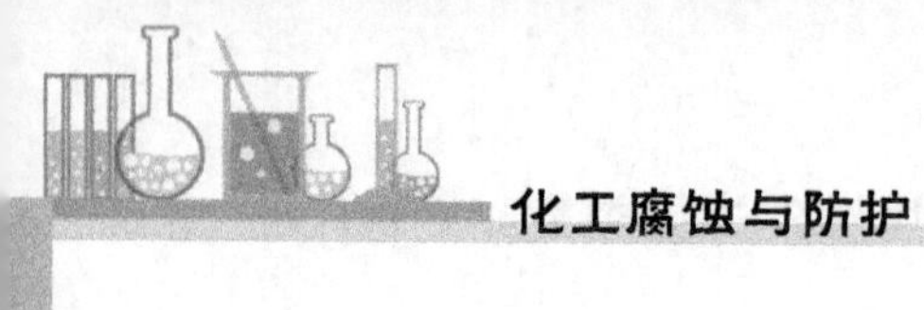

1．浸析腐蚀

浸析腐蚀指水或水溶液从外部渗入混凝土结构，溶解其易溶的组分，从而破坏混凝土。

2．化学反应引起的腐蚀

化学反应引起的腐蚀指水或水溶液在混凝土表面或内部与混凝土某些组元发生化学变化，从而破坏混凝土。

本章小结

1. 金属腐蚀分为全面腐蚀与局部腐蚀。
2. 常见的局部腐蚀有电偶腐蚀、点蚀、晶间腐蚀、缝隙腐蚀、应力腐蚀、腐蚀疲劳等。
3. 非金属腐蚀主要现象是溶胀、溶解、老化等。
4. 玻璃常出现的腐蚀现象有溶解、风化、水解和腐蚀、选择性腐蚀。
5. 混凝土腐蚀主要有浸析腐蚀和化学反应引起的腐蚀。

习题练习

1. 名词解释：

点蚀、缝隙腐蚀、电偶腐蚀、晶间腐蚀、应力腐蚀、电偶序。

2. 点蚀的特点是什么？
3. 闭塞电池的形成条件是什么？
4. 蚀孔的自催化发展过程是怎么进行的？
5. 缝隙腐蚀分几步进行？
6. 晶间腐蚀机理是什么？
7. 防止电偶腐蚀的措施有哪些？

第四章

氢腐蚀与氧腐蚀

学习目标

1. 了解电化学腐蚀的阴极过程；
2. 了解氢损伤和硫化氢腐蚀的特点；
3. 掌握氢腐蚀、氧腐蚀的原理；
4. 掌握氢腐蚀和氧腐蚀的区别。

学习重点

1. 氢腐蚀的发生条件及四步骤原理；
2. 氧腐蚀的发生条件及影响因素。

金属发生电化学腐蚀的根本原因是溶液中含有能使该种金属氧化的物质，即腐蚀过程的去极化剂。导致去极化剂还原的阴极过程与金属氧化的阳极过程共同组成了整个腐蚀过程。氢腐蚀和氧腐蚀就是阴极过程中各具特色的两种最为常见的腐蚀形态。其中氧腐蚀是自然界中普遍存在的，因而是破坏性最大的一类腐蚀。本章运用前面所论述的基本理论和概念，着重讨论这两类腐蚀过程的原理及影响因素，并简要介绍了控制这两类腐蚀常采用的措施。

第一节　电化学腐蚀的阴极过程

没有阴极过程，阳极过程就不会发生，金属就不会发生腐蚀。在腐蚀过程中，所有能吸收金属中电子的还原反应，就可以构成金属电化学腐蚀的阴极过程。一般来说，在不同条件下，金属腐蚀的阴极过程可有如下几种类型。

（1）溶液中阳离子的还原，如：

$$2H^{+}+2e \longrightarrow H_2\uparrow$$

$$Cu^{2+}+2e \longrightarrow Cu$$

$$Fe^{3+}+e \longrightarrow Fe^{2+}$$

（2）溶液中阴离子的还原，如：

$$S_2O_8^{2-}+2e \longrightarrow S_2O_8^{4-} \longrightarrow 2SO_4^{2-}$$

$$NO_3^{-}+4H^{+}+3e \longrightarrow NO+2H_2O$$

$$Cr_2O_7^{2-}+14H^{+}+6e \longrightarrow 2Cr^{3+}+7H_2O$$

（3）溶液中中性分子的还原，如：

$$O_2+2H_2O+4e \longrightarrow 4OH^-$$

$$Cl_2+2e \longrightarrow 2Cl^-$$

（4）不溶性产物的还原，如：

$$Fe(OH)_3+e \longrightarrow Fe(OH)_2+OH^-$$

$$Fe_3O_4+H_2O+2e \longrightarrow 3FeO+2OH^-$$

（5）溶液中有机化合物的还原，如：

$$RO+4H^++4e \longrightarrow RH_2+H_2O$$

$$R+2H^++2e \longrightarrow RH_2$$

式中的R代表有机化合物的基团和有机化合物分子。

金属或溶液的性质不同，引起电化学腐蚀有时不单是一种阴极过程起作用，可能有多个阴极过程同时起作用。上述各种阴极反应中，常见的是氢离子还原的阴极反应（氢腐蚀）和氧分子还原的阴极反应（氧腐蚀），特别是氧还原反应（氧腐蚀）是阴极反应腐蚀过程中最为普遍的一种形式。

第二节　氢　腐　蚀

溶液中的氢离子作为去极化剂，在阴极上放电，促使金属阳极溶解过程持续进行引起的金属腐蚀，称为氢去极化腐蚀，也叫氢腐蚀。碳钢、铸铁、锌、铝、不锈钢等金属和合金在酸性介质中常发生这种腐蚀。

一、氢腐蚀发生的条件

金属发生析氢腐蚀时，金属的阴极部分有氢逸出，此时，我们可以把阴极看成氢电极。

氢电极在一定条件下具有一定的平衡电位，标志着在电极上建立起来如下的平衡：

$$2H^++2e \longrightarrow H_2\uparrow$$

由反应式可知，当电极电位比氢的平衡电位略负时，上式的平衡就由左向右移动，发生H^+放电，逸出H_2；若电极电位比氢的平衡电位略正时，平衡将向左移动，H_2转变为H^+。

假如金属阳极与作为阴极的氢电极组成腐蚀电池，则当金属的电势比电极平衡电势更低，金属与氢电极间存在一定的电位差时，腐蚀电池就开始工作，电子不断地从阳极输送到阴极，平衡被破坏，反应将向右移动，氢气不断地从阴极表面逸出。由此可见，只有当阳极的金属电位较氢电极的平衡电位为低时，即$\varphi_K<\varphi_e$时，才可能发生氢腐蚀。

如在pH=7的中性溶液中，氢电极的平衡电位可根据能斯特公式进行计算：

$$\varphi_e=0+0.059\lg[H^+]=0.059\times(-7)=-0.413\ V$$

在该条件下，如果金属的阳极电位较−0.413 V更负，那么产生氢腐蚀是可能的。如果是在pH=0的酸性溶液内，则只要阳极电位较0.000V更负，那么产生氢腐蚀也是可能的。

因此，许多金属之所以在中性溶液中不发生氢腐蚀，就是因为溶液中H^+浓度太低，氢的

平衡电位低，阳极电位高于氢的平衡电位。但是当选取电位更负的金属（Mg及其合金）作阳极时，因为它们电位比氢的平衡电位低，可以发生氢腐蚀，甚至在碱性溶液中也发生氢腐蚀。

二、氢腐蚀的基本原理和特点

（一）基本原理与步骤

氢腐蚀属于阴极控制的腐蚀体系，在酸性溶液中，一般认为氢去极化过程是按下列几个连续步骤进行的。

（1）水化H^+向电极扩散并在电极表面脱水：

$$H^+ \cdot nH_2O \longrightarrow H^+ + nH_2O$$

（2）H^+与电极（M）表面的电子结合形成附着在电极表面上的氢原子$MH_{吸附}$：

$$H^+ + M(e) \longrightarrow MH_{吸附}$$

（3）吸附H原子复合脱附：

$$MH_{吸附} + MH_{吸附} \longrightarrow H_2\uparrow + 2M$$

或电化学脱附：

$$MH_{吸附} + H^+ + M(e) \longrightarrow H_2\uparrow + 2M$$

（4）电极表面的H_2通过扩散，聚集成气泡逸出。

如果这四个步骤中有一步进行得较迟缓，则会影响到其他步骤的进行。于是由阳极送来的电子就会积累在阴极，阴极电位将向负的方向移动。

在碱性溶液中，在电极上还原的不是H^+，而是H_2O，其析氢阴极过程的步骤如下。

（1）H_2O到达电极，OH^-离开电极。

（2）H_2O电极及H^+还原，生成吸附于电极表面的H原子。

$$H_2O \longrightarrow H^+ + OH^-$$

$$H^+ + M(e) \longrightarrow MH_{吸附}$$

（3）吸附H原子的复合脱附：

$$MH_{吸附} + MH_{吸附} \longrightarrow H_2\uparrow + 2M$$

或电化学脱附：

$$MH_{吸附} + H^+ + M(e) \longrightarrow H_2\uparrow + 2M$$

（4）H_2形成气泡逸出。

从酸性溶液与碱性溶液中氢腐蚀的步骤可以看出：不管金属在哪种溶液中，对于大部分金属电极而言，第二个步骤即H^+与电子结合的电化学步骤最缓慢，是控制步骤。除第（1）（2）步骤外，后面步骤所发生的反应基本相同。在有些金属电极上，一部分吸附的H原子向金属内部扩散，导致了金属的氢脆。

（二）氢腐蚀的阴极化曲线和氢超电位

氢电极在平衡电位下不能析出氢气。通常，在某一电流密度下，氢电极电位变负到一定

的数值时，才能见到电极表面有氢气逸出。该电位称为氢的析出电位。在一定电位密度下，氢的析出电位与平衡电位之差，就叫氢的超电位。

图 4-1 是典型的氢去极化的阴极极化曲线，是在没有任何其他氧化剂存在，H^+作为唯一的去极化剂的情况下绘制而成的。它表明在氢的平衡电位 φ_e 时没有氢析出，电流为零。只有当电位比 φ_e 更低时才有氢析出，而且电位越低析出的氢越多，电流密度也越大。在一定的电流密度下，氢的平衡电位 φ_e 与析氢电位 φ_K 间的差值就是该电流密度下氢的超电位。例如，对应电流密度 i_1 时的氢过电位为

$$\eta_H = \varphi_e - \varphi_K$$

式中 φ_K 为电流密度等于 i_1 时的析氢电位。

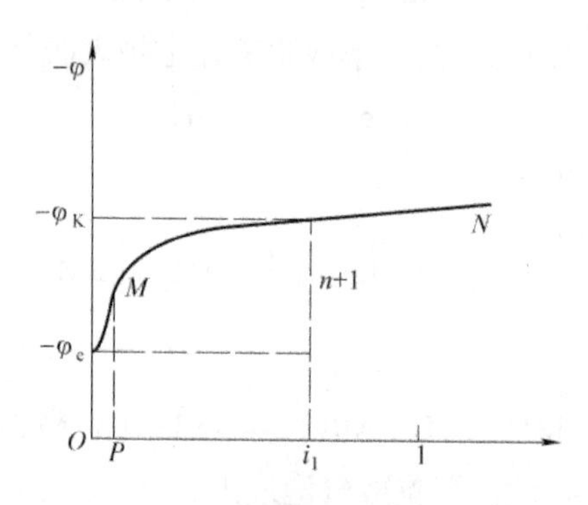

图 4-1　析氢过程的阴极极化曲线

超电位是电流密度的函数，因此只有在指出对应的电流密度的数值时，超电位才具有明确的定量意义。影响超电位的因素很多，最主要的是电流密度、电极材料、电极表面状况和温度等。金属上发生氢超电位的现象对于金属腐蚀具有很重要的实际意义。如纯粹的金属 Zn 在硫酸溶液中溶解得很慢，但是如果其中含有氢超电压很小的杂质，那么就会加速 Zn 的溶解；如果其中所含杂质具有较高的氢超电压，那么 Zn 的溶解就慢得多。

3.氢腐蚀的特点

（1）材料的性质对腐蚀速度的影响很大。

除铝、钛、不锈钢等金属在氧化性酸内可能钝化而存在较大的膜阻极化以外，一般情况下的氢腐蚀都是阴极起控制作用的腐蚀过程，因此腐蚀电池中阴极材料上氢超电位大小，对于整个腐蚀过程的速度起着决定性作用。如图 4-2 所示，很明显，虽然汞的电位比铜、铁等金属正得多，但汞属于具有高氢超电压的金属，因此含汞杂质的锌在该溶液中的腐蚀速度远远低于铜、铁杂质的锌。

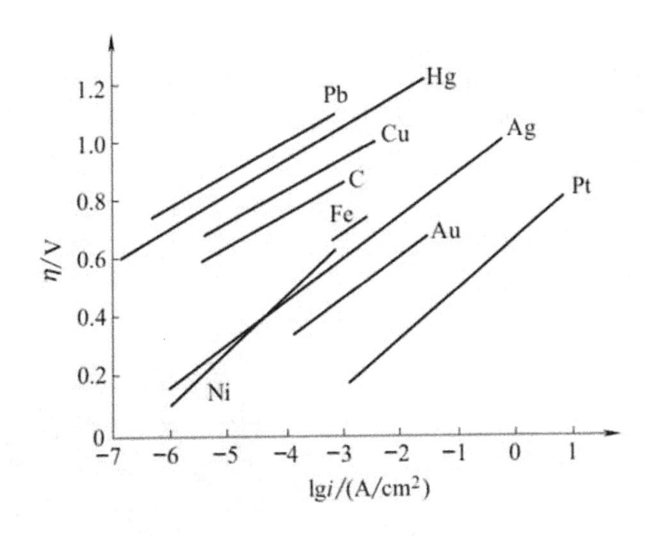

图 4-2 不同金属上 η_H 与电流密度的关系

（2）溶液的流动状态对腐蚀速度影响不大。

因为阴极过程的主要阻力是电化学极化，而氢离子在电场作用下向阴极的输送，相对来说并不困难，因此溶液是否流动或有无搅拌等对氢腐蚀的腐蚀速度无明显的影响。

（3）阴极面积增加，腐蚀速度加快。

阴极面积加大，则同时到达阴极表面的氢离子总量增加，必然加速阴极过程而使腐蚀速度增高，若电流强度一定，阴极面积增大，则电流密度降低，η_H 也随之减小，腐蚀过程也会加速。所以，对氢腐蚀而言，阴极面积加大，不管是微观腐蚀电池还是宏观腐蚀电池，总是促使腐蚀加剧的。

（4）氢离子浓度增高（pH 值下降）、温度升高均会促使析氢腐蚀加剧。

氢离子浓度升高使氢的平衡电位变正，初始电位差加大。

温度升高使去极化反应加快，这些都将促使氢腐蚀加剧。

4.氢腐蚀的控制途径

（1）减少或消除金属中的有害杂质，特别是 η_H 小的阴极性杂质。

（2）金属中加入 η_H 大的成分，如 Bi、Hg、Sn、Pb 等。

（3）对于阴极非浓差极化控制（即阴极活化控制）的腐蚀过程，减小合金中的活性阴极面积。如钢在盐酸中的腐蚀，可降低含碳量。

（4）介质中加入缓蚀剂，增加 η_H，如酸洗缓蚀剂若丁，有效成分为二磷加苯硫脲。

三、氢损伤和硫化氢腐蚀

氢腐蚀中常见的类型有氢损伤和硫化氢腐蚀。

金属因为含有氢或是与氢反应引起的机械破坏，统称为氢损伤。氢损伤根据原理不同，可以分为四类：氢鼓泡、氢脆、氢蚀、硫化氢腐蚀。以下的部分主要介绍了各种氢损伤的定义和预防措施。

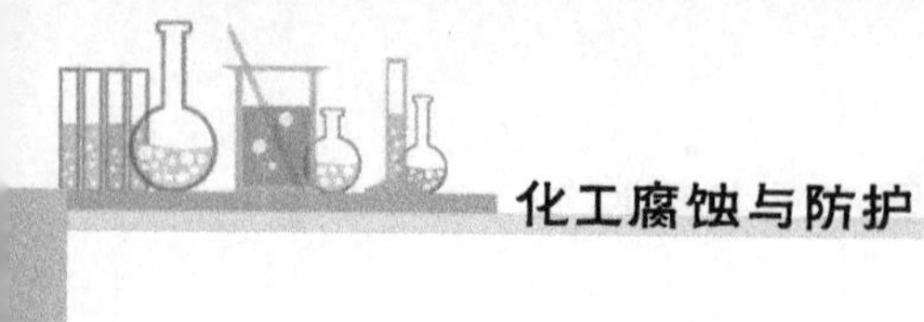

（一）氢鼓泡

H 原子通过器壁扩散到金属内部，结合为 H_2 逸出。如果 H 原子扩散到金属空穴，结合成 H_2，不能扩散的 H_2 就会累积形成巨大压力，引起钢材表面鼓泡，甚至破裂。这种现象称为氢鼓泡（如图 4-3，4-4 所示）。低强钢，尤其是含大量非金属夹杂物的钢，最容易发生氢鼓泡。产生氢鼓泡的腐蚀环境一般都含有硫化氢、氰化物、含磷离子、砷化合物等。这些物质阻滞了放氢行为。预防氢鼓泡的措施有：去除上述物质；如果不能消除，选用空穴少的镇静钢和对氢渗透低的奥氏体不锈钢来替代有很多空穴的沸腾钢；或者采用镍、橡胶、塑料保护层、玻璃钢作为设备衬里的材料；最后还可以加入缓蚀剂。

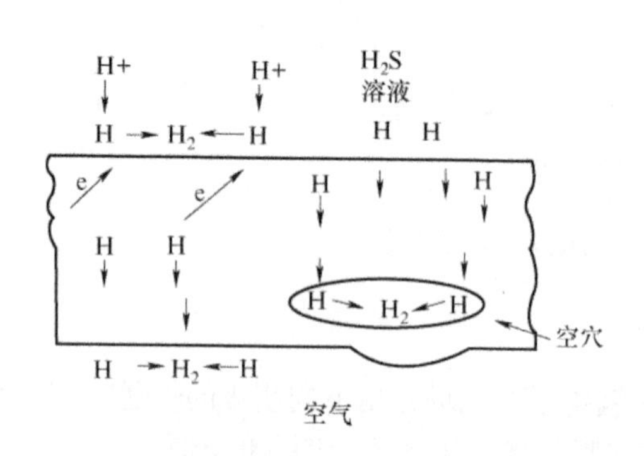

图 4-3　氢鼓泡机理示意图

图 4-4　发生氢鼓泡的金属表面

（二）氢脆

在高强钢中金属晶格高度变形，H 原子进入金属后使晶格应变增大，使金属韧性及延性降低，引起脆化，称为氢脆（如图 4-5 所示）。如果钢中除了发生氢脆，也发生了氢腐蚀与破裂，就不能逆转。预防氢脆的措施有：选用对氢脆不敏感的含 Ni、Mo 的合金材料，在制造、焊接、电镀等加工过程中，尽量避免或减少氢的产生。

图 4-5　发生氢脆的金属断面

（三）氢蚀

在高温高压下氢与钢中的碳形成甲烷的化学反应过程，称为氢蚀，这一过程首先在钢热

表面发生，即钢中的碳化物（Fe_3C 渗碳体）在高温高压氢环境中发生分解：

$$Fe_3C \longrightarrow 3Fe+C$$

碳化物分解形成的 C 原子与 H 原子反应生成甲烷气体：

$$4H+C \longrightarrow CH_4$$

上述反应生成的甲烷占有很大体积，使金属内产生小裂缝及空穴，从而使钢变脆，在很小的形变下即破裂。这种破裂没有任何先兆，是非常危险的。预防氢蚀的措施有：选用抗氢钢。抗氢钢中的 Cr 和 Mo 能形成稳定的碳化物，这样就减少了氢与碳结合的机会，避免了甲烷气体的产生。

（四）硫化氢腐蚀

油气中 H_2S 除了来自地层以外，滋长的硫酸盐还原菌转化地层中和化学添加剂中的硫酸盐时，也会释放出 H_2S。石油加工过程中的 H_2S 主要来源于含硫原油中的有机硫化物如硫醇和硫醚等，这些有机硫化物在原油加工过程中受热会转化分解出 H_2S。因而在以天然气、石油等为原料的加工工业中，普遍存在原料中各种硫化物分解释放 H_2S 的现象。干燥的 H_2S 对金属材料无腐蚀破坏作用，H_2S 只有溶解在水中才具有腐蚀性。

1．硫化氢腐蚀的原理

国内湿硫化氢环境的定义：在同时存在水和硫化氢的环境中，当硫化氢分压大于或等于 0.000 35 MPa 时，或在同时存在水和硫化氢的液化石油气中，当液相中溶解的硫化氢含量大于或等于 10×10^{-6}（质量）时，则称为湿硫化氢环境。

在湿硫化氢环境中，硫化氢会发生电离，使水具有酸性，硫化氢在水中的离解反应为：

$$H_2S=H^++HS^-$$

$$HS^-=H^++S^{2-}$$

硫化氢电化学腐蚀过程：阳极：$Fe-2e \longrightarrow Fe^{2+}$

阴极：$3H^++3e \longrightarrow 3Had \longrightarrow [H]+H_2\uparrow$

其中：Had 表示钢表面吸附的氢原子[H]与钢中的扩散氢的结合物。

阳极反应产物：$Fe^{2+}+S^{2-} \longrightarrow FeS\downarrow$

阳极反应生成的硫化铁腐蚀产物主要有：Fe_9S_8、Fe_3S_4、FeS_2、FeS。通常是一种有缺陷的结构，它与钢铁表面的黏结力差，易脱落，易氧化，电位较正。于是作为阴极与钢铁基体构成一个活性的微电池，对钢基体继续进行腐蚀。

腐蚀产物的生成是随 pH 值、H_2S 浓度等参数而变化的。其中 Fe_9S_8 的保护性最差，与 Fe_9S_8 相比，FeS 和 FeS_2 具有较完整的晶格点阵（见表 4-1），因此保护性较好。

表 4-1 硫化铁腐蚀产物的组成和结构

组 成	名 称	结 构	特 性
$Fe_{(1+X)}S$	Mackanawite	正方晶体	质地松散，最不稳定，易溶解
$Fe_{(1-X)}S$	Fynhotite 磁黄铁矿	六角晶系或单斜晶系	P 型半导体，较难溶
Fe_3S_4	Greigite	—	不稳定

续表

组　成	名　称	结　构	特　性
FeS_2	Marcasite 白铁矿	正交晶系	—
FeS_2	Pyrite 黄铁矿	立方晶系	P 型或 N 型半导体，最难溶，最稳定
Fe_9S_8	Kansite	立方晶系	不稳定，易溶
FeS	Troilite 陨硫铁	—	不稳定，较易溶解

2. 硫化氢腐蚀的分类

1）电化学反应过程

阳极 Fe 溶解导致的均匀腐蚀和局部腐蚀，表现为金属设施的壁厚减薄和点蚀（如图 4-6 所示）、穿孔等局部腐蚀破坏。

图 4-6　发生点蚀的金属表面

2）H_2S 导致氢损伤过程

被钢铁吸收的 H 原子，将破坏其基体的连续性，从而导致氢损伤。表现为以下两方面。

（1）硫化物应力开裂（Sulfide Stress Cracking，简称 SSC）（如图 4-7、图 4-8 所示）：H 原子在 H_2S 的催化下进入钢中后，在拉伸应力作用下，生成垂直于拉伸应力方向的开裂。

（2）氢诱发裂纹（Hydrogen Induced Cracking，简称 HIC）：HIC 常伴随着钢表面的氢鼓泡（如图 4-4 所示）（Hydrogen Blistering，简称 HB），H 原子进入钢中后，在没有外加应力作用下，生成平行于板面、沿轧制方向有鼓泡倾向的裂纹（如图 4-7 所示），而在钢表面则为 HB。

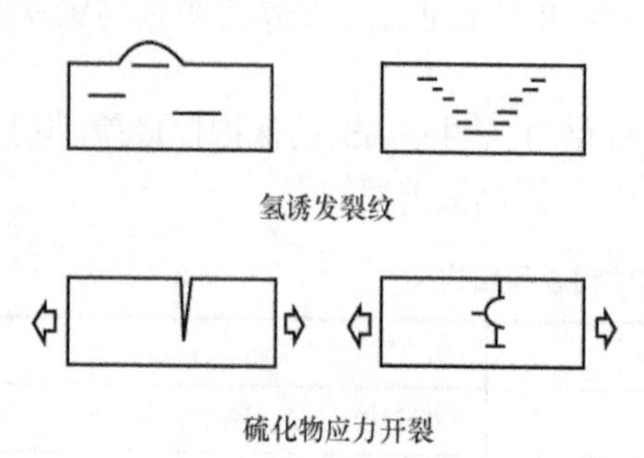

图 4-7　金属开裂原理

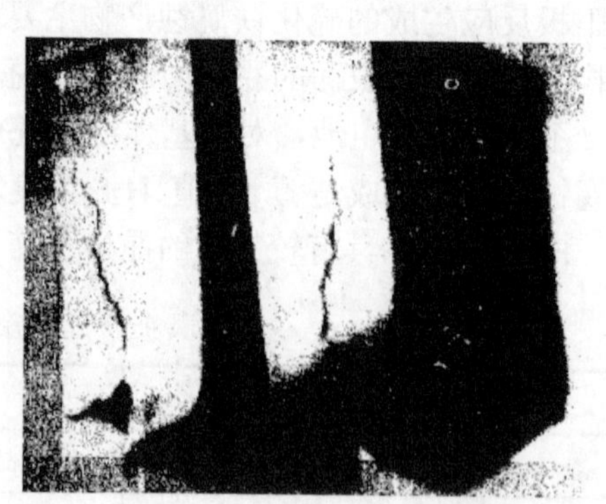

图 4-8　氢诱发金属开裂裂纹

3．控制氢腐蚀的措施

根据析氢腐蚀的特点，可采取以下措施，控制金属腐蚀：

（1）通过消除或减少杂质，提高金属材料的纯度；

（2）加入增加超电压的组分，如 Hg，Zn，Pb；

（3）加缓蚀剂，减少阴极有效面积，增加超电压；

（4）降低活性阴离子成分等。

第三节　氧　腐　蚀

在中性和碱性溶液中，一般造成金属腐蚀的阴极反应不是析氢腐蚀，而是溶解在溶液中的氧的还原反应，即以氧的还原反应位阴极过程的腐蚀称为氧腐蚀，也称为氧去极化腐蚀或耗氧腐蚀等。由于氧的平衡电位比氢的平衡电位要高，所以金属在有氧存在的溶液中发生氧腐蚀的可能性要更大。

一、氧腐蚀发生的条件

与析氢腐蚀相类似，产生耗氧腐蚀需要满足以下条件：腐蚀电池中阳极金属电位必须低于氧的平衡电位，即 $E_A<E_o$。氧的平衡电位可根据能斯特方程计算。例如，设某中型溶液的 pH=7，温度为 25 ℃，溶解于溶液中的氧分压 P_{O_2}=0.21 atm。在此条件下氧的平衡电位为：

$$E^o=0.401+0.059/4\lg[0.21/(10^{-7})^4]=0.805\ V$$

也就是说，在溶液中有氧溶解的情况下，某种金属的电势如果小于 0.805 V，就可能发生氧腐蚀。而在相同条件下，氢的平衡电位仅为−0.413 V，可见氧腐蚀比氢腐蚀更易发生。实际上工业用金属在中性、碱性或较稀的酸性溶液和土壤、大气及水中，氢腐蚀和氧腐蚀往往会同时存在，仅是各自所占比例不同而已。

二、氧腐蚀的原理与特点

（一）氧腐蚀的原理

相较于对氢腐蚀过程的研究，人们对阴极上进行氧腐蚀反应的研究要少得多，因此机理并不是很明确。据研究，氧在阴极上还原的过程较复杂，但总体上氧腐蚀可分为两个基本过程：氧的输送过程和 O_2 在阴极上被还原的过程，即氧的离子化过程。

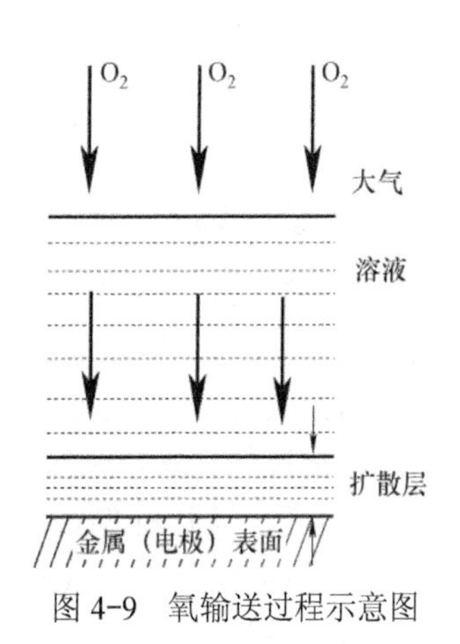

图 4-9　氧输送过程示意图

氧的输送过程包括以下几个子步骤（如图 4-9 所示）。

（1）通过空气和电解液的界面氧进入溶液；

（2）依靠溶液中的对流作用，氧向阴极表面溶液扩散层迁移；

（3）借助扩散作用，氧通过阴极表面溶液扩散层，到达阴极表面，形成吸附氧。

氧在阴极表面发生了复杂的四电子反应：

在酸性溶液中为 $O_2+4H^++4e \longrightarrow 2H_2O$

在碱性溶液中为 $O_2+2H_2O+4e \longrightarrow 4OH^-$

第一类的中间产物为 H_2O_2 和 HO_2^-，其基本步骤如下。

（1）形成半价氧离子 $O_2+e \longrightarrow O_2^-$

（2）形成二氧化一氢 $O_2^-+H^+ \longrightarrow HO_2$

（3）形成二氧化一氢离子 $HO_2+e \longrightarrow HO_2^-$

（4）形成过氧化氢 $HO_2^-+H^+ \longrightarrow H_2O_2$

（5）形成水 $H_2O_2+2H^++2e \longrightarrow H_2O$ 或 $H_2O_2 \longrightarrow \frac{1}{2}O_2+H_2O$

第二类的产物中间体为 HO_2^-，其反应基本步骤如下。

（1）形成半价氧离子 $O_2+e \longrightarrow O_2^-$

（2）形成二氧化一氢离子 $O_2^-+H_2O+e \longrightarrow HO_2^-+OH^-$

（3）形成氢氧根离子 $HO_2^-+H_2O+2e \longrightarrow 3OH^-$ 或 $HO_2^- \longrightarrow \frac{1}{2}O_2+OH^-$

在大多数金属电极上氧还原反应过程是按第一类机理进行的，实验已经证明在这些电极上都有中间产物 H_2O_2 或 HO_2^-（过氧化氢离子）生成。在某些活性碳及少数金属氧化物电极上氧的还原反应则可能按第二类机理进行，但有关细节并未搞清楚，有待进一步研究。

室温下氧在水中的溶解度非常低，例如，在 20 ℃时，被空气饱和的纯水中大约含质量分数为 4.8×10^{-5} 的氧，而在 5 ℃的海水中的氧的溶解量约为 0.3 mol/m³。这样低的氧溶解度使得氧扩散控制的极限扩散电流值很小。例如典型情况下，取扩散层有效厚度 δ=0.1 mm，氧在水中的扩散系数 D=10 m²·s⁻¹，氧在海水中的浓度 c_O 为 0.3 mol/m³，氧还原反应中的电子数 n=4，将这些数据代入式（4-2）中，可得氧的极限扩散电流约为

$$i_L=nFD\frac{c_O}{\delta}=(4\times96500\times10\times0.3)/10=1.16\ \text{A}\cdot\text{m}^{-2}$$

该值对于一般金属工程金属材料，腐蚀速率约为 1 mm·a⁻¹，即在通常的极限扩散速率限制下的耗氧腐蚀速率是比较低的。然而，对于加强搅拌或流动的水溶液中，尤其是存在海水飞溅作用时，腐蚀速率则会大大增加。

（二）氧腐蚀的特点

（1）在氧的扩散控制情况下,腐蚀速度与金属的性质关系不大。

例如锌、碳钢、铸铁等金属在天然水或中性溶液中，此时氧向金属表面的扩散成为过程的控制步骤，腐蚀速度主要取决于氧的扩散速度。

（2）溶液的含氧量对腐蚀速度影响很大。

溶液内氧含量升高,腐蚀就会加速。氧在水溶液内的溶解度随温度和溶液浓度而变。通常，温度升高一方面使氧的扩散速度加快，另一方面使氧的溶解度降低。如图 4-10 所示， 对于敞口系统，当超过某个温度时，溶解度降低占主导（图 4-11），因此腐蚀速度随温度升高而降低；而对于封闭系统温度升高会使气相中氧的分压增大，从而增加氧的溶解度，因此腐蚀速度随温度升高而增大。

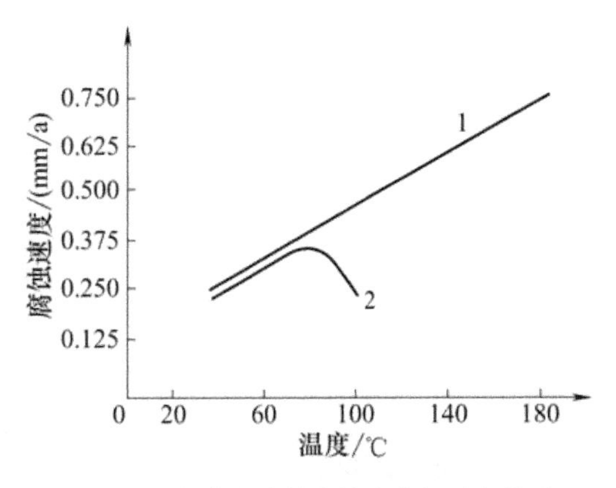

图 4-10 钢在水中的腐蚀速度与温度关系

1—封闭系统；2—敞口系统

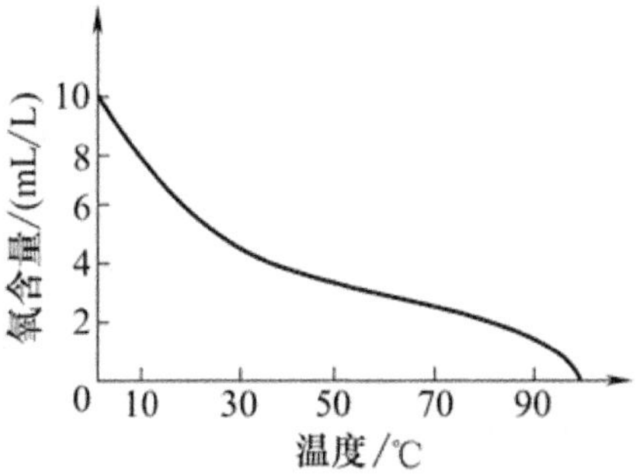

图 4-11 氧在水中的溶解度与温度的关系

（3）阴极面积对腐蚀速度的影响。

①对于宏观腐蚀电池，发生耗氧腐蚀时,阴极面积增大，到达阴极的总氧量增多，腐蚀速度增大；

②对于微观腐蚀电池，其阴极面积的大小 (金属或合金中阴极性杂质的多少)对腐蚀速度无明显影响。

（4）溶液的流动状态对腐蚀速度影响大。

溶液流速增大，氧的扩散更为容易。因此一般情况下,溶液流速增大，腐蚀速度增大。

三、氧腐蚀的影响因素

是否形成了闭塞电池是影响设备发生氧腐蚀的关键因素。能够促使形成闭塞电池腐蚀的因素都可能加速氧腐蚀。闭塞腐蚀电池的形成取决于金属表面保护膜，所以保护膜是否完整也是影响氧腐蚀的重要因素。可见影响氧腐蚀发生的因素是多样的，下面主要介绍四个方面的影响因素。

（一）溶解氧的浓度影响

溶解氧的浓度增大时，氧的极限扩散电流密度将增大，氧离子化反应的速率也将加快，因而耗氧腐蚀的速率也随着增大。但对于可钝化金属，当氧浓度大到一定程度，其腐蚀电流增大到腐蚀金属的致钝电流而使金属由活性溶解状态转为钝化状态时，则金属的腐蚀速率将要显著降低。由此可见，溶解氧对金属腐蚀往往有作用恰恰相反的双重影响。

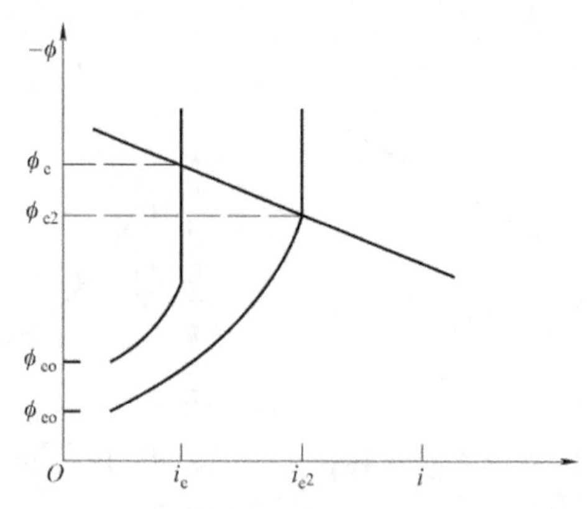

图 4-12　氧的浓度对扩散控制的腐蚀过程影响

图 4-12 表明了当氧的浓度增大时，阴极极化曲线的起始电位要适当正移，氧的极限扩散电流密度也要相应增大，腐蚀电位将升高，非钝化金属的腐蚀速率将由 i_e 增大到 i_{e2}。

（二）溶液流速的影响

在氧浓度一定的条件下，极限扩散电流密度与扩散层厚度成反比，溶液流速越大，扩散层厚度越小，氧的极限扩散电流密度就越大。搅拌作用的影响与溶液流速的影响相似。

对于有钝化倾向的金属或合金，在尚未进入钝态时，增加溶液的流速或加强搅拌作用都会增强氧向金属表面的扩散，这就可能促使极限扩散电流密度达到或超过钝化所需电流密度，金属进入钝态而降低腐蚀速度。

（三）盐浓度的影响

随着盐浓度的增加，由于溶液电导率的增大，腐蚀速率会有所上升。例如在中性溶液中当 NaCl 的浓度达到 3%（相当于海水中的 NaCl 含量）时，Fe 的腐蚀速度达到最大值。随着 NaCl 的浓度进一步增加时，氧的溶解度显著降低，Fe 的腐蚀速度反而下降。图 4-13 表明了 NaCl 浓度对 Fe 在中性溶液中腐蚀速度的影响。

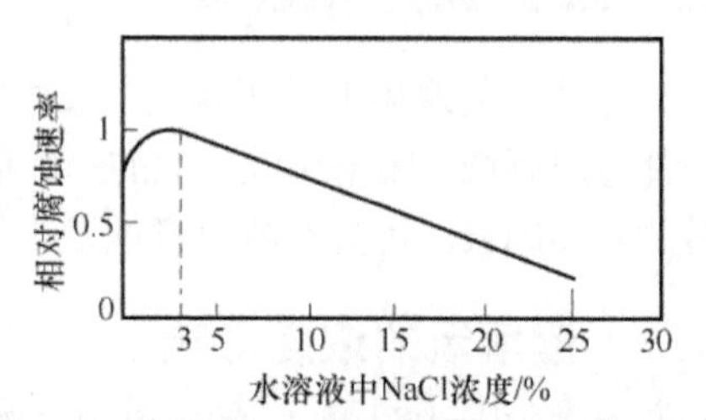

图 4-13　25 ℃下水溶液中 NaCl 浓度对 Fe 腐蚀速度的影响

（四）温度的影响

温度的影响是双重的：溶液温度的增加将使氧的扩散过程和电极反应速度加快，因而在一定范围内，腐蚀速度将随温度的升高而加快；但温度的升高又可能使氧的溶解度下降，相应使其腐蚀速度减小，如图 4-14 所示。

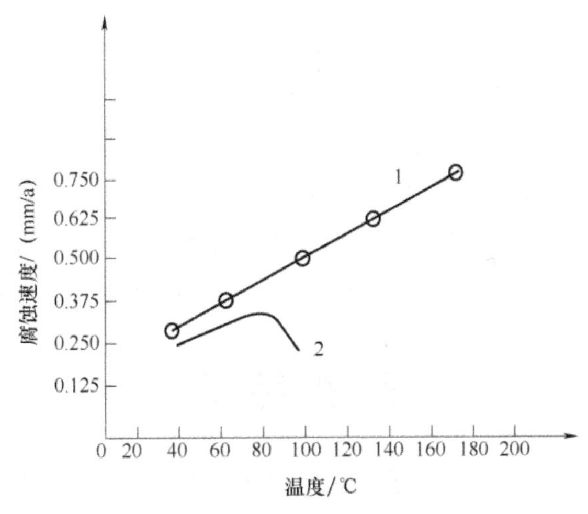

图 4-14　温度对 Fe 在水中的腐蚀速度的影响

1—封闭系统；2—敞口系统

因此，在敞口系统中，Fe 的腐蚀速度约在 80 ℃达到最大值，然后随着温度的升高而下降；而在封闭系统中，温度的升高将使气相中氧的分压增大，从而增加了氧在溶液中的溶解度，这与温度升高氧溶解度降低的效应相反，所以此时的腐蚀速度将随温度升高而增大。

第四节　氢腐蚀和氧腐蚀的简单比较

在讨论了氧腐蚀和氢腐蚀的定义、原理以及防护措施之后，可用表格的形式将它们做一简单的比较，见表 4-2。

表 4-2　耗氧腐蚀与析氢腐蚀的比较

比较项目	析氢腐蚀	耗氧腐蚀
去极化剂的性质	氢离子以对流扩散和电迁移两种方式传质，扩散系数很大	中性氧分子，只能以对流和扩散传质，扩散系数较小
去极化剂的浓度	浓度大，酸性溶液中氢离子作为去极化剂，中性或碱性溶液中水分子作为去极化剂	浓度较小，室温及普通大气压下，在中性水中的饱和浓度约为 10^{-4}mol/L，随温度升高或盐浓度增加，溶解度将下降
阴极反应产物	氢气，以气泡形式析出，使金属表面附近溶液得到附加搅拌	水分子或氢氧根离子，以对流、扩散或迁移离开金属表面，没有附加搅拌作用
腐蚀的控制类型	阴极控制、混合控制和阳极控制都有，阴极控制较多见，并且主要是阴极的活化极化控制	阴极控制居多，并且主要是氧扩散控制，阳极控制和混合控制的情况比较少
合金元素或杂质的影响	影响显著	影响较小
腐蚀速率的大小	在不发生钝化现象时，因氢离子的浓度和扩散系数都较大，所以单纯的析氢腐蚀速率较大	在不发生钝化现象时，因氧的溶解度和扩散系数都很小，所以单纯的耗氧腐蚀速率较小

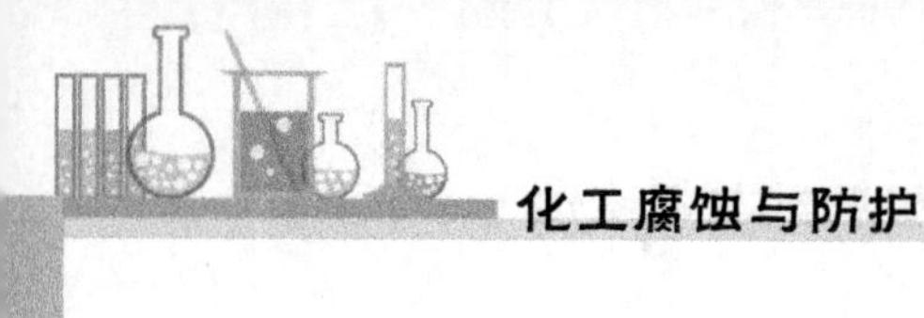

本章小结

1. 氢腐蚀和氧腐蚀是阴极过程中具有特色的常见腐蚀形态。
2. 氢腐蚀常见类型有氢损伤和硫化氢腐蚀。
3. 氧腐蚀的两个基本过程为氧的输送过程和氧分子在阴极上被还原的过程。
4. 氧腐蚀的影响因素包括溶解氧的浓度、溶液流速、盐浓度、温度等。

习题练习

1. 什么是析氢腐蚀？析氢腐蚀发生的必要条件是什么？析氢腐蚀有哪些特征？
2. 划分高、中、低氢过电位金属的依据是什么？并据此分析金属元素对析氢腐蚀的影响。
3. 什么是耗氧腐蚀？耗氧腐蚀具有哪些特征？
4. 影响耗氧腐蚀的因素有哪些？举例说明。
5. 试比较析氢腐蚀和耗氧腐蚀的特点，并提出控制析氢腐蚀和耗氧腐蚀的技术途径。
6. 试分析比较工业锌在中性 NaCl 水溶液和稀盐酸中的腐蚀速率及杂质的影响。
7. 写出下列各小题的阳极和阴极反应式：

（1）铜和锌连接起来，且浸入质量分数为 0.03 的 NaCl 水溶液中；

（2）在（1）中加入少量盐酸；

（3）在（1）中加入少量可溶性铜盐；

（4）铁全浸在淡水中。

第五章

金属在不同环境下的腐蚀

学习目标

1. 了解土壤腐蚀的特点及其影响因素；
2. 掌握水的腐蚀的分类、特点及其影响因素；
3. 掌握大气腐蚀的分类、特点及其影响因素。

学习重点

1. 金属在淡水、海水中腐蚀的特点；
2. 金属在大气中腐蚀的特点。

第一节　自然环境下的腐蚀

材料是国家建设的重要基础，材料总是在一定的环境中使用。导致金属腐蚀的环境有两类：一类是自然环境，如大气、海水和土壤等；另一类是工业环境，如酸、碱、盐等溶液以及高温气体等。

材料在不同环境中的腐蚀情况千差万别，暴露在大气中的钢，其表面会生成锈皮，在锈皮的保护作用下，腐蚀速率逐渐减少；码头、船舶、钻井平台等的腐蚀随海水浓度的变化而不同；各种埋地管线在土壤中会产生氧浓差腐蚀、微生物腐蚀。在工业环境中，金属材料遭受不同浓度酸、碱、盐介质的作用而发生腐蚀。

本节主要内容包括自然环境腐蚀，如大气腐蚀、水的腐蚀和土壤腐蚀。

一、大气腐蚀

金属材料暴露在空气中，由于与空气中的水分和氧气等发生化学和电化学作用而引起的腐蚀，称为大气腐蚀。金属材料从原材料库存、零部件加工和装配到产品的运输和贮存过程中都会遭到不同程度的大气腐蚀。例如,表面很光洁的钢铁零件在潮湿的空气中过不了多久就会生锈,光亮的铜零件会变暗或产生铜绿;又如长期暴露在大气环境下的桥梁、铁道、交通工具及武器装备等都会遭到大气腐蚀。因此研究大气腐蚀与防护及防止腐蚀的方法是非常必要的。

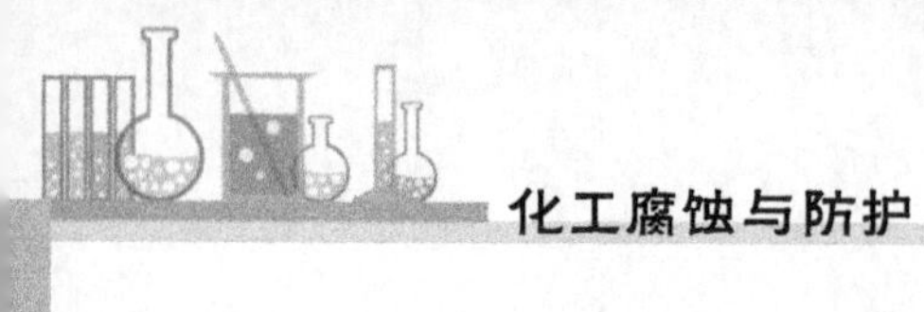

（一）大气腐蚀的分类

1. 根据金属表面的潮湿程度分

与浸在溶液中的金属腐蚀相对照，大气腐蚀指的是暴露在空气中金属的腐蚀，它概括了范围很宽广的一些条件，其分类是多种多样的。有按地理位置中空气中含有微量元素的情况（工 业、海洋和农村）分类的；有按气候分类（热带、湿热带、温带等）的；也有按水汽在金属表面的附着状态分类的。从腐蚀条件来看，大气的主要成分是水和氧，而大气中的水汽是决定大气腐蚀速度和历程的主要因素。因此，根据腐蚀金属表面的潮湿程度可把大气腐蚀分为干大气腐蚀、潮大气腐蚀、湿大气腐蚀三种类型。

1）干大气腐蚀

在空气非常干燥的条件下，金属表面不存在水膜时的大气腐蚀，称为干大气腐蚀。其特点是金属形成保护性氧化膜。铜、银等有色金属在含硫化物的空气中产生失泽作用（形成一层可见膜）即为一典型例子。

2）潮大气腐蚀

当相对湿度足够高，大于某临界值，金属表面存在肉眼看不见的薄液膜层时所发生的腐蚀，称为潮大气腐蚀。例如铁在没有被雨淋到时也会生锈便是这种腐蚀的例子。

3）湿大气腐蚀

当大气中的相对湿度接近 100%，或者当雨水直接落在金属表面上，金属表面便存在着肉眼可见的凝结水膜层，此时所发生的腐蚀称为湿大气腐蚀。管道在潮湿大气作用下的腐蚀情况如图 5-1 所示。

图 5-1　管道在潮湿大气下的腐蚀情况

以上三种腐蚀，随着湿度或温度等外界条件的改变，可以相互转化。

2. 按大气污染程度的不同分

1）工业大气腐蚀

工业大气中的 SO_2、NO_2、H_2S、NH_3 等都能增加大气的腐蚀作用，加快金属的腐蚀速率。表 5-1 列出了几种常用金属在不同大气环境中的平均腐蚀速率。

表 5-1　常用金属在不同大气环境中的平均腐蚀速率

腐蚀环境	平均腐蚀速率/［mg/（dm^2·d）］		
	钢	铜	锌
农村大气	—	0.17	0.14
海洋大气	2.9	0.31	0.32
工业大气	1.5	1.0	0.29
海水	25	10	8.0
土壤	5	3	0.7

石油、煤等燃料的废气中含 SO_2 最多，因此在城市和工业区，SO_2 含量可达 0.1～100 mg/m^3。主要特点是硫化物 SO_2 的污染，使金属表面产生了高腐蚀性的酸膜。

2）海洋大气腐蚀

在海洋大气中充满着海盐微粒，随风降落在金属表面。盐污染物的量随着与海洋距离的增加而降低，并在很大程度上受气流的影响，海洋大气中常用金属的腐蚀见表 5-1。

3）乡村大气腐蚀

乡村大气一般不含强化学污染物，主要腐蚀组分是湿气、氧和 CO_2 等，较前两种腐蚀气体而言从表 5-1 中可以看出乡村大气腐蚀速率较低。

（二）大气腐蚀的特点

大气腐蚀发生在干燥空气中即属于干大气腐蚀时，主要由纯的化学作用所引起，它的腐蚀速度小，破坏性也非常小。

大气腐蚀发生在金属表面上存在的水膜中时，是由电化学腐蚀过程引起的。其特点如下。

（1）金属表面上水膜中进行的电化学腐蚀不同于金属沉浸在电解液中的电化学腐蚀过程。当金属表面形成连续的电解液薄层时，其电化学腐蚀的阴极过程主要是依靠氧的去极化作用，形成吸氧腐蚀，即使是在城市污染的大气中形成的酸性水膜下的腐蚀过程也是如此。然而在强酸性溶液中铁、铝等金属全浸入时则主要是氢的去极化作用，形成析氢腐蚀。

（2）金属表面上水膜的形成。一般地说，只有当空气的相对湿度达 100%时，金属表面上才能形成水膜。但是如果金属表面粗糙或表面有灰尘或腐蚀产物，在相对湿度低于 100%时，水蒸气也会凝聚在低凹处或金属表面与固体颗粒之间的缝隙处，形成肉眼看不见的水膜，这种水膜并非纯净的水，空气中的氧、CO_2 及工业中的气体污染物及固体盐类等都会溶解于金属表面的水膜中，使之形成电解质溶液，促进了水膜下金属的腐蚀。

（3）水膜下的腐蚀过程，金属表面水膜下的腐蚀是由于金属表面电化学不均匀性造成的微电池，当水膜较薄时这种腐蚀很易发生，例如常温下室内金属构件的腐蚀。在水膜较厚的情况下，往往因水膜不均匀而形成氧浓差腐蚀电池，例如工件经水洗、水淋或室外有露水时易发生这类腐蚀。

根据金属表面水膜层的厚度（即表面潮湿程度）不同，大气腐蚀被阴极过程控制的程度也有所不同，如图 5-2 所示。当金属表面水膜层变薄时，由于氧容易通过薄膜使大气腐蚀的阴极过程更易进行。对于金属离子化的阳极过程，情况则正好相反，由于金属形成氧化物后的钝化作用以及金属离子水化过程困难，使阳极过程受到强烈阻滞而促进了阳极极化。

由此可知，对于潮大气腐蚀，因其水膜层较薄，氧易于透过薄膜，阴极过程容易进行，腐蚀过程主要受阳极过程控制。而对于湿大气腐蚀，因水膜层较厚，氧不易透过水膜，使阴极过程速度减慢，则腐蚀过程主要受阴极过程控制。

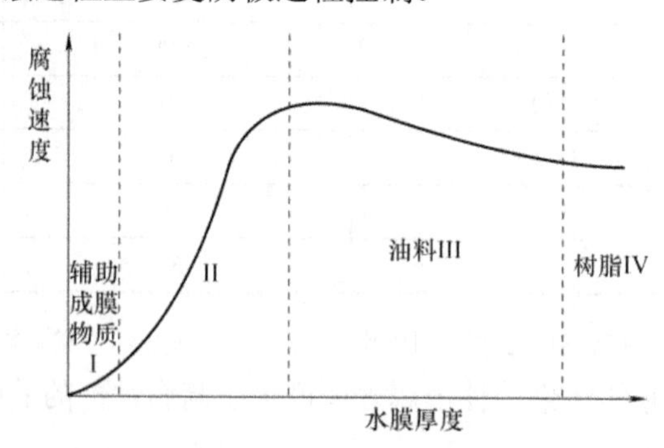

图 5-2　大气腐蚀速度随金属表面水膜厚度的变化

（三）影响大气腐蚀的因素

影响大气腐蚀的因素很多，这里主要讨论影响大气腐蚀的几个主要因素：相对湿度、温度、大气成分及金属表面状态等。

1. 相对湿度

温度和相对湿度是引起金属大气腐蚀的重要原因。相对湿度是大气中的水蒸气压与同一温度大气中饱和蒸气压的比值。每种金属都存在一个腐蚀速率开始急剧增加的湿度范围，人们把大气腐蚀速率开始急剧增大时的大气相对湿度值称为临界湿度。对于钢、铁、铜、锌，临界湿度在 70%～80%，其原因是在低于临界湿度时，金属表面不存在水膜，腐蚀速度很小，而当高于临界湿度时，金属表面形成水膜，因此从本质上看，临界相对湿度也就是开始形成水膜时的相对湿度。

由此可知，如果能把空气的相对湿度降至临界湿度以下，就可以基本防止金属发生大气腐蚀。

2. 温度

当相对湿度达到临界湿度以上时，温度的影响十分明显。按一般化学反应，温度升高 10 ℃，反应速率提高为原来的约 2 倍。

在气温为 30℃、湿度为 80%的情况下，1 m^3 空气中水汽含量约为 20 g，而氧则占总体积的 21%，这就很容易引起大气腐蚀。

温度的影响更主要表现在有温度差的情况下，即周期性地在金属表面结露（当金属表面处在比它本身温度高的空气中时，则空气中的水汽可在金属表面凝结成露水，称为结露现象）时，腐蚀最为严重，如气温剧变，白天温度高，夜间下降，金属表面温度常低于周围大气温度，因而常在室外的金属表面上凝结水膜加速了大气腐蚀。

3. 大气成分

大气中常含有 SO_2、CO_2、H_2S、NO_2、NaCl 以及尘埃等，这些污染物不同程度地加速大气腐蚀。

1）SO_2

这是危害性最大的一种污染物，它是由煤和石油燃烧产生的，大气中相对湿度大于 70% 时只需含 0.01%SO_2，钢铁腐蚀速度便急剧增加。

2）NaCl

在海洋大气中，含有较多微小的 NaCl 颗粒，若这些 NaCl 颗粒落在金属表面上，或因海水蒸发而凝析在表面上，则由于它具有吸湿作用，增大了表面液膜的电导率，促进了大气腐蚀。由此可知，海洋大气对金属的腐蚀作用比乡村大气严重。

3）固体尘粒

大气中含有灰尘的固体微粒杂质，也能加速腐蚀。它们的组成十分复杂，除海盐颗粒外，还包括碳和碳化物、硅酸盐、氮化物、铵盐等固体颗粒，在城市大气中它们的平均含量为 0.2～2 mg/m^3，而在强烈污染的工业大气中甚至可达 1 000 mg/m^3 以上。固体尘粒对大气腐蚀的影响有以下三种方式。

（1）尘粒本身具有腐蚀性。如铵盐颗粒能溶入金属表面水膜，提高电导或酸度，促进了腐蚀。

（2）尘粒本身无腐蚀作用，但能吸附腐蚀性物质，如炭粒吸附 SO_2 和水汽生成有腐蚀的酸性溶液。

（3）尘粒本身虽无腐蚀性，又不吸附腐蚀性物质，如砂粒等，但它落在金属表面会形成缝隙而凝聚水分，形成氧浓差的局部腐蚀条件。

4. 金属表面状态

金属的表面加工方法和表面状态对大气中水汽的吸附凝聚有较大的影响。光亮洁净的金属表面可以提高金属的耐蚀性,加工粗糙的表面比精磨的表面更易腐蚀,而经喷砂处理的新鲜且粗糙的表面易吸收潮气和污物,易遭受锈蚀。

金属表面存在污染物质或吸附有害杂质时,会进一步促进腐蚀过程。如空气中的固体颗粒落在金属表面,会使金属生锈;一些比表面积大的颗粒（如活性炭）可吸附大气中的 SO_2,会显著增加金属的腐蚀速度。

在固体颗粒下的金属表面常发生缝隙腐蚀或点蚀。有些固体颗粒虽不具有腐蚀性,也不具有吸附性,但由于能造成毛细凝聚缝隙,促使金属表面形成电解液薄膜,形成氧浓差电池,因此也会导致缝隙腐蚀。

另外,金属表面的腐蚀产物对大气腐蚀也有影响。如已生锈的钢铁表面的腐蚀速度大于表面光洁的钢铁件,这是因为腐蚀产物具有较大的吸湿性,而且腐蚀产物比较疏松,使其丧失保护作用,甚至会产生缝隙腐蚀,从而使腐蚀加速。某些金属（如耐候钢）的腐蚀产物膜由于合金元素富集,使锈层结构致密,有一定的隔离腐蚀介质的作用,因此使腐蚀速度有所降低。

（四）防止大气腐蚀的方法

防止金属大气腐蚀的方法有很多，可以根据金属制品所处的环境及防腐蚀要求，选择合适的防护措施。

（1）可以在碳钢中加入某些合金元素，以提高金属材料的耐腐蚀性能，如钢中加入少量 Cu、P、Cr、Ni 等元素即能提高耐大气腐蚀性能。

（2）采用有机或无机涂层、金属镀层来保护长期暴露于大气中的金属构件。

（3）用气相缓蚀剂，对储藏或运输过程中易遭受腐蚀的金属制品进行保护。

（4）降低大气湿度，主要用于对仓储金属制品的保护。

当然，防止大气腐蚀的措施还有许多，如合理设计构件，避免缝隙中水的存在，去除金属表面上的灰尘等。严格执行《中华人民共和国环境保护法》，减少大气污染，这不仅有利于人民健康，而且对延长金属材料在大气中的使用寿命也是非常重要的。

二、水的腐蚀

（一）淡水腐蚀

1. 钢铁在淡水中的腐蚀

1）钢铁在淡水中的腐蚀特点

淡水一般是指河水、湖水、地下水等含盐量少的天然水。淡水中金属的腐蚀是电化学过程，溶液中金属离子浓度低时发生阳极过程，腐蚀程度通常受阴极过程所控制。如钢铁腐蚀，即按下列反应进行：

阳极反应　　$Fe \longrightarrow Fe^{2+}+2e$

阴极反应　　$O_2+2H_2O+2e \longrightarrow 4OH^-$

$2H^++2e \longrightarrow H_2\uparrow$

溶液中　　$Fe^{2+}+2OH^- \longrightarrow Fe(OH)_2$

$Fe(OH)_2+O_2 \longrightarrow Fe_2O_3 \cdot H_2O$ 或 $2FeO \cdot (OH)_2$

2）影响淡水腐蚀的主要因素

淡水中的腐蚀受金属内因的影响是次要的，而受环境因素的影响则较大，因此下面主要叙述影响金属腐蚀的环境因素。

（1）pH 值的影响。

钢铁的腐蚀速度与纯水 pH 值的关系如图 5-3 所示。

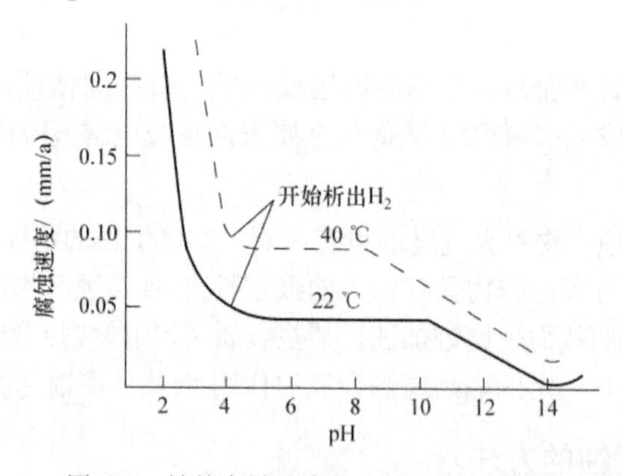

图 5-3　铁的腐蚀速度与溶液 pH 值的关系

当 pH=4～10 时，由于溶解氧的扩散速度几乎不变，因而碳钢腐蚀速度也基本保持恒定。

当 pH<4 时，覆盖层溶解，阴极反应既有吸氧又有析氢过程，腐蚀不再受氧浓度扩散控制，而是两个阴极反应的综合，腐蚀速度显著增大。

当 pH>10 时，碳钢表面钝化，因而腐蚀速度下降；但当 pH>13 时，因碱度太大可造成碱腐蚀，所以一般控制在 pH<11，防止碱在局部区域浓缩而发生碱脆。

如上所述，碳钢在 pH=4～10 范围内的腐蚀为氧浓差极化控制的腐蚀，所以凡是能加速氧扩散速度、促进氧的去极化作用的因素都能抑制腐蚀。对氧的扩散影响较大的因素有温度、溶解氧的浓度及水流速度等。

（2）温度的影响。

水温每升高 10 ℃，碳钢的腐蚀速度约加快 30%。但是温度影响对于密闭系统与敞口系统是不同的，在敞口系统中，由于水温升高时，溶解氧减少，在 80 ℃左右腐蚀速度达到最大值，此后，当温度继续升高时，腐蚀速度反而下滑，但在密闭系统中，由于氧的浓度不会减小，腐蚀速度与温度保持直线关系，如图 5-4 所示。

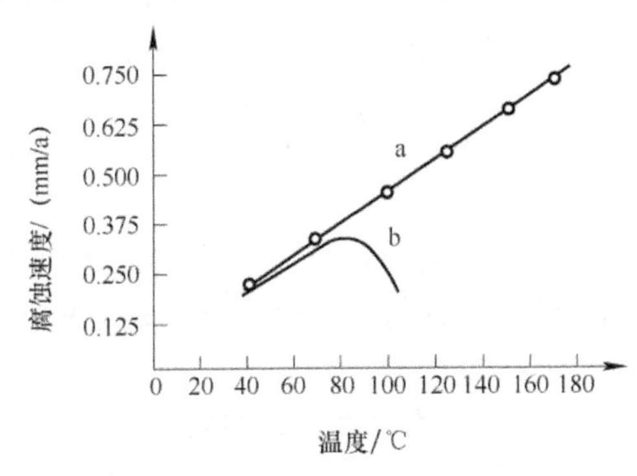

图 5-4　钢在水中的腐蚀速度与温度的关系

a—曲线为封闭系统；b—曲线为敞口系统

（3）溶解氧的浓度。

在淡水中，当溶解氧的浓度降低时，碳钢的腐蚀速度随水中氧的浓度增加而升高；但当水中氧浓度很高且不存在破坏钝态的活性离子时，碳钢会钝化而使腐蚀速度剧减。

溶解氧对钢铁的腐蚀作用有两方面。

① 氧作为阴极去极化剂把铁氧化成 Fe^{3+}，起促进腐蚀的作用。

② 氧使水中的 $Fe(OH)_2$ 氧化为铁锈 $Fe(OH)_3$、$Fe_2O_3 \cdot H_2O$ 等的混合物，在铁表面形成氧化膜，在一定条件下起抑制腐蚀的作用。

（4）水的流速。

一般情况下，水的流速增加，腐蚀速度也增加，如图 5-5 所示，但当流速达到一定程度时，由于到达铁表面的氧超过使铁钝化的氧的临界浓度而导致铁钝化，腐蚀速度下降；但在极高流速下，钝化膜被冲刷破坏，腐蚀速度又增大。

因此，水的流速如能合适，可使系统内氧的浓度均匀，避免出现沉积物的滞留，可防止氧浓差电池的形成，尤其对活性—钝性型金属影响更大。但实际上不可能简单地通过控制流速来防止腐蚀，这是因为在流动水中钢铁的腐蚀还受其表面状态、溶液中杂质含量和温度等因素变化的影响。在含大量 Cl^- 的水中，任何流速也不会产生钝化。

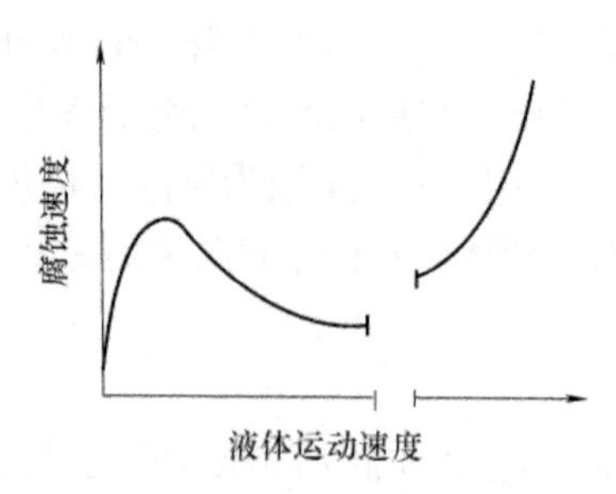

图 5-5　钢铁腐蚀速度与流体流速的关系

（5）水中的溶解盐类。

当水中含盐量增加时，溶液电导率增大，形成腐蚀电池的能力也增大，使腐蚀速度增加，但当含盐量超过一定浓度后，由于氧的溶解度降低，腐蚀速度反而减小。

从淡水中所含离子性质来看，当含有阳离子如 Cu^{2+}、Fe^{3+}、Cr^{3+}等氧化性重金属离子时，能促进阴极过程的作用，因而使腐蚀加速，而一些碱土金属或还原性金属离子如 Ca^{2+}、Zn^{2+}、Fe^{2+}等离子则具有缓释作用。

淡水中含有的阴离子，有的有害，例如 Cl^-是使钢铁特别是不锈钢产生点蚀及应力腐蚀破裂的重要因素之一，其他还有 S^{2-}、ClO^-等。也有的阴离子如 PO_4^{3-}、NO_2^-、SiO_3^{2-}等则有缓蚀作用，这些盐类常用作缓蚀剂。

当水中 Ca^{2+}、HCO_3^-离子共存时，有抑制腐蚀的效果，这是因为它们在一定条件（例如 pH 值增大或温度上升）下，可在金属与水的界面上生成 $CaCO_3$ 沉淀保护膜，阻止了溶解氧向金属表面扩散，使腐蚀受到抑制。

（6）微生物。

微生物会加速钢铁腐蚀，这在循环冷却水中也是不可忽视的因素。

2．钢铁在淡水中的局部腐蚀

局部腐蚀的危害远比全面腐蚀严重，大型化工装置多采用循环冷却水系统，因冷却器泄漏而被迫停产，甚至造成事故，其原因多数是局部腐蚀引起的。点蚀是较常见的一类。

循环水系统中引起钢铁产生点蚀的原因有以下两个方面。

1）电位较高金属的离子沉积在钢铁表面

例如循环水系统中难免有铜质材料，使水中含有铜离子，而铜离子则会在镀锌钢或钢上沉积出来，使钢表面形成点蚀。

2）来自氧的浓差电池腐蚀

这是一类极易发生又难以解决的问题，因为在设备、管道等很多部位不可避免地要存在缝隙，而且垢层、锈层、泥砂、藻类以及各种沉积物之间都会产生缝隙，由于缝隙的存在形成了氧的浓差电池而产生缝隙腐蚀，结果产生点蚀。在极严重的情况下会引起热交换器管壁穿孔。在循环水系统中，还有一些其他的局部腐蚀，如系统中电连接的不同金属在电解质溶液中相互耦合，形成电偶腐蚀，其中电位较负的金属将成为阳极而遭受腐蚀。例如有些冷却器的管子是不锈钢面管板，折流板是碳钢，这种大阴极小阳极的电偶腐蚀将更严重。另外空化和冲击腐蚀也时有发生，如水泵叶轮的损坏就是空化损伤的结果。

对于循环水系统的防腐问题，首先应正确地选择材料和设备结构，还应选择适当的工艺

指标。根据具体情况选用缓蚀剂是循环水处理运行过程的重要措施。

不论循环水或非循环水系统都可以用涂料防止钢铁腐蚀。我国许多氮肥厂多年来采用涂料及喷铝加涂料防止冷却水设备的腐蚀；喷铝在多数条件下可以起牺牲阳极的阴极保护作用，可适应多种环境，包括合成氨水洗塔。

为了保证循环水正常使用，开发了一种水的化学处理技术，即针对循环水结垢、腐蚀和菌藻三大弊病加入一系列药剂，使用絮凝剂除去机械杂质，用阻垢剂防止结垢，用缓蚀剂抑制腐蚀，用杀菌灭藻剂阻止微生物滋生，即所谓水质稳定处理。

由于冷却水的结构性与腐蚀性有密切关系，处理时必须综合考虑防腐、防垢及杀菌以达到最佳效果，因而在处理过程中常同时使用多种方法互相配合，称为协和作用。

3．木材及混凝土在水中的腐蚀

1）木材在水中的腐蚀

木材是循环水系统中冷却塔构筑物的主要材料，由于木材的腐蚀损坏，将严重影响生产，并耗费大量资金。

冷却塔中的木材的腐蚀是化学侵蚀或生物侵蚀的结果。稀的非氧化性酸、中性溶液、水及油类对木材有轻微腐蚀，碱性介质（如碳酸钠）、强氧化剂会腐蚀木材，使木质素脱出纤维素暴露出来，最后被喷淋水冲掉。侵蚀作用发生在木材表面上。生物侵蚀可以使木材内部衰变或表面腐烂，软腐烂是生物消耗了纤维素剩下木质素，结果使木材变软变脆和发暗，并使其失去强度。这种类型的侵蚀，由于外表尚完整，因而难于发现。

化学侵蚀可以调节水的 pH 值至中性，使之减至最小；生物侵蚀可用化学药剂浸渍木材或采用灭菌等处理微生物的措施。

2）混凝土在水中的腐蚀

混凝土是由黏土与石灰石等烧制而成的普通水泥构成的，为了增加强度，通常内部加入钢筋。混凝土是用途最广泛的材料之一。

水泥的主要成分是 CaO 及 SiO_2，其他还有 Al_2O_3、MgO 等。各组分结合成复杂的化合物，与水混合形成硬块，强度随时间增加到一定限度。

水泥本身为强碱性，所以对常温碱液有良好的耐蚀性。不耐酸，即使含 CO_2 的雨水也能侵蚀它。耐水性很好，但水中的可溶性盐类则对水泥有侵蚀作用，而使混凝土发生裂纹、脱落、变形等。水泥对盐类溶液的耐蚀性是不同的，硫酸盐与水泥中的钙作用而破坏，酸性氯化物腐蚀水泥，中性氯化物如 $NaCl$ 虽然不腐蚀水泥，但渗入内部后，会腐蚀钢筋，而钢筋腐蚀所产生的腐蚀产物因体积膨胀又会促使混凝土开裂和剥落。混凝土钢筋的腐蚀过程主要取决于氧的去极化作用，从混凝土裂缝渗入的氧浓度显然较低，这样就形成氧的浓差腐蚀电池而使缝内钢筋加速腐蚀。

混凝土结构可采用涂料保护来防止腐蚀或渗透，也可用表面非金属覆盖层（如耐酸砖板衬里等）。

（二）海水腐蚀

所谓海水腐蚀就是金属在海洋环境中遭受腐蚀而失效破坏的现象。海洋约占地球表面积的 7/10。海水是自然界中量最大，而且还具有很强腐蚀性的天然电解质。近年来海洋开发受到普遍重视，各种海上运输工具，各种类型的舰船，海上采油平台，开采和水下输送及储存

设备、海岸设施和军用设施等不断增加，它们都可能遭受海水腐蚀。我国沿海工厂常使用海水作为冷却剂，海水泵的铸铁叶轮仅能使用 3 个月，工业的发展使沿岸的污染增加，腐蚀问题也更为突出。图 5-6 为飞机残骸在海水下面的腐蚀。

图 5-6　飞机残骸在海水下的腐蚀

1. 海水腐蚀的特点

海水中含有许多化学元素组成的化合物，成分复杂，含盐总量约 3%，其中氯化物含量占总盐量的 88.7%，因而海水电导率较高（$2.5\times10^{-2}\sim3.0\times10^{-2}\ \Omega^{-1}\cdot cm^{-1}$）。世界各地的海水成分差别不大，含量较多的是氯离子，海水中还含有较多的溶解氧，在表层海水中的溶解氧接近饱和。所以，海水对金属腐蚀具有以下特点。

（1）所有结构金属（镁及其合金除外）在海水中腐蚀的阴极过程基本上都是由氧还原所控制的。

（2）由于海水中含大量 Cl^-，对大多数金属的钝化膜破坏性很大，即使不锈钢也难以保证不受腐蚀（如在不锈钢中加入钼，能提高其在海水中的稳定性）。

（3）因海水中电阻率小，在金属表面所形成的腐蚀电池都有较大活性。例如在海水中的电偶腐蚀较在淡水中严重得多。

（4）海水中易出现局部腐蚀，能形成腐蚀小孔。

2. 影响海水腐蚀的主要因素

影响钢铁在海水中腐蚀既有化学因素（含盐量、含氧量）又有物理因素（海水流速）及生物因素（海生物），比单纯盐水腐蚀复杂很多，主要有以下几个方面。

1）含盐量

海水中含盐总量以盐度表示（盐度是指 1 000 g 海水中溶解固体物质总克数）。海水盐度波动直接影响钢铁腐蚀速度，同时大量 Cl^-破坏或阻止钝化。

海水的总盐度随地区而变化,一般在相通的海洋中盐度相差不大,但在某些海区和隔离性的内海中,盐度有较大的变化。海水的盐度波动直接影响海水的电导率,这是影响金属腐蚀速度的因素之一。

一般,随着海水中含盐量增大,金属腐蚀速度增大,但若盐浓度过大,海水中的溶解氧量就会下降,故盐浓度超过一定值后,金属腐蚀速度下降。海水中盐的浓度对钢来讲,刚好接近于最大腐蚀速度的浓度范围。此外,海水中含盐量增大,其中的 Cl^- 含量也增大,易破坏金属钝化。

2）含氧量

大多数金属在海水中发生的是吸（耗）氧腐蚀。海水腐蚀是以阴极氧去极化控制为主的

腐蚀过程,海水中含氧量增加,可使金属腐蚀速度增加。 因为海水表面与大气接触面积相当大,还不断受到海浪的搅拌作用并有强烈的自然对流,所以通常海水中含氧量较高。除特殊情况外,可以认为海水表面层被氧饱和。盐度的增加和温度的升高,会使溶解氧量有所降低。随海水深度的增加,含氧量减少, 但深度再增加则溶解氧量反而增多,这可能与绿色植物的光合作用有关。

3）温度

海水的温度随地理位置和季节的不同,在一个较大的范围内变化。从两极高纬度到赤道低纬度海域,表层海水的温度可由 0℃增加到 35℃,例如,北冰洋海水温度为 2~4℃,热带海洋可达29℃。温热带海水温度随海水深度而变化,深度增加,水温下降。海水温度升高,腐蚀速度加快。一般认为,海水温度每升高 10℃,金属腐蚀速度就将增大一倍。虽然温度升高后,氧在海水中的溶解度下降,金属腐蚀速度减小。但总的效果是温度升高,腐蚀速度增大。因此,在炎热的季节或环境中,海水腐蚀速度较大。

4）海水流速

海水流速也是表征海水性质的一个重要参数。海水的流速增大,将使金属腐蚀速度增大。海水流速对铁、铜等常用金属腐蚀速度的影响存在一个临界值 V_c,超过此流速,金属的腐蚀速度显著增加。在平静海水中,流速极低、均匀,氧的扩散速度慢,腐蚀速度较低;当流速增大时,因氧扩散加快,使腐蚀加速。对一些在海水中易钝化的金属（如钛、镍合金和高铬不锈钢）,有一定流速反而能促进钝化和耐蚀,但很大的流速,因受介质的冲击、摩擦等机械作用影响,会出现冲刷腐蚀或空蚀。

5）海洋生物

生物因素对腐蚀的影响很复杂,在大多数情况下是加大腐蚀的,尤其是局部腐蚀。海洋中,叶绿素植物可使海水的含氧量增加,是加大腐蚀的;海洋生物放出的 CO_2,使周围海水呈酸性,海生物死亡、腐烂可产生酸性物质和 H_2S,因而可使腐蚀加速。此外,有些海洋生物会破坏金属表面的油漆或金属镀层,因而也会加速腐蚀;甚至由于海洋生物在金属表面的附着,可形成缝隙而引起缝隙腐蚀。

3. 防止海水腐蚀的途径

（1）合理选材。铸铁与碳钢在海水中耐蚀性差，铜及铜合金则较耐蚀，尤其是含 Cu70%的黄铜在海水中相当耐蚀。

（2）在设计与施工中要避免电偶腐蚀与缝隙腐蚀。尽可能减少阴极性接触物的面积或对它们进行绝缘处理。也可以采用镀锌方法或使用富锌涂料。

（3）覆盖层保护。这是防止金属材料被海水腐蚀普遍采取的方法,除了应用防锈油漆外,有时还采用防生物污染的防污漆。对于处在潮差带和飞溅带的某些固定结构物,可以使用蒙乃尔合金包覆。

海洋工程用钢的主要保护措施是在钢的表面施加涂层（如富锌涂料）。但是,任何一种有机涂层长时间浸泡在水溶液中,水分子都会渗过涂层到达金属表面,在涂层下发生电化学腐蚀;而且一旦涂层下的金属表面发生腐蚀过程,阴极反应所生成的 OH^-就会使涂层失去与金属表面的附着力而剥离;另外整个腐蚀过程所产生的固相腐蚀产物也会将涂层挤得鼓起来,所以光用

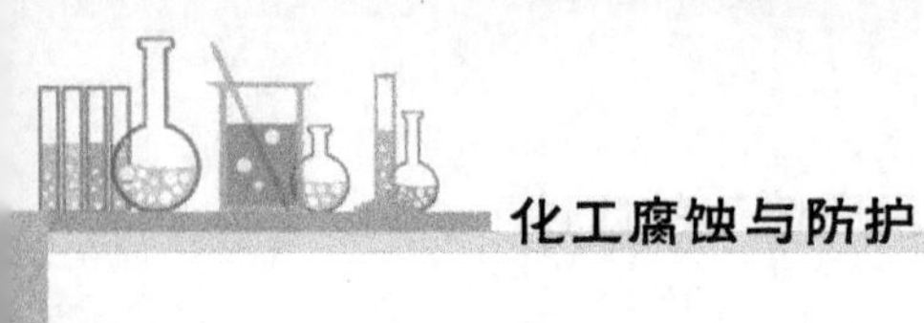

简单的油漆涂层不能起很好的保护作用。为达到更好的保护效果,通常采用涂料和阴极保护相结合的办法。

（3）牺牲阳极的阴极保护是应用最广泛的防止海水腐蚀的有效方法，最好采用涂层与阴极联合保护，既经济又有效。

（4）循环用冷却海水可加入缓蚀剂以防止碳钢腐蚀。

（5）使用缓蚀剂。使用缓蚀剂也是防止海水腐蚀的常用方法。

三、土壤腐蚀

土壤腐蚀是指土壤的不同组分对材料的腐蚀。金属在土壤中的腐蚀属于最重要的实际腐蚀问题。埋设在地下的各种金属构件，如井下设备、地下通信设备、金属支架、各种设备的底座、水管道、气管道、油管道等都不断地遭受土壤腐蚀，而且这些地下设施的检修和维护都很困难，给生产造成很大的损失和危害。因此，研究土壤腐蚀的规律，寻找有效的防护措施具有重要的意义。

（一）土壤腐蚀的基本特征

1．土壤电解质的特点

1）土壤的多相性

土壤是无机物、有机物、水和空气的集合体，具有复杂多相结构。不同土壤的土粒大小也是不同的，其性质和结构具有极大的不均匀性，因此，与腐蚀有关的电化学性质，也会随之发生极大的变化。

2）土壤具有多孔性

在土壤的颗粒间形成空隙或毛细管微孔，孔中充满空气和水。水分在土壤中可直接渗浸空隙或在孔壁上形成水膜，也可以形成水化物或以胶体状态存在。正是由于土壤中存在着一定量的水分，土壤成为离子导体，因而可看作为腐蚀性电解质。由于水具有形成胶体的作用，所以土壤并不是分散孤立的颗粒，而是由各种有机物、无机物的胶凝物质颗粒的聚集体。土壤的孔隙度和含水性的大小，又影响着土壤的透气性和电导率的大小。

3）土壤的不均匀性

从小范围看，土壤有各种微结构组成的土粒、气孔、水分的存在以及结构紧密程度的差异。从大范围看，有不同性质的土壤交替更换等。因此，土壤的这种物理和化学性质，尤其是与腐蚀有关的电化学性质，也随之发生明显的变化。

4）土壤的相对固定性

对于埋在土壤中金属表面的土壤固体部分可以认为是固定不动的，仅土壤中的气相和液相可以做有限的运动，例如土壤孔穴的对流和定向流动，以及地下水的移动等。

2．土壤腐蚀的电极过程

1）阳极过程

铁在潮湿土壤中的阳极过程和在溶液中的腐蚀相类似，阳极过程没有明显阻碍。在干燥且透气性良好的土壤中，阳极过程接近于铁在大气中腐蚀的阳极行为，阳极过程因钝化现象及离子水化的困难而有很大的极化。在长期的腐蚀过程中，由于腐蚀的次生反应所生成的不溶性腐蚀物的屏蔽作用，阳极极化逐渐增大。

根据金属在潮湿、透气性不良，且含有氯离子的土壤中的阳极极化行为，可以分为如下四类。

（1）阳极溶解时没有显著阳极极化的金属，如镁、锌、铝、锰、锡等。

（2）阳极溶解的极化率较低，并决定于金属离子化反应的过电位，如铁、碳钢、铜、铅。

（3）因阳极钝化而具有高的起始的极化率的金属。在更高的阳极电位下，阳极钝化又因土壤中存在有氯离子而受到破坏，如铬、锆、含铬或铬镍的不锈钢。

（4）在土壤条件下不发生阳极溶解的金属，如钛是完全钝化稳定的。

金属在土壤中不同的阳极极化行为，将有助于电化学保护时阳极材料的选择。

2）阴极过程

以常用的金属钢铁为例，在土壤腐蚀时的阴极过程主要是氧去极化。在强酸性土壤中，氢去极化过程也能参与进行。在某些情况下，还有微生物参与阴极还原过程。

土壤条件下氧的去极化过程同样可以分成两个基本步骤，即氧的输向阴极和氧离子化的阴极反应，后者和在普通的电解液中相同，但氧输向阴极的过程则比在电解液中更为复杂。

（二）影响因素

与腐蚀有关的土壤性质主要是孔隙度（透气性）、含水量、含盐量、导电性等。这些性质的影响又是相互联系的。

1．孔隙度（透气性）

较大的孔隙度有利于氧渗透和水分保存，而它们都是腐蚀初始发生的促进因素。透气性良好加速腐蚀过程，但是还必须考虑到在透气性良好的土壤中也更易生成具有保护能力的腐蚀产物层，阻碍金属的阳极溶解，使腐蚀速率减慢下来。

2．含水量

土壤中含水量对腐蚀的影响很大。当土壤中可溶性盐溶解在其中时，便形成了电解液，因而含水量的多少对土壤腐蚀有很重要的影响，随着含水量增加，土壤中盐分溶解量也增加，对金属腐蚀性增大，直到可溶性盐全部溶解时，腐蚀速度可达最大值。但当水分过多时，会使土壤胶粒膨胀，堵塞了土壤的空隙，阻碍了氧的渗入，腐蚀速度反而下降。

3．含盐量

土壤中一般含有硫酸盐、硝酸盐和氧化物等无机盐类，这些盐类大多是可溶性的。除了Fe^{2+}之外，一般阳离子对腐蚀影响不大；对腐蚀有影响的主要是阴离子，特别是 SO_4^{2-}及 Cl^-影响最大，例如海边潮汐区或接近盐场的土壤，腐蚀性很强。

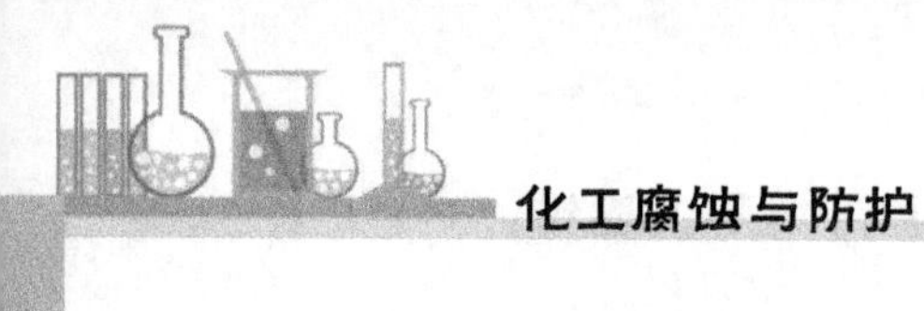

4. 土壤的导电性

土壤的导电性受土质、含水量及含盐量等影响，孔隙度大的土壤，如沙土，水分易渗透流失；而孔隙度小的土壤，如黏土，水分不易流失，含水量大，可溶性盐类溶解得多，导电性好，腐蚀性强，尤其是对长距离的宏电池腐蚀来说，影响更显著。一般低洼地和盐碱地因导电性好，所以腐蚀性很强。

5. 其他因素

土壤的酸度、温度、杂散电流和微生物等因素对土壤腐蚀都有影响。一般认为，酸度愈大，腐蚀性愈强。这是因为易发生氢离子阴极去极化作用。当土壤中含有大量有机酸时，其 pH 值虽然近于中性，但其腐蚀性仍然很强。因此，衡量土壤腐蚀性时，应测定土壤的总酸温度升高能增加土壤电解液的导电性，加快氧的渗透扩散速度，因此，使腐蚀加速。温度升高，如处于 25~35℃时，最适宜于微生物的生长，从而也加速腐蚀。

（三）防止土壤腐蚀的措施

1. 覆盖层保护

采用石油沥青或煤焦油沥青涂刷地下管道，或包覆玻璃纤维布、塑料薄膜等。近年来，用性能更好的涂层，如环氧煤沥青涂层、环氧粉末涂层、泡沫塑料防腐保温层等。

2. 采用金属涂层或包覆金属

镀锌层对防止管道的点蚀有一定的效果，有时对钢筋也进行镀锌处理。但是，当镀锌层与大面积裸露的钢铁、铜等金属形成电偶时，镀层反而会很快遭到腐蚀破坏。

3. 阴极保护

采用牺牲阳极法或外加电流法对地下管线进行保护，一般采用阴极保护和涂层联合使用的方法，这样既可弥补涂层保护的不足，又可减少电能消耗，是延长地下管线寿命最经济的方法。

4. 处理土壤,减少其浸蚀性

如用石灰处理酸性土壤,或在地下构件周围填充石灰石碎块,移入浸蚀性小的土壤,加强排水,以改善土壤环境,降低腐蚀性。

第二节　金属在干燥气体中的腐蚀

与生产实际相联系的金属在干燥气体中的腐蚀，是高温（500～1 000 ℃）条件下的腐蚀。如石油化工生产中各种管式加热炉管，其外壁受高温氧化而破坏；金属在热加工如锻造、热处理等过程中，也发生高温氧化；在合成氨工业中，高温高压的 H_2、N_2、NH_3 等气体对设备也会产生腐蚀。其中，高温氧化是最普遍、最重要的一类腐蚀。因此，弄清这种腐蚀的机理、了解其规律，对于防止金属在干燥气体中的腐蚀是十分必要的。

一、高温气体腐蚀

金属在干燥气体和高温气体中最常见的腐蚀是氧化。高温氧化通常是工业中必须考虑的

一个重要问题。在高温气体中的腐蚀产物以膜的形式覆盖在金属表面，此时金属的抗氧化性直接取决于膜的性能优劣。若腐蚀产物的体积小于金属的体积，膜不能覆盖金属的整个表面，此时其抗氧化的能力就低。若腐蚀产物体积过大，膜内会产生应力，应力易使膜开裂、脱落。当腐蚀产物和金属的体积比接近 1 时，其抗氧化性能最理想。除此之外，其他某些性能也是不可忽略的，如保护性好的膜应具有高熔点、低蒸气压、膨胀系数应接近金属的膨胀系数，此外还应有良好的抗高温破裂塑性、低电导率、对金属和氧的低扩散系数等。

（一）金属高温氧化的可能性

金属氧化的化学反应为：

$$xM+\frac{1}{2}yO_2 \longrightarrow MxOy$$

如果在一定的温度下，氧的分压与氧化物的分解压力相等，则反应达到平衡；如果氧的分压大于氧化物的分解压力，金属朝生成氧化物的方向进行；反之，当氧的分压小于氧化物的分解压力时，反应就朝着相反的方向进行。

（二）金属氧化的电化学原理

金属氧化过程的开始，虽然是由化学反应而引起的，但金属在高温（或干燥）气体中的腐蚀膜的成长过程则是一个电化学过程，如图 5-7 所示。阳极反应使金属离子化，它在膜—金属界面上发生，这可看作阳极，其反应为：$M \longrightarrow M^{n+}+ne$；阴极反应（氧的离子化）在膜—气体的界面上发生，此时可将其看作阴极，其反应为：$\frac{1}{2}O_2+2e \longrightarrow O^{2-}$。电子和离子（金属离子和氧离子）在膜的两极间流动。

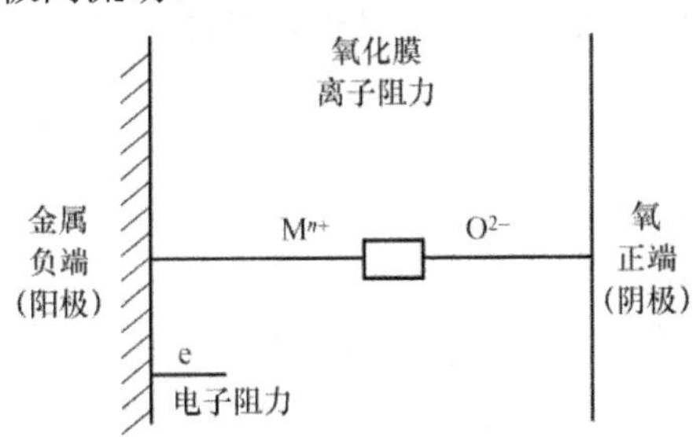

图 5-7　金属表面高温氧化膜成长的电化学过程

由图 5-7 可见，氧化膜本身是既能电子导电又能离子导电的半导体，作用如同电池中的外电路和电解质溶液，金属通过膜把电子传递给膜表面上的氧，使其还原变为氧离子，而氧离子和金属离子在膜中又可以进行离子导电，即氧离子往阳极（金属与氧化物界面处）迁移，而金属离子往阴极（氧化膜同气相界面处）迁移，或者在膜中某处，再进行二次的化合过程。氧化速度决定于经过氧化膜的物质迁移速率。要使氧化膜生长，其本身也必须具有很好的离子电子导电性。事实上，多数金属的氧化物是半导体，既有电子导电性，又有离子导电性。

高温气体腐蚀和水溶液中的腐蚀有一定区别：在水溶液中，金属与水相结合形成水合离子，一般水合都很大，氧变成 OH^-的反应也需要水或水合离子参加。然而，在高温气体腐蚀中，氧直接离子化。

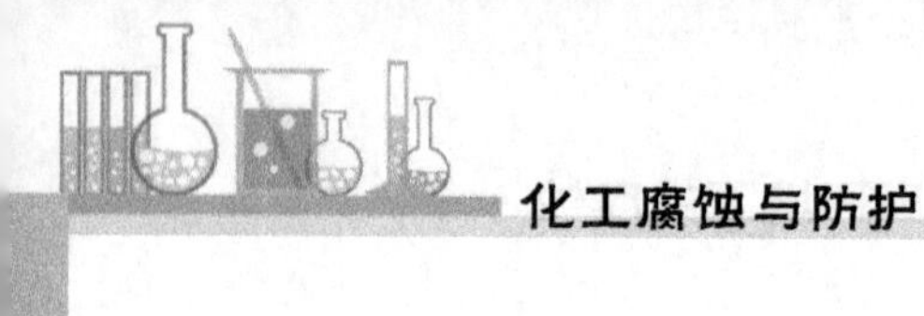

（三）金属上的表面膜

金属在干燥气体中的腐蚀，其腐蚀产物覆盖在金属表面之后，能在一定程度上降低金属的腐蚀速度。这层表面膜若要起到良好的保护作用，必须具有下列条件。

（1）膜必须是紧密的、完整的，能覆盖金属的全部表面。

（2）膜在介质中是稳定的。

（3）膜和主体金属结合力要强，且应具有一定的塑性和强度。

（4）膜具有与主体金属相近的热膨胀系数。

例如，在高温空气中，铝和铁都能生成完整的氧化膜，由于铝的氧化膜具备了上述条件，因而有良好的保护作用；而铁的氧化膜，由于与金属结合不牢固，所以不能起到良好的保护作用。

由于金属氧化后生成氧化膜，所以一般可以用膜的厚度来代表金属腐蚀的量。如果随着时间的延长膜的厚度不变，说明膜的保护能力很强，金属不再继续腐蚀。如果随时间的延长膜的厚度增长很快，说明膜的保护能力很差。

二、钢铁的高温氧化

钢铁在空气中加热时，在 570 ℃以下氧化较慢，这时表面主要形成的氧化膜层结构仍较致密，因而原子在这种氧化膜层中扩散速度小，使钢铁进一步氧化受阻，同时这一表面膜层也不易剥落，可以起到一定的保护作用。但当温度高于 570 ℃以后，氧化速度迅速加快，形成的氧化膜层结构也变得疏松，不能起保护作用，这时氧原子容易穿过膜层而扩散到基底金属表面，从而使钢铁继续氧化，温度越高，氧化越剧烈。

高温下钢铁表面的氧化膜称为氧化铁皮，是由不同的氧化物组成的，结构复杂。其厚度及膜层的组成与温度、时间、大气成分及碳钢的组成有关。

三、碳钢的脱碳

所谓脱碳，是指在腐蚀过程中，除了生成氧化皮层以外，与氧化皮层毗连的未氧化的钢层发生渗透体减少的现象。在气体腐蚀过程中，钢通常总是伴随“脱碳”现象，这是因为钢表面的渗碳体 Fe_3C 与介质中的 O_2、CO_2、H_2O 等作用，将发生如下反应：

$$2Fe_3C + O_2 \longrightarrow 6Fe + 2CO\uparrow$$

$$Fe_3C + CO_2 \longrightarrow 3Fe + 2CO\uparrow$$

$$Fe_3C + H_2O \longrightarrow 3Fe + CO\uparrow + H_2\uparrow$$

$$Fe_3C + 2H_2 \longrightarrow 3Fe + CH_4\uparrow$$

由此可见，脱碳的结果是生成气体，致使金属表面膜的完整性受到破坏，从而降低了膜的保护作用，加快了腐蚀的进程。同时，由于碳钢表面渗透体的减少，将使表面层向铁素体组织转化，又导致表面层的硬度和强度的降低，这种作用对必须具有高硬度和高强度的零件来说是极为不利的。

实践证明，增加气体介质中的一氧化碳和甲烷含量，将使脱碳作用减小。在钢中添加铝或钨，可使脱碳作用的倾向减小，这可能是由于铝或钨的加入使得碳的扩散速度降低的缘故。

四、铸铁的“肿胀”

铸铁的“肿胀”实际上是一种晶间气体腐蚀的现象。这是因为腐蚀气体沿着晶界、石墨夹杂和细微裂缝渗入到铸铁内部并发生了氧化作用的结果。由于所生成的氧化物体积较大，因此不仅导致铸件材料机械强度降低较大，而且零件的尺寸也显著增大。

实践证明，在周期性的高温氧化中，若加热温度超过铸铁的相变温度，就会加速“肿胀”现象的发生，可在生铁中加入 5%～10%硅，但如果硅的添加量低于 5%时，其结果将导致肿胀现象更加严重。

五、钢在高温高压下的氢腐蚀

在高温高压的氢气中，碳钢和氢发生作用而产生氢侵蚀，例如在合成氨和石油裂解加氢设备中，可发生下列反应：

$$Fe_3C+2H_2 \longrightarrow 3Fe+CH_4$$（条件：高温高压）

实质上，这也是脱碳过程，反应如发生在表面，则导致表面脱碳，使材料强度降低，如果反应是由于氢扩散到碳钢内部而发生的，则反应过程中生成的 CH_4 气体积聚在晶界，在钢内形成局部高压和应力集中导致钢的破裂。

防止氢侵蚀的途径可以在钢中加入一定量的合金元素如铬、钼、钨、钛、钒等稳定碳化物的合金元素以提高抗氢侵蚀能力，奥氏体不锈钢即具有较高的抗氢侵蚀能力，也可降低钢中含碳量采用微碳纯铁（含碳量 0.01%～0.015%），其具有良好的耐蚀性与组织稳定性，从而减缓了氢侵蚀。

第三节　其他环境因素引起的腐蚀

酸、碱、盐、卤素是极其重要的化工原料，在石油、化工、化纤、湿法冶金等许多工业部门的生产过程中，都离不开它们。但它们对金属的腐蚀性很强，如果在设计、选材、操作中稍有不当，都会导致金属设备的严重破坏。因此了解酸、碱、盐介质中金属腐蚀的特点和规律，对延长设备使用寿命，保证正常生产是非常重要的。

一、金属在酸中的腐蚀

酸是普遍使用的介质，最常见的无机酸有硫酸、硝酸、盐酸等，酸类对金属的腐蚀要视其是氧化性还是还原性而大不相同。非氧化性酸的特点是腐蚀时阴极过程纯粹为氢去极化过程。氧化性酸的特点是腐蚀的阴极过程主要为氧化剂的还原过程（例如硝酸根还原成亚硝酸根）。但是，若要硬性把酸划分为氧化性和非氧化性酸是不适当的。例如，硝酸浓度高时是典型的氧化性酸，而当浓度不高时，对金属腐蚀却和非氧化性酸一样，属于氢去极化腐蚀。又如稀硫酸是非氧化性酸，而浓硫酸则表现出氧化性酸的特点。通常通过酸的浓度、温度、金属在酸中的电极电位，可以判断其氧化性或非氧化性的特性。

（一）金属在盐酸中的腐蚀

盐酸是典型的非氧化性酸，金属在盐酸中腐蚀的阳极过程是金属的溶解，阴极过程是氢

离子的还原。很多金属在盐酸中都受到腐蚀而放出氢气，称为氢去极化腐蚀。反应如下：

阳极　　　　　　　　$M \longrightarrow M^{2+}+2e$

阴极　　　　　　　　$2H^{+}+2e \longrightarrow H_2$

金属在盐酸中腐蚀速度随浓度的增加而上升，影响腐蚀的因素主要如下。

1．金属材质的影响

金属中所含杂质的氢过电位越小，则钢铁在盐酸中的腐蚀就越严重。而这种性质的杂质越多，阴极面积就越大，因而氢过电位就越小，氢去极化腐蚀就更严重。铁在盐酸中的腐蚀随含碳量的增加而加剧就是这个原因。

2．表面状态的影响

在同一表面积下，由于粗糙表面的实际面积较光滑表面为大，因此电流密度较小，氢的过电位就小，因而氢去极化腐蚀趋于严重。

3．介质的影响

介质的影响包括浓度、pH 值、某些物质的吸附性等。钢铁在盐酸中的腐蚀速度随其浓度的增加而加大，这主要是因为氢离子浓度增加，氢的平衡电位往正的方向移动，在过电位不变的情况下，因为腐蚀的动力增大，所以腐蚀就加剧。

溶液的 pH 值增加，氢的平衡电位向负方向移动，所以较难发生氢去极化腐蚀。

能吸附在金属表面上的某些物质，可能使腐蚀电池阴极的氢过电位增大，从而减轻了腐蚀，如胺类、醛类等有机物质在酸性溶液中之所以能起缓蚀作用，其原因就在于此。

4．温度的影响

随着温度的升高，氢的过电位将减小。通常温度每升高 1 ℃，氢的过电位约减小 2 mV，所以温度的升高，将促使氢的去极化腐蚀发生。

（二）金属在硝酸中的腐蚀

硝酸是一种氧化性的强酸，在全部浓度范围内均显示氧化性。

1．钢在硝酸中的腐蚀

碳钢在硝酸中的腐蚀速度与硝酸浓度的关系如图 5-8 所示，当硝酸浓度低于 30%时，碳钢的腐蚀速度随酸浓度的增加而增加，腐蚀过程和盐酸中相同，是属于氢去极化腐蚀，这时碳钢的腐蚀电位亦较负。

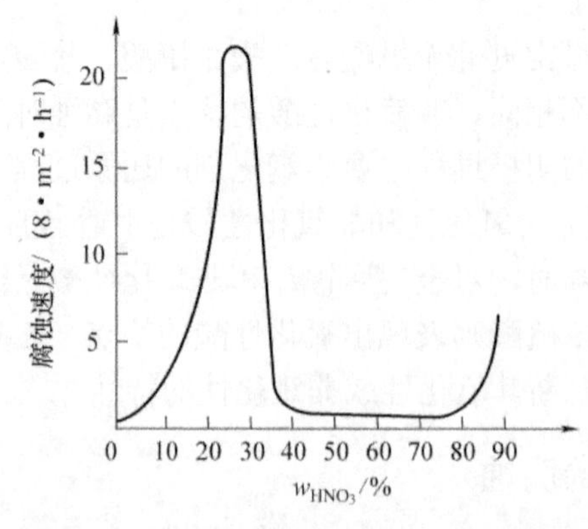

图 5-8　低碳钢在 25 ℃时腐蚀速度与硝酸浓度的关系

当酸浓度超过30%时，腐蚀速度迅速下降。酸浓度达到50%时，腐蚀速度降到最小。这是由于碳钢在硝酸中发生了钝化的缘故。此时，碳钢的腐蚀电位亦迅速往正方向变化，发生了强烈的阳极极化。由于腐蚀电位已经比氢的平衡电位更正，所以不可能发生氢去极化腐蚀。这里的阴极过程是氧化剂即硝酸根的还原过程：

$$NO_3^-+2H^+ \longrightarrow NO_2^-+H_2O$$

当酸浓度超过85%以后，处在钝化状态的碳钢腐蚀速度又有一些增加，这种现象称为过钝化。这是由于处在很正的电位下，碳钢表面形成了易溶的高价氧化物所致，此时亦出现晶间破坏的情况。所以不能用铁和钢制造的容器接触高浓度的硝酸。

2．不锈钢在硝酸中的腐蚀

不锈钢是硝酸系统中大量被采用的耐蚀材料。例如，在硝铵、硝酸生产中，大部分设备都用不锈钢制造。但是，它并不是万能的，在非氧化性介质中它并不耐蚀，而且在氧化性太强的介质中，不锈钢又会产生过钝化腐蚀。除此之外，不锈钢在某些条件下还会产生晶间腐蚀、点蚀和应力腐蚀破裂等局部性的腐蚀。

不锈钢在稀硝酸中却很耐蚀，虽然稀硝酸的氧化性比较差些，但是由于不锈钢本身比碳钢更容易钝化，所以不锈钢和稀硝酸接触时，仍能发生钝化，腐蚀速度很小，亦不会产生氢去极化腐蚀。而不锈钢在浓硝酸中，会因过钝化使腐蚀速度增大。

3．铝在硝酸中的腐蚀

铝是电位非常负的金属。它的标准平衡电位等于−1.67 V。由于它很容易钝化，所以它在水中，在大部分中性和许多弱酸性溶液以及在大气中都有优良的耐蚀性能。

钝态的铝表面为Al_2O_3或$Al_2O_3 \cdot H_2O$膜所覆盖。这层保护膜具有两性特点，在非氧化性酸中，特别是在碱性介质中，膜溶解后铝就活化，电位强烈地变负，发生氢去极化腐蚀。

酸浓度在30%时，腐蚀速度很大，这也是由于氢离子浓度增加，氢去极化腐蚀加剧的缘故。当酸浓度超过30%以后，由于钝化而使腐蚀速度降低，但是铝和不锈钢及碳钢不同，在非常浓的硝酸中，铝并不发生过钝化，当硝酸浓度在80%以上时，铝的耐蚀性比不锈钢好。所以，铝是制造浓硝酸设备的优良材料之一。

当铝中含有正电性的金属杂质（如铜、铁）时，会大大降低铝的耐蚀性。所以，要采用纯铝（99.6%以上）来制作浓硝酸设备。

铝在氨水、醋酸以及很多有机介质中都很稳定，但铝在浓硫酸中的腐蚀速度仍然很大，只有在高浓度的发烟硫酸中，铝才很稳定。

铝在不同浓度硝酸中的腐蚀如图5-9所示。

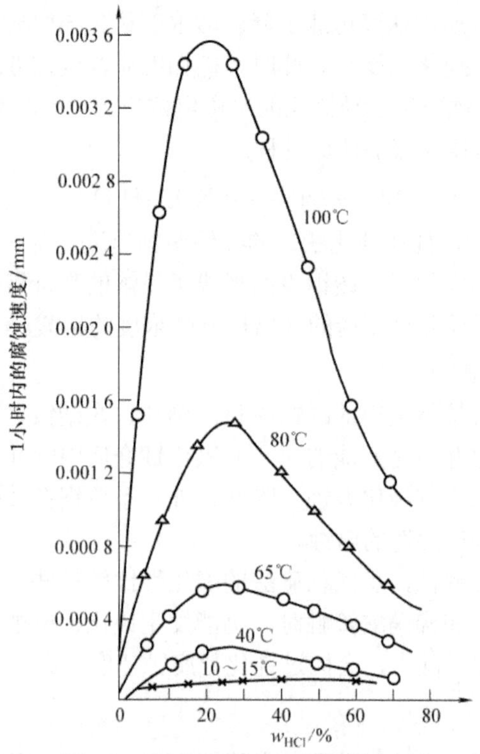

图 5-9　铝在不同浓度硝酸中的腐蚀

（三）金属在硫酸中的腐蚀

纯净的硫酸是无色、无臭、黏滞状的液体。高浓度的硫酸是一种强氧化剂，它能使不少具有钝化能力的金属进入钝态，因而这些金属在浓硫酸中腐蚀率很低，低浓度的硫酸则没有氧化能力，仅有强酸性的作用，其腐蚀性很大。下面以钢铁在硫酸中的腐蚀为例说明金属在硫酸中的腐蚀。

在硫酸中钢铁的腐蚀速度与浓度的关系如图 5-10 所示。由图可见：当硫酸浓度低于 50%时，钢铁的腐蚀速度随硫酸浓度的增加而增大，稀硫酸是非氧化性酸，对钢铁的腐蚀如同在盐酸中一样，产生强烈的氢去极化腐蚀。

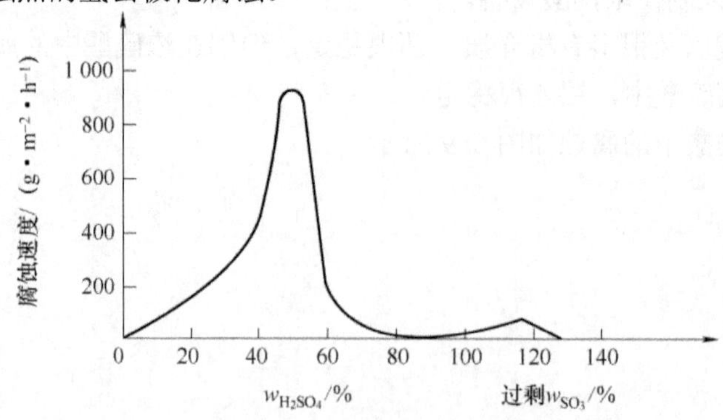

图 5-10　钢铁的腐蚀速度与硫酸浓度的关系

当硫酸的浓度超过 50%，由于钢铁表面的钝化，腐蚀速度迅速下降，达到 70%～100%时，

腐蚀速度就更低，所以常用碳钢来制造盛装浓硫酸的设备。然而，当硫酸浓度超过 100%以后，由于出现过多的 SO_3（含量 18%～20%），腐蚀速度将重新增大，出现第二个峰值。若 SO_3 的含量继续增大，腐蚀速度又再下降。有人认为其原因在于：第一次钝化（浓度 50%）时可能由于浓硫酸的氧化作用而在钢铁表面生成了一层致密的氧化膜，该膜在浓度超过 100%的发烟硫酸中遭到破坏，造成腐蚀速度的重新增大。而第二次腐蚀速度下降，则可能是由于硫酸盐或硫化物保护膜形成的缘故。

铸铁和钢铁类似，在 85%～100%的硫酸中非常稳定，工业上常用来制作输送硫酸的泵等设备，但在浓度高于 125%发烟硫酸中，由于它可能引起铸铁中硅和石墨的氧化而产生晶间腐蚀，所以在这种浓度下不宜使用铸铁。

二、金属在碱中的腐蚀

大多数金属在非氧化性酸中发生氢去极化腐蚀。随着溶液 pH 值升高，氢的平衡电位越来越负，当溶液中氢的平衡电位比金属中阳极组分的电位还要负时，就不能再发生氢的去极化腐蚀了，正因为如此，大多数金属在盐类（非酸性盐）及碱类溶液中的腐蚀，没有强烈的氢气析出，而是发生着另一类较为普遍的腐蚀——氧去极化腐蚀。

在常温下，钢铁在碱中是较为稳定的，因此在碱的生产中，最常用的材料是碳钢和铸铁。在 pH 值为 4～9 时，腐蚀速度几乎与 pH 之无关；在 pH 值为 9～14 时，钢铁腐蚀速度较低，这主要是因为腐蚀产物（氢氧化铁膜）在碱中的溶解度很低，并能较牢固地覆盖在金属表面上，阻滞金属的腐蚀。

当碱的浓度增大到超过 pH=14 时，将引起腐蚀的增加，这是由于氢氧化铁膜转变为可溶性的铁酸钠（Na_2FeO_2）所致。如果碱液的温度再升高，这一过程显著加速，腐蚀将更为强烈。

当氢氧化钠的浓度高于 30%时，膜的保护性随着浓度的升高而降低，若温度升高超过 80 ℃时，普遍钢铁就会发生严重的腐蚀。

同样，碳钢在氨水中也有类似的情况。碳钢在稀氨水中腐蚀很轻，但在热而浓的氨水中，腐蚀速度会增大。

当碳钢承受较大的应力时，它在碱液中还会产生应力腐蚀破裂，这种应力腐蚀破裂称为“碱脆”。

由此可见，贮存和运输农用氨的碳钢压力容器，可能发生应力腐蚀破裂。因此对于这种容器，在制造后应设法消除应力，以最大限度地减少发生应力腐蚀破裂的可能性。

三、金属在盐中的腐蚀

盐有多重形式，它们对金属的作用不尽相同。当溶解于水时，按照其水溶液可将盐分成如下类型：中性及中性氧化性溶液、酸和酸性氧化性溶液及碱与碱性氧化性溶液。表 5-2 列出了部分无机盐的分类。

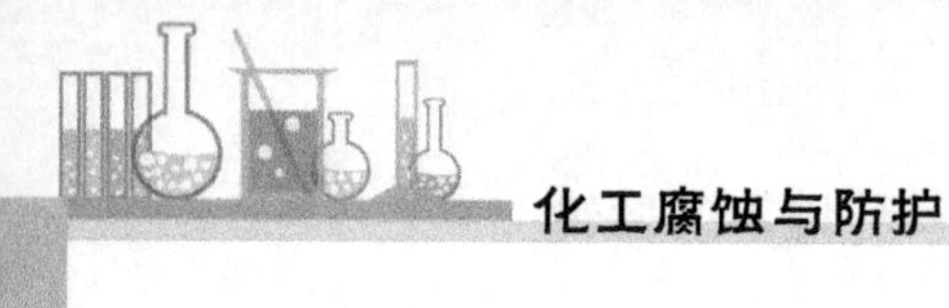

表 5-2　某些无机盐的分类

	中性盐		酸性盐		碱性盐	
非氧化性	氯化钠	$NaCl$	氯化铵	NH_4Cl	硫化钠	Na_2S
	氯化钾	KCl	硫酸铵	$(NH_4)_2SO_4$	碳酸钠	Na_2CO_3
	硫酸钠	Na_2SO_4	氯化锰	$MgCl_2$	硅酸钠	Na_2SiO_3
	硫酸钾	K_2SO_4	二氯化铁	$FeCl_2$	磷酸钠	Na_3PO_4
	氯化锂	$LiCl$	硫酸镍	$NiSO_4$	硼酸钠	$Na_2B_2O_7$
氧化性	硝酸钠	$NaNO_3$	三氯化铁	$FeCl_3$	次氯酸钠	$NaClO$
	亚硝酸钠	$NaNO_2$	二氯化铜	$CuCl_2$	次氯酸钙	$Ca(ClO)_2$
	铬酸钾	K_2CrO_4	氯化汞	$HgCl_2$		
	重铬酸钾	$K_2Cr_2O_7$	硝酸铵	NH_4NO_3		
	高锰酸钾	$KMnO_4$				

（一）中性盐

钢铁在中性盐中的腐蚀速度随浓度的增大而增大，当浓度达到某一数值（如 NaCl 为 3%）时，腐蚀速度最大（相当于海水的浓度），然后又随浓度增加腐蚀速度下降。这是因为钢铁在这些盐中的腐蚀属于氧去极化腐蚀，氧的溶解度随盐浓度的增加下降。因此，随着盐浓度的增加，一方面溶液的导电性增加，使腐蚀速度增大，另一方面，由于氧的溶解度减小，而使腐蚀速度降低。此时，由于后一倾向占主导地位，所以在高的盐浓度下，腐蚀速度是较低的。

（二）酸性盐

由于这类盐在水解后能生成酸，所以对铁的腐蚀既有氧的去极化作用，又有氢的去极化作用，其腐蚀速度与同一 pH 值的酸差不多。对铵盐（例如 NH_4Cl），当浓度大于一定值（约 0.05 mol/L）时，它对铁的腐蚀大于相同 pH 值的酸，这是因为铵离子（NH_4^+）能和铁离子生成络合物的缘故。硝酸铵在高浓度时的腐蚀性又大于氯化铵和硫酸铵，因为硝酸根离子也参加了阴极去极化作用。

（三）碱性盐

碱性盐水解后生成碱。当它的 pH 值大于 10 时，和稀碱液一样，腐蚀较小。这些盐中，磷酸钠、硅酸钠都能生成铁的盐膜，具有很好的保护性能。

（四）氧化性盐

氧化性盐可分为两类：一类如三氯化铁、二氧化铜、氯化汞、次氯酸钠等，它们是很强的去极化剂，所以对金属的腐蚀很严重。另一类如铬酸钾、亚硝酸钠、高锰酸钾，它们往往能使钢铁钝化。只要用量适当，可以阻滞金属的腐蚀，通常是很好的缓蚀剂。

应该特别注意，氧化性盐的浓度，不是它们的氧化能力的标准，而腐蚀速度也不是都正比于氧化能力。如铬酸盐比三价铁的盐类有更强的氧化性，但是三价铁盐却能引起更迅速的

腐蚀。类似的情况，还有硝酸盐比亚硝酸盐是具有更高的氧化态，但亚硝酸盐对金属的腐蚀能力却更强。

四、金属在卤素中的腐蚀

卤素由于具有高的电子亲和力，是一活性高的元素族。氟是最活泼的卤素，随之是氯、溴和碘。尽管它们有很高的活泼性，但无水的液体或气体卤素，在一般的温度下，对多数金属是不腐蚀的。

水分的存在，通常使惰性干燥的卤素，对普通的结构材料发生严重的腐蚀。腐蚀性随卤素的原子序数的减小而增加，湿的氟是卤族中最容易起反应的元素。潮湿的卤化氢腐蚀性非常大，它们的腐蚀性取决于温度和浓度（在水溶液中），必须用特殊材料才能防蚀。无机的和有机的卤素化合物，在干燥的情况下，基本上没有腐蚀性，而它们的水溶液却具有腐蚀性。

卤素与金属生成的腐蚀产物，通常是金属卤化物，它可以在金属表面形成膜且提供一定的保护性，其保护程度依赖于盐的物理性质。在高温氯气中，金属的耐蚀性与蒸气压力和氯化物的熔融点或升华点有关。

本章小结

1. 在学习水的腐蚀的时候要掌握金属在淡水和海水中腐蚀的特点，影响淡水的腐蚀、海水的腐蚀因素；比较两者之间的差别。

2. 大气腐蚀的类型及特点要掌握，如何防止金属的腐蚀是关键。

3. 金属在干燥气体中的腐蚀特点。

4. 其他环境因素引起的腐蚀。

习题练习

1. 简述钢铁在淡水中电化学腐蚀的特点。主要受哪些环境因素的影响？

2. 防止大气腐蚀主要有哪些措施？

3. 将一铁片全浸入下列介质中会产生什么现象？为什么？

（1）淡水；（2）海水；（3）1 mol/L HCl；（4）0.1% $K_2Cr_2O_7$

4. 为什么在温度和湿度较高的条件下钢铁较易腐蚀？

5. 金属发生大气腐蚀时，水膜层的厚薄程度对水膜下的腐蚀过程有什么影响？

6. 试比较水的腐蚀、大气腐蚀及土壤腐蚀的共同点与不同点。

第六章

金属材料的耐蚀性能

学习目标

1. 掌握铁碳合金的耐蚀性；
2. 掌握高硅铸铁的耐蚀性；
3. 掌握低合金钢的耐蚀性。

学习重点

1. 合金元素对铁碳合金耐蚀性的影响；
2. 高硅铸铁耐蚀性良好的原因。

金属和合金在工程材料中占有重要地位。周期表上的109种元素中，有82种是金属元素，这为制造各种性能各异的金属和合金提供了广泛的可能性。迄今为止，人类已经成功制造出的合金种类高达四万多种，实际工程应用中，大约有三万多种合金被广泛使用。这些合金因其独特的物理和化学性质，在包括化工生产在内的众多领域中发挥着关键作用。

在化工生产中，金属和合金更是不可或缺的材料。它们被用于制造各种设备和构件，如反应器、热交换器、管道、阀门等，这些都需要承受高温、高压、腐蚀等极端条件。因此，在选择金属和合金时，必须考虑其机械强度、耐腐蚀性、热稳定性等多种因素。

在化工生产中，材料的耐蚀性能是至关重要的。然而，必须明确认识到，材料的耐蚀性是相对的、有条件的。目前，尚未发现一种能够适应所有腐蚀介质的万能耐蚀材料。不同的材料有其特定的适应范围，因此在选择材料时，必须根据具体的腐蚀环境、材料的性能、来源以及价格等因素进行全面的综合分析。

一方面选择恰当的材料和科学的防护方法，是确保化工设备长寿命、高效运行的关键。在技术上应追求先进性，同时在经济上也要考虑合理性，以提高整体的经济效益。

另一方面，材料的耐蚀性往往只在一定条件下成立。条件的微小变化，如环境湿度、温度、化学成分的波动等，都可能导致腐蚀的加剧。以硫酸生产为例，如果干燥和除雾效果不佳，导致酸雾和水分含量过高，那么二氧化硫鼓风机以及众多设备和管道都会面临严重的腐蚀风险。此外，许多材料的腐蚀速率随环境温度的升高而急剧增加。一旦操作温度失去控制，出现超温现象，就有可能引发严重的设备腐蚀事故。

因此，在化工生产中，正确选材与严格控制化工工艺规程的各项指标（包括设备使用规程）同等重要，缺一不可。只有这样，才能有效地防止或减缓腐蚀的发生，延长设备的使用寿命，确保化工生产的安全、稳定、高效运行。

第一节　铁 碳 合 金

碳钢和铸铁都是铁和碳的合金材料，是工业上应用最广泛的金属材料。其特点是产量大，价格低廉，有较好的力学性能及工艺性能；而区别仅在于碳的含量不同。碳含量小于0.012%，杂质含量小于0.02%的为纯铁，碳含量在0.05%～1.7%之间为碳钢，碳含量在1.7%～4%之间为铸铁。虽然它们的物理机械性能差别较大，但它们的耐腐蚀性能却基本相似。其中作为耐腐蚀材料应用最多的是低碳钢和灰铸铁。

钢铁在水和潮湿的大气中很容易生锈，说明它的耐蚀性较差，但它的腐蚀速度受环境因素的影响很大。一般在水和中性溶液中，由于是氧的去极化腐蚀，所以，腐蚀速度随氧含量的增加而提高。当氧含量达到足以使钢铁钝化时，腐蚀速度又会大大降低。无氧或低氧时，腐蚀很轻。在碱性溶液中，由于生成保护膜，所以耐蚀性很好。在有机溶剂和各种干燥气体中，也具有良好的耐蚀性。在还原性酸（如盐酸）中，由于是氢的去极化腐蚀，所以，腐蚀速度很快并随酸浓度和温度的提高而加速。在强氧化性酸（如浓硫酸）中，由于生成钝化膜，所以具有耐蚀性。

一、合金元素对耐蚀性能的影响

铁碳合金的基本组成元素为铁和碳，基本组成相为铁素体、渗碳体及石墨。由于在铸铁中渗碳体（阴）的电极电位高于铁素体（阳），而石墨（阴）的电极电位又比渗碳体的高，与电解质溶液接触过程形成微电池，促进腐蚀。

铁碳合金在各种环境中的耐蚀性主要由其成分和微观组织结构决定。铁碳合金成分中各元素对其耐蚀性都有影响，碳、硅、锰、磷、硫是铁碳合金中常存在的元素。

（一）碳（C）

含碳量愈高，其组织中石墨和渗碳体的含量就愈高。阴极面积增大，析氢反应加速。在非氧化性酸中的腐蚀速度随含碳量增加而加快。在氧化性酸中，阴极组分石墨和渗碳体使合金易转变为钝态，腐蚀速度下降。在中性溶液中，阴极为氧的去极化作用，含碳量变化对腐蚀速度无重大影响。

（二）硅（Si）

铸铁中通常都含有1%～3%的硅。当硅含量达到4%左右时，可适当增加铸铁的耐蚀性。而当硅含量达到14%以上时，铸铁的耐蚀性将显著提高。不过硅含量的增加会使得铸铁的力学性能变得很差，当硅含量大于16%时，铸铁就会变得很脆、很难加工，因此铸铁中硅含量一般控制在14%～16%内。

① 硅的加入，可在铸铁表面形成致密的SiO_2保护膜，这层膜具有很高的电阻率和较高的化学稳定性，阻止腐蚀介质对铸铁的进一步腐蚀。

② 硅的加入还可以使铸铁组织中的基体金属即阳极区域产生钝化，提高电极电位，有效地提高铸铁的抗化学腐蚀和电化学腐蚀能力。

（三）锰（Mn）

锰和硅在通常含量范围内（Mn 0.5%～0.8%，Si 1%～2%），并不影响铸铁的耐蚀性能。

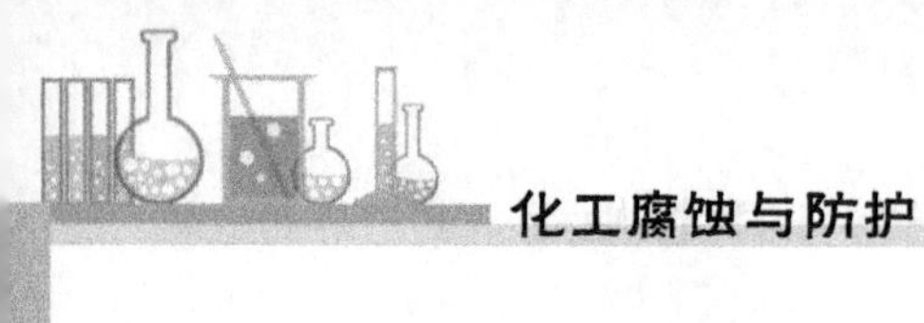

（四）硫（S）

硫与铁、锰反应生成硫化物呈单独相析出，起阴极夹杂物的作用，加速腐蚀（特别在酸性溶液中）。

（五）磷（P）

磷（0.05%～0.5%），并不能改变铸铁在中性介质和大气条件下的耐蚀性能，但在某些介质，如未浓缩的无机酸溶液中，磷含量提高，促进析氢反应，导致耐蚀性下降。

总的来讲，上述各元素在通常含量范围内对铸铁耐蚀性的影响并不明显。为了改善铸铁耐蚀性，通常向铸铁中加入Ni、Cr、Si、Cu和Al等合金元素；Ti（钛）、V（钒）等元素偶尔也作为合金元素加入。这些元索单独或联合加入对改善铸铁的耐腐蚀性和耐热性有很大的作用。

二、耐蚀性能

总的来说，铁碳合金在各种环境介质中，耐蚀性能都较差，因此，一般在使用过程中都采取不同的保护措施。下面讨论在几种常见介质中铁碳合金的耐蚀性。

（一）在中性或碱性溶液中

1．在中性溶液中

铁碳合金腐蚀主要为氧去极化腐蚀。碳钢和铸铁的腐蚀行为相似。

2．在碱性溶液中

常温下，稀碱溶液（浓度小于30%）可以使铁碳合金表面生成钝化膜，起到缓释作用。

在浓碱溶液（浓度大于30%）中，钝化膜溶解，且随温度上升，腐蚀加剧。在一定的拉应力共同作用下，几乎在5%NaOH以上的全部浓度范围内，都可以生成碱脆，而以靠近5%NaOH的溶液为最危险。

一般地说，当拉应力小于某一临界应力时，NaOH溶液浓度小于35%，温度低于120 ℃，碳钢可以用，铸铁耐碱腐蚀性能优于碳钢。

（二）在酸中

酸对铁碳合金的腐蚀和酸根是否具有氧化性有一定的关系，常见的酸有盐酸、硫酸、硝酸、氢氟酸、有机酸。那如何判断酸分子的酸根是否具有氧化性呢？一般认为阴极是氢离子的去极化作用的为非氧化性酸，阴极是酸根的去极化作用的为氧化性酸。

1．盐酸

盐酸为典型非氧化性酸，铁碳合金的电极电位低于氢的电位，腐蚀过程是析氢反应。

腐蚀速度随酸的浓度的增高而迅速加快。同一浓度下，温度上升，腐蚀速度也直线上升。在盐酸中，铸铁的腐蚀速度大于碳钢。因此，铁碳合金不能直接用作处理盐酸设备的结构材料。

2．硫酸

铁碳合金的腐蚀速度与硫酸浓度有关。

硫酸浓度小于50%时，为非氧化性酸，阴极主要发生析氢反应，腐蚀速度随浓度增大而

加快，浓度为47%～50%时，腐蚀速度达到最大值；

当硫酸浓度在50%～75%时，腐蚀速度下降；

当硫酸浓度在75%～80%时，碳钢钝化，腐蚀速度很慢；

当硫酸浓度大于100%时，硫酸中含有过剩SO_3，碳钢腐蚀速度重新增大。因而，碳钢在发烟硫酸中的使用浓度范围小于105%。

铸铁与碳钢的耐蚀性相似，除发烟硫酸外，在85%～100%的硫酸中非常稳定。

总的来说，在浓硫酸温度较高、流速较大的情况下，铸铁更适宜。而在发烟硫酸的一定范围内，碳钢能耐蚀，铸铁不能。这是因为发烟硫酸的渗透性促使铸铁内部的碳和石墨被氧化而产生晶间腐蚀。在小于65%的硫酸中，在任何温度下，铁碳合金都不能用，当温度高于65℃时，不论硫酸浓度多大，铁碳合金一般都不能使用。

3. 硝酸

碳钢在硝酸中的钝化随温度的升高而破坏，同时当浓度增加时，又会产生晶间腐蚀。碳钢与铸铁都不宜作为处理硝酸的结构材料。

4. 氢氟酸

碳钢在低浓度（48%～50%）氢氟酸中迅速腐蚀；但在高浓度（>75%～80%，65℃下）氢氟酸中，具有良好稳定性。这是因为在铁的表面形成了不溶于浓氢氟酸的氟化物膜。

在无水氢氟酸中，碳钢耐蚀性更强，但浓度<70%时，很快腐蚀。因此，碳钢可以用于制作储存和运输80%以上的氢氟酸容器。

5. 有机酸

对铁碳合金腐蚀性最强的有机酸有草酸、甲酸、乙酸和柠檬酸。但是，有机酸与同等浓度的无机酸相比，腐蚀性要弱很多。

铁碳合金在有机酸中的腐蚀速度随酸中含氧量增大及温度升高而增大。

（三）盐溶液中

不同盐溶于水后，根据溶液pH值不同，可分为中性、酸性、碱性、氧化性盐溶液。

1. 中性盐溶液

在中性盐溶液中，铁合金在溶液中腐蚀，阴极过程为溶解氧控制的吸氧腐蚀。随浓度增加，腐蚀速度存在一个最大值，之后逐渐下降。一方面是因为盐浓度增加，溶解氧含量下降，腐蚀速度降低；另一方面是盐浓度增加，溶液导电性增加，腐蚀速度加快。因此，钢铁在高浓度的中性盐溶液中，腐蚀速度较低。

2. 酸性盐溶液

金属在酸性盐溶液中，发生两个阴极反应，即吸氧反应和析氢反应，因此，铁碳合金在酸性盐溶液中会发生强烈腐蚀。

对于铵盐，NH_4^+与铁形成络合物，增加腐蚀性；高浓度的NH_4NO_3，由于NO_3^-的氧化性，促进腐蚀。

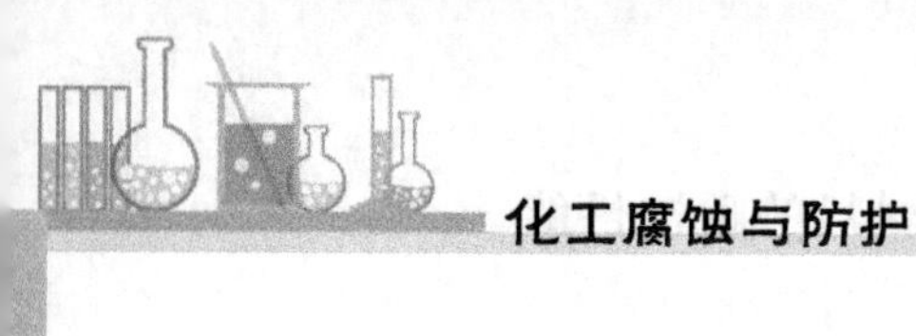

3. 碱性盐溶液

当盐溶液 pH>10 时，同稀碱液一样，腐蚀速度较小，因为生成铁盐膜，具有保护性，腐蚀速度降低。

4. 氧化性盐溶液

这类盐对金属的腐蚀作用，可分为两类。

（1）强去极剂，可加速腐蚀（$FeCl_3$、$CuCl_2$、$HgCl_2$等）。

（2）良好的钝化剂，可使钢铁发生钝化，从而阻止腐蚀（$K_2Cr_2O_7$、$NaNO_2$等）。这类盐，只要适当加入，可以阻滞钢铁的腐蚀，是良好的缓蚀剂。

（四）在气体介质中

化工过程中，管道常受气体介质的腐蚀，大致有高温气体腐蚀、常温干燥气体腐蚀（如氯碱厂的 Cl_2，硫酸厂的 SO_2 及 SO_3 等，对铁碳合金腐蚀不强烈）、湿气体腐蚀（Cl_2，SO_2 及 SO_3 等，腐蚀强烈，腐蚀性能与酸相似）。

（五）在有机溶液中

在无水甲醇、乙醇、苯等中，碳钢是耐蚀的；在纯的石油烃类中，碳钢是耐蚀的，但是若有水的存在，会遭受腐蚀。

总的来说，普通碳钢和铸铁在碱性溶液、有机溶剂和干燥气体中具有良好的耐腐蚀性能，可作为耐腐蚀材料使用。在中性溶液、水和潮湿的大气中，受氧含量影响较大，有一定腐蚀，但仍可使用。在常温下的浓硫酸和浓的氢氟酸中都可以使用，但不能用于稀硫酸、盐酸、硝酸和磷酸等介质。

由于普通碳钢和铸铁的价格便宜，资源丰富，具有良好的物理力学性能和机械加工性能，而且，即使在腐蚀较严重的环境中，还可以采用各种防腐措施加以利用，所以它们是选材时应首先考虑的材料。目前，在化工厂里有 80%以上的机器设备、管道、构架等都是用碳钢和铸铁制造的。

第二节 高 硅 铸 铁

含硅 14%～18%的铸铁称为高硅铸铁。在普通铸铁里也总有少量的硅（1.6%～2.4%），但它对铸铁的耐蚀性能并没有明显的影响。

一、高硅铸铁的耐蚀性能

含硅量达 14%以上的高硅铸铁之所以具有良好的耐蚀性，是因为硅在铸铁表面形成一层由 SiO_2 组成的保护膜，如果介质能破坏 SiO_2 膜，则高硅铸铁在这种介质中就不耐蚀。

一般地说，高硅铸铁在氧化性介质及某些还原性酸中具有优良的耐蚀性，它能耐各种温度和浓度的硝酸、硫酸、醋酸、常温下的盐酸、脂肪酸以及许多介质的腐蚀。它不耐高温盐酸、亚硫酸、氢氟酸、卤素、苛性碱溶液和烧融碱等介质的腐蚀。不耐蚀的原因是由于表面的 SiO_2 保护膜在苛性碱作用下，形成了可溶性的 Na_2SiO_3；在氢氟酸作用下形成了气态 SiF_4

等而使保护膜破坏。

二、高硅铸铁机械加工性能的改善

在高硅铸铁中加入一些合金元素，可以改善它的机械加工性能。在含 15%硅铸铁中加入稀土镁合金，可以起净化除气的作用，并改善铸铁基体组织，使石墨球化，从而提高了铸铁的强度。耐腐蚀性及加工性能，对铸造性能也有改善。这种高硅铸铁除可以磨削加工以外，在一定条件下还可以车削，攻丝，钻孔并可补焊，但仍不宜骤冷骤热；它的耐腐性能比普通高硅铸铁好，适应的介质基本相近。

在含硅 13.5%～15%的高硅铸铁中加入 6.5%～8.5%的 Cu 可改善机械加工性能，耐蚀性与普通高硅铸铁相近，但在硝酸中较差。此种材料适宜制作耐强腐蚀性及耐磨损的泵叶轮和轴套等。也可用降低含硅量，另外加合金元素的方法来改善机械加工性能，在含硅 10%～12%的硅铸铁（称为中硅铁）中加入 Cr、Cu 和稀土元素等，可改善它的脆性及加工性能。能够对它进行车削、钻孔、攻螺纹等，而且在许多介质中，耐蚀性仍接近于高硅铸铁。

在含硅 10%～11%的中硅铸铁中，再外加 1%～2.5%的 Mo、1.8%～2.0%Cu 和 0.35%稀土元素等，机械加工性能有所改善，可车削，耐蚀性与高硅铸铁相近似。实践证明，这种铸铁用作硝酸生产中的稀硝酸泵叶轮及氯气干燥用的硫酸循环泵叶轮，效果都很好。

以上所述的这些高硅铸铁，耐盐酸的腐蚀性能都不好，一般只有在常温低浓度的盐酸中才能腐蚀。为了提高高硅铸铁在盐酸（特别是热盐酸）中的耐蚀性，可增加 Mo 的含量，如在含硅 14%～16%的高硅铸铁中加入 3%～4%的钼得到含钼高硅铸铁，会使铸铁在盐酸作用下表面形成氯氧化钼保护膜，它不溶于盐酸，从而显著增加了高温下耐盐酸腐蚀的能力，在其他介质中耐蚀性保持不变，这种高硅铸铁又称抗氧铸铁。

三、高硅铸铁在化工生产中的应用

由于高硅铸铁耐酸腐蚀性能优越，已广泛用于化工防腐蚀，最典型的牌号是 STSi15，主要用于制造耐酸离心泵、管道、塔器、热交换器、容器、阀件和旋塞等。

总的来说，高硅铸铁质脆，所以安装、维修、使用时都必须十分注意。安装时不能用铁锤敲打；装配必须准确，避免局部应力集中现象；操作时严禁温差剧变或局部受热，特别是开停车或清洗时升温或降温速度必须缓慢；不宜用作受压设备。图 6-1 为高硅铸铁阳极。

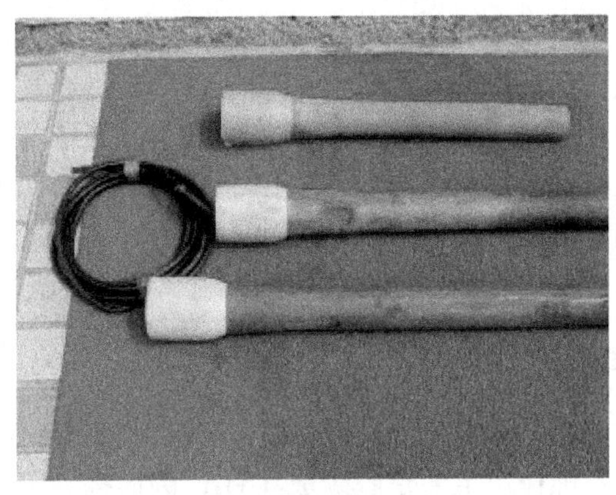

图 6-1 高硅铸铁阳极

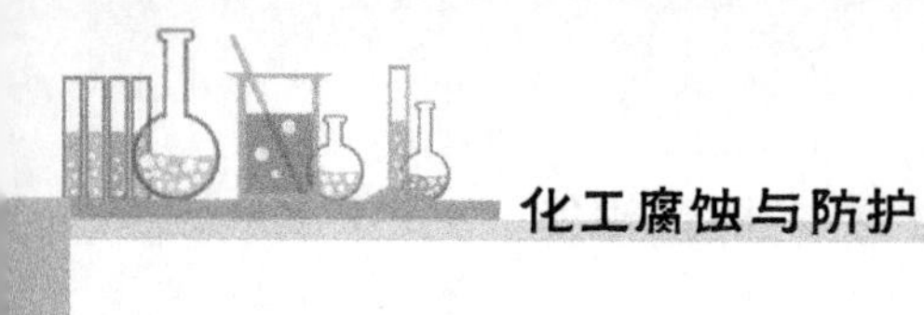

第三节　耐蚀低合金钢

普通低合金钢通常是指含有合金元素总量不超过3%的碳钢材料。当加入合金元素的目的主要是为改善钢在不同腐蚀环境中的耐蚀性时，则称为耐蚀低合金钢。这类钢强度较高，综合性能好，与普通碳钢相比有许多优点，故为国内外所重视，得到了迅速发展和广泛应用。

耐蚀低合金钢是随着石油和化学工业的发展而不断研制成功和推广应用的一类新材料。它是针对一定的使用条件，添加少量某些合金元素制成的低合金钢。在特定的腐蚀环境中具有良好的耐腐蚀性能。其耐腐蚀性能与添加的合金元素种类和数量有很大关系。

一、在自然环境下的耐蚀性

很多低合金钢较碳钢有优越得多的耐大气腐蚀性能，主要起作用的合金元素是Cu、P、Cr、Ni等。对于耐大气腐蚀性能，Cu是很好用的合金元素。16Mn是有名的低合金高强度钢，它的耐大气腐蚀性能就比普通碳钢好，而16MnCu又比16Mn好。如再加入少量Cr和Ni，耐蚀性又可大为提高。一种含Cr、Ni、Cu、P的低合金钢是有名的耐大气腐钢，这种钢在城市大气中开始时要生锈，但随后几乎完全停止了锈蚀。因而随着近代合金碳钢的发展，使得钢铁结构在城市大气中有可能不用涂料或其他覆盖层。

在低合金钢中，由于Cu和Cd的同时加入而显著地改善了钢的钝化性能；Ni的加入则可提高钢的耐酸耐碱性，还能提高耐腐蚀疲劳及耐海水腐蚀的能力。

含碳钢除了耐大气腐蚀性能优于普通碳钢外，还具有良好的塑性及可焊性，可以加工成各种薄壁件，因而又称为高耐候性结构钢。这种钢与表面涂料的结合能力也较强。

随着化工行业的快速发展，耐蚀低合金钢作为关键材料，其技术进步和应用拓展日益受到关注。近年来，科研人员通过深入研究合金成分与耐蚀性能的关系，成功设计出一系列新型耐蚀低合金钢。这些钢材在保持较低合金含量的同时，显著提高了耐蚀性能，降低了材料成本。为了进一步提升耐蚀低合金钢的性能，现代制造工艺不断创新。例如，采用真空冶炼、电渣重熔等技术，减少钢材中的杂质和缺陷；通过精确控制轧制和热处理工艺，优化钢材的微观组织和力学性能。表面处理技术对于提高耐蚀低合金钢的耐蚀性能至关重要。近年来，新的表面处理技术不断涌现，如纳米涂层、激光熔覆等。这些技术能够在钢材表面形成致密、稳定的保护膜，有效隔绝腐蚀介质，延长钢材的使用寿命。在全球环保意识的推动下，耐蚀低合金钢的制造过程也在逐步实现绿色化。企业纷纷采用环保型原材料、减少能源消耗和废弃物排放，以降低对环境的负面影响。随着智能制造技术的快速发展，耐蚀低合金钢的生产过程正逐步实现智能化和自动化。利用人工智能、机器学习等技术手段，企业能够实现对生产过程的精准控制和优化管理，提高生产效率和产品质量。基于其优异的耐蚀性能和相对较低的成本，耐蚀低合金钢在化工、石油、天然气等领域得到了广泛应用。同时，其性能得到了行业的广泛认可，成为替代传统不锈钢和其他耐蚀材料的重要选择。

二、在高温气体中的耐蚀性

这里所指的高温气体腐蚀主要是指氢侵蚀，在化学工业中的高温氢侵蚀主要发生在合成氨工业中的氨合成塔。氢腐蚀作用主要是脱碳成 CH_4，因而提高钢材耐氢腐蚀的途径之一就

是在钢中加入稳定碳化物的合金元素，以防止氢和钢中的碳起作用而发生脱碳，这类合金元素有 Cr、Mo、V、W、Ti 等，例如 Cr 能与碳形成（Fe、Cr）$_3$C 及 $Cr_{23}C_6$ 等碳化物，含铬量越高，越能形成稳定的碳化物，耐氢腐蚀性能也就越好。图 6-2 所示为耐氢腐蚀曲线（也叫 Nelson），图中的曲线表示钢在不同的氢分压下允许使用的极限温度。

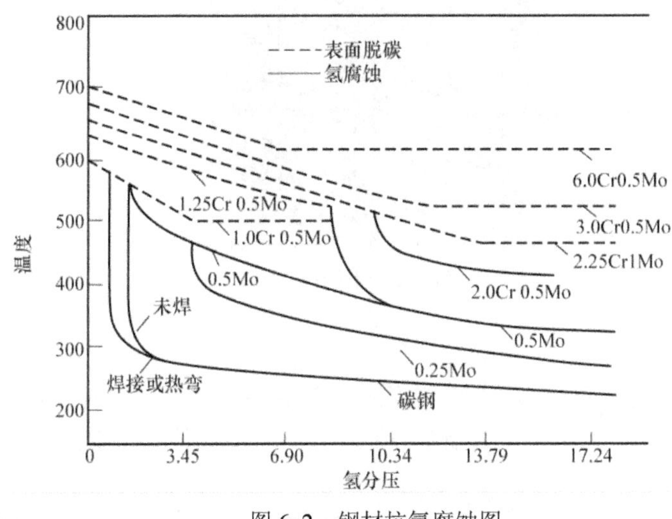

图 6-2　钢材抗氢腐蚀图

一般情况下，钢材处于曲线下的条件，可安全使用。氢侵蚀曲线是合成氨和石油加氢过程中关于氢侵蚀的大量实际运行的经验数据的积累，它提出了碳钢和合金钢在氢作用下安全使用的压力—温度范围。它们基本上可以满足合成氨和石油加氢装置设计和操作的需要，但由于经验数据的积累不足，随着更多氢腐蚀现象的发现，这些曲线时常要进行修订。具体应用时应参阅新的详图。

从图 6-2 中可以明显看出，碳钢在合成氨生产条件下只能用于不超过 200 ℃的操作温度，含钼钢和铬钼钢比碳钢耐氢腐蚀性能好，Cr、Mo 的含量越高，耐氢腐蚀性能越高；而只有 3%的 Cr 及 0.5%的 Mo 就已经具有相当好的耐氢腐蚀性能。

但是另一方面，由于 Cr、Mo 等合金元素的加入能引起氮化物的可能性，因而铬钼钢用作合成氨生产中耐氢、氮、氨腐蚀的材料仍不够理想。目前大型氨合成塔一般都采用 18-8 不锈钢制造，能形成稳定的铬的碳化物；由于奥氏体钢塑性很好，所以耐氢腐蚀性能良好；同时这种钢的表面在氨合成塔内件的条件下，也形成表层很薄的氮化物。

第四节　不　锈　钢

一、概述

（一）定义

凡是在空气中耐腐蚀的钢称为“不锈钢”，而在各种侵蚀较强的介质中耐腐蚀的钢称为“耐酸钢”。通常把不锈钢和耐酸钢统称为不锈耐酸刚（相对于不锈耐热钢而言），或简称不

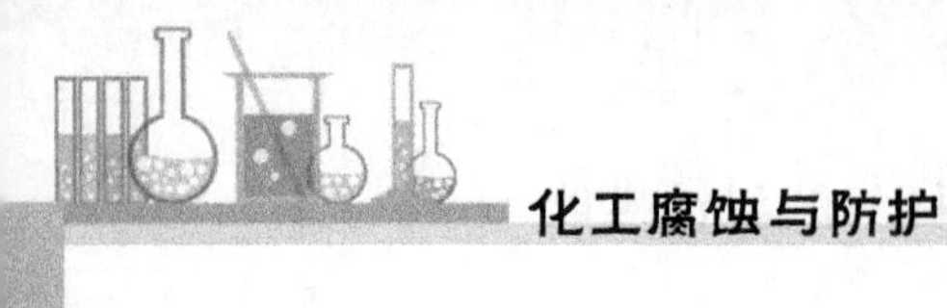

锈钢。也把铁基合中 Cr 的含量（质量分数）大于等于 13%的一类钢的统称为不锈钢。图 6-3 为不锈钢。

图 6-3　不锈钢

（二）分类

（1）按化学成分来分，可分为铬钢、铬镍钢、铬锰钢、铬锰镍钢等。

（2）按显微组分来分，可分为奥氏体钢、铁素体钢、奥氏体—铁素体复相钢、马氏体钢、铁素体—马氏体复相钢。

（3）按用途分，可分为耐海水腐蚀不锈钢、耐应力腐蚀不锈钢、耐浓硝酸不锈钢、耐硫酸不锈钢、耐尿素腐蚀不锈钢等。

（三）主要特性

1．耐腐蚀性

绝大多数不锈钢制品要求耐腐蚀性能好，像一、二类餐具、厨具、热水器、饮水机等，有些国外商人对产品还做耐腐蚀性能试验：用 NaCl 水溶液加温到沸腾，一段时间后倒掉溶液，洗净烘干，称重量损失，来确定受腐蚀程度（注意：产品抛光时，因砂布或砂纸中含有 Fe 的成分，会导致测试时表面出现锈斑）。

当钢中 Cr 原子数量不低于 12.5%时，可使钢的电极电位发生突变，由负电位升到正的电极电位。阻止电化学腐蚀。

2．抛光性能

在当今社会，不锈钢制品在生产过程中普遍会经过抛光工序，以提升其外观的光泽度和质感。然而，也存在一些特定的制品，如热水器和饮水机的内胆等，它们在生产时并不需要进行抛光处理。这一现象背后反映出对原料抛光性能的高要求。因为优良的抛光性能是确保不锈钢制品表面光滑、无瑕疵的关键。影响不锈钢抛光性能的因素主要有以下几点。

（1）原料表面缺陷。如划伤、麻点、过酸洗等。

（2）原料材质问题。硬度太低，抛光时就不易抛亮（BQ 抛光性不好），而且硬度太低，在深拉伸时表面易出现橘皮现象，从而影响 BQ 性。硬度高的 BQ 性相对就好。

（3）经过深拉伸的制品，变形量极大的区域表面也会出小的黑点，从而影响 BQ 性。

3．耐热性能

耐热性能是指高温下不锈钢仍能保持其优良的物理机械性能。

碳的影响：碳在奥氏体不锈钢中是强烈形成并稳定奥氏体且扩大奥氏体区的元素。碳形成奥氏体的能力约为镍的30倍，碳是一种间隙元素，通过固溶强化可显著提高奥氏体不锈钢的强度。碳还可提高奥氏体不锈钢在高浓氯化物（如42%$MgCl_2$沸腾溶液）中的耐应力耐腐蚀的性能。

但是，在奥氏体不锈钢中，碳常常被视为有害元素，这主要是由于在不锈钢的耐蚀用途中的一些条件下（比如焊接或经450～850 ℃加热），碳可与钢中的Cr形成高铬的$Cr_{23}C_6$型碳化合物从而导致局部铬的贫化，使钢的耐蚀性特别是耐晶间腐蚀性能下降。因此，20世纪60年代以来新发展的铬镍奥氏体不锈钢大都是碳含量小于0.03%或0.02%超低碳型的，可以知道随着碳含量降低，钢的晶间腐蚀敏感性降低，当碳含量低于0.02%才具有最明显的效果，一些实验还指出，碳还会增大铬奥氏体不锈钢的点腐蚀分倾向。由于碳的有害作用，不仅在奥氏体不锈钢冶炼过程中应按要求控制尽量低的碳含量，而且在随后的热、冷加工和热处理等过程中也在防止不锈钢表面增碳，避免Cr的碳化物析出。

二、主要合金元素对耐蚀性的影响

（一）铬的影响

Cr是奥氏体不锈钢中最主要的合金元素，奥氏体不锈钢的不锈性和耐蚀性的获得主要是由于在介质作用下，Cr促进了钢的钝化并使钢保持稳定钝态的结果。在奥氏体不锈钢中，Cr是强烈形成并稳定铁体的元素，缩小奥氏体区，随着钢中含量增加，奥氏体不锈钢中可出现铁素体（δ）组织。研究表明，在铬镍奥氏体不锈钢中，当碳含量为0.1%，铬含量为18%时，为获得稳定的单一奥氏体组织，所需镍含量最低，约为8%，就这一点而言，常用的18Cr-8Ni型铬镍奥氏体不锈钢是含铬、镍量配比最为适宜的一种。有奥氏体不锈钢中，随着铬含量的增加，一些金属间相（比如δ相）的形成倾向增大，当钢中含有Mo时，铬含量会增加还会有χ相等的形成。如前所述，δ、χ相的析出不仅显著降低钢的塑性和韧性，而且在一些条件下还降低钢的耐蚀性，奥氏体不锈钢中铬含量的提高可使马氏体转烃温度（Ms）下降，从而提高奥氏体基体的稳定性。因此高铬（比如超过20%）奥氏体不锈钢即使经过冷加工和低温处理也很难获得马氏体组织。

Cr是强碳化物形成元素，在奥氏体不锈钢中也不例外，奥氏体不锈钢中常见的铬碳化物有$Cr_{23}C_6$；当钢中含有Mo或Cr时，还可见到Cr_6C等碳化物，它们的形成在某些条件下对钢的性能会产生重要影响。一般来说，只要奥氏体不锈钢保持完全奥氏体组织而没有δ铁素体等的形成，仅提高钢中铬含量不会对力学性能有显著影响，Cr对奥氏体不锈钢性能影响最大的是耐蚀性，主要表现为：Cr提高钢的耐氧化性介质和酸性氯化物介质的性能；在Ni以及Mo和Cu复合作用下，Cr提高钢耐一些还原性介质，有机酸，尿素和碱介质的性能；Cr还提高钢耐局部腐蚀，比如晶间腐蚀、点腐蚀、缝隙腐蚀以及某些条件下应力腐蚀的性能。对奥氏体不锈钢晶间腐蚀敏感性影响最大的因素是钢中碳含量，其他元素对晶间腐蚀的作用主要视其对碳化物的溶解和沉淀行为的影响而定，在奥氏体不锈钢中，Cr能增大碳的溶解度而降低Cr的贫化度，因而提高铬含量对奥氏体不锈钢的耐晶间腐蚀是有益，Cr非常有效地改善奥氏体不锈钢的耐点腐蚀及缝隙腐蚀性能，当钢中同时有钼或钼及氮存在时，Cr的这种有效性大加强，虽然根据研究Mo的耐点腐蚀及缝隙腐蚀的能力为Cr的3倍左右，N为Cr的30倍，但是大量研究，奥氏体不锈钢中如果没有Cr或者Cr含量较低，Mo及N的耐点腐

蚀与缝隙腐蚀作用便会丧失或不够显著。

Cr对奥氏体不锈钢的耐应力腐蚀性能的作用，随实验介质条件及实际使用环境而异，在$MgCl_2$沸腾溶液中，Cr的作用一般是有害的，但是在含Cl^-和氧的水介质，高温高压水以及点腐蚀为起源的应力腐蚀条件下，提高钢中Cr含量则对耐应力腐蚀有利，同时，Cr还可防止奥氏体不锈钢及合金中由于Ni含量提高而容易出现的晶间型应力腐蚀的倾向，对开裂性（NaOH）应力腐蚀，Cr的作用也是有益的，Cr除对奥氏体不锈钢耐蚀性有重要影响外，还能显著提高该类钢的抗氧化，抗硫化和抗融盐腐蚀等性能。

（二）镍的影响

1．镍对组织的影响

Ni是强烈稳定奥氏体且扩大奥氏体相区的元素，为了获得单一的奥氏体组织，当钢中含有0.1%C和18%Cr时所需的最低Ni含量约为8%，这便是最著名18-8铬镍奥氏体不锈钢的基本分，奥氏体不锈钢中，随着Ni含量的增加，残余的铁素体可完全消除，并显著降低δ相形成的倾向；同时马氏体转烃温度降低，甚至可不出现$\lambda \rightarrow M$相变，但是Ni含量的增加会降低碳在奥氏体不锈钢中的溶解度，从而使碳化物析出倾向增强。

2．镍对性能的影响

Ni在不锈钢中，特别是在铬镍奥氏体不锈钢中，发挥着重要作用。这种作用主要由镍对奥氏体稳定性的影响来决定。当钢中的Ni含量处于可能发生马氏体转变的范围内时，Ni的增加会导致钢的强度降低，但同时会提高其塑性。因此，具有稳定奥氏体组织的铬镍奥氏体不锈钢具有非常优良的韧性，尤其在极低温度下，因此常被用作低温钢。

对于铬锰奥氏体不锈钢，Ni的加入可以进一步改善其韧性。此外，Ni还可以显著降低奥氏体不锈钢的冷加工硬化倾向。这主要是因为Ni增加了奥氏体的稳定性，减少或消除了冷加工过程中的马氏体转变。同时，Ni对奥氏体本身的冷加工硬化作用并不明显。这些特性使得Ni含量的提高有利于奥氏体不锈钢的冷加工成形性能。

提高镍含量还可以减少或消除18-8和17-14-2型铬镍奥氏体不锈钢中的δ铁素体，从而提高其热加工性能。然而，需要注意的是，δ铁素体的减少可能会对这些钢种的可焊接性产生不利影响，增加焊接热裂纹的倾向。

此外，Ni还可以显著提高铬锰氮（或铬锰镍氮）奥氏体不锈钢的热加工性能，从而显著提高钢的成材率。在奥氏体不锈钢中，Ni的加入及其含量的提高会增加钢的热力学稳定性，因此奥氏体不锈钢具有更好的不锈性和耐氧化性介质的性能。随着Ni含量的增加，耐还原性介质的性能也会进一步改善。

值得注意的是，Ni是提高奥氏体不锈钢耐许多介质穿晶型应力腐蚀的重要元素。在各种酸介质中，Ni对奥氏体不锈钢的耐蚀性能有重要影响。然而，在高温高压水中的某些条件下，Ni含量的提高可能会导致钢和合金的晶间型应力腐蚀敏感性增加。但这种不利影响可以通过提高钢中的Ni含量来减轻或抑制。

随着奥氏体不锈钢中Ni含量的提高，其产生晶间腐蚀的临界碳含量降低，即钢的晶间腐蚀敏感性增加。对于奥氏体不锈钢的耐点腐蚀和缝隙腐蚀性能，Ni的作用并不显著。此外，Ni还可以提高奥氏体不锈钢的高温抗氧化性能，这主要与Ni改善了Cr的氧化膜的成分、结

构和性能有关。

需要注意的是，过高的 Ni 含量可能会对不锈钢的某些性能产生不利影响，如增加钢的晶界处低熔点硫化镍的含量，从而可能降低其高温性能。因此，在选择和使用不锈钢时，需要综合考虑其各种性能要求和使用条件。

总的来说，简单的铬镍（及铬锰氮）奥氏体不锈钢主要用于要求不锈性和耐氧化性介质（如硝酸等）的使用条件下。在实际应用中，需要根据具体的使用环境和性能要求来选择合适的不锈钢材料和合金成分。

（三）钼的影响

1. 钼对组织的影响

Mo 和 Cr 都是形成和稳定铁素体并扩大铁素体相区的元素，Mo 形成铁素体的能力与 Cr 相当。Mo 还促进奥氏体不锈钢中金属间相，比如 σ 相、κ 相和 Laves 相等的沉淀，对钢的耐蚀性和力学性能都会产生不利影响，特别是导致塑性、韧性下降。为使奥氏体不锈钢保持单一的奥氏体组织，随着钢中 Mo 含量的增加，奥氏体形成元素（Ni，N 及 Mn 等）的含量也要相应提高，以保持钢中铁素体与奥氏体形成元素之间的平衡。

2. 钼对性能的影响

Mo 对奥氏体不锈钢的氧化作用不显著，因此当铬镍奥氏体不锈钢保持单一的奥氏体组织且无金属间析出时，Mo 的加入对其室温力学性能影响不大，但是，随着钼含量的增加，钢的高温强度提高，比如持久、蠕变等性能均获较大改善，因此含钼不锈钢也常在高温下应用。然而，Mo 的加入使钢的高温变形抗力增大，加之钢中常常存在少量 δ 铁素体，因而含钼不锈钢的热加工性比不含钼钢要差，而且钼含量越高，热加工性能越坏。另外，含钼奥氏体不锈钢中容易发生 κ（σ）相沉淀，这将显著恶化钢的塑性和韧性，因此在含钼奥氏体不锈钢的生产，设备制造和应用过程中，要注意防止钢中金属间相的形成。虽然 Mo 作为合金元素对奥氏体不锈钢耐还原性介质、耐点腐蚀及缝隙腐蚀的原因尚不完全清楚，但大量实验已指出，Mo 的耐蚀作用仅在钢中含有较高量的 Cr 时才有效，Mo 主要是强化钢中 Cr 的耐蚀作用。与此同时，Mo 形成酸盐后的缓蚀作用也已为实验所证实。在耐高浓氯化物溶液的应力腐蚀方面，Mo 对奥氏体不锈钢的耐应力腐蚀性能有害，但是由于常见铬镍奥氏体不锈钢多在含有微量氯化物及饱和氧的水介质中使用，其应力腐蚀又以点腐蚀为起源，因此含 Mo 的铬镍钼奥氏体不锈钢由于耐点腐蚀性能较高，所以在实际应用中常常比不含钼钢具有更好的耐氯化物应力腐蚀性能。

（四）碳的影响

C 在不锈钢中具有两重性，因为 C 的存在能显著扩大奥氏体系组织并提高钢的强度，而另一方面钢中碳含量增多会与铬形成碳化物，即碳化铬，使固溶体中含铬量相对减少，大量微电池的存在会降低钢的耐蚀性。尤其是降低抗晶间腐蚀能力，易使钢产生晶间腐蚀，因而对要求以耐蚀性为主的不锈钢中应降低含碳量。大多数耐酸不锈钢含碳量 $<0.08\ \%$，超低碳不锈钢的含碳量 $<0.03\ \%$，随含碳量的降低，可提高耐晶间腐蚀、点蚀等局部腐蚀的能力。

（五）锰和氮的影响

Mn 和 N 是有效扩大奥氏体系相区的元素，可以用来代替 Ni 获得奥氏体组织。Mn 不仅可以稳定奥氏体组织，还能增加 N 在钢中的溶解度。但 Mn 的加入会促使 Cr 较低的不锈钢耐蚀性降低，使钢材加工工艺性能变坏，因此在钢中不单独使用 Mn，只用它来替代部分 Ni。在钢中加入 N 在一定程度上可提高钢的耐蚀性能，但 N 在钢中能形成氮化物，而使钢易于产生点蚀。不锈钢中氮含量一般在 0.3 %以下，否则钢材气孔量会增多，力学性能变差。N 与 Mn 共同加入钢中起节省 Ni 的作用。

（六）硅的影响

Si 在钢中可以形成一层富硅的表面层，Si 能提高钢耐浓硝酸和发烟硝酸的能力，改善钢液流动性，从而获得高质量耐酸不锈钢铸件；Si 又能提高抗点蚀的能力，尤其与 Mo 共存时可大大提高耐蚀性和抗氧化性，可抑制在含 Cl^-离子介质中的腐蚀。

（七）铜影响

在不锈钢中加入 Cu，可提高抗海水 Cl^-侵蚀及抗盐酸侵蚀的能力。

（八）钛和铌影响

Ti 和 Nb 都是强碳化物形成元素。不锈钢中加入 Ti 和 Nb，主要是与 C 优先形成 TiC 或 NbC 等碳化物，可避免或减少碳化铬（$Cr_{23}C_6$）的形成，从而可降低由于贫铬而引起的晶间腐蚀的敏感性，一般稳定化不锈钢中都加入 Ti。由于 Ti 易于氧化烧损，因而焊接材料中多加入 Nb。

三、应用

现以铬不锈钢及镍不锈钢两大基本类型，分别从其金相组织及耐蚀性能来讨论化工过程中的应用情况。

（一）铬不锈钢

铬不锈钢包括 Cr13 型及 Cr17 型两大基本类型。

1. Cr13 型不锈钢

这类钢一般包括 0Cr13、1Cr13、2Cr13、3Cr13、4Cr13 等钢号，含铬量 12%～14%。

1）金相组织

除 0Cr13 外，其余的钢种在加热时有铁素体→奥氏体转变，淬火时可得到部分马氏体组织，因而习惯上称为马氏体不锈钢。实际上 0Cr13 没有相变，是铁素体钢；1Cr13 为马氏体-铁素体钢，2Cr13、3Cr13 为马氏体钢；4Cr13 为马氏体—碳化物钢。

2）耐蚀性能及其应用

大多数情况下 Cr13 型不锈钢都经淬火、回火以后使用。淬火温度随含碳量增高及要求硬度的增大而上升，一般控制在 1 000～1 050 ℃，保证碳化物充分溶解，以得到高硬度并提高耐蚀性。0Cr13 由于不存在相变，所以不能通过淬火强化。0Cr13 含碳量低，耐蚀性比其他 Cr13 好，在正确热处理条件下有良好的塑形和韧性。它在热的含硫石油产品中具有高的耐蚀

性能，可耐含硫石油及 H_2S、尿素生产中高温氨水、尿素母液等介质的腐蚀。因此它可用于石油工业，还可用于化工生产中防止产品污染而压力又不高的设备。

1Cr13、2Cr13 在冷的硝酸、蒸汽、潮湿大气和水中有足够的耐蚀性；在淬火、回火后可用于耐蚀性要求不高的设备零件，如尿素生产中与尿素液接触的泵件、阀件等并可制作汽轮机的叶片。

3Cr13、4Cr13 含碳量较高，主要用于制造弹簧、阀门、阀座等零部件。

Cr13 型马氏体钢在一些介质（如含卤素离子溶液）中有点蚀和应力腐蚀破裂的敏感性。

2. Cr17 型不锈钢

这类钢的主要钢号有 1Cr17、0Cr17Ti、1Cr17Ti、1Cr17Mo2Ti 等。

1）金相组织

这类钢含碳量较低而含铬量较高，均属铁素体钢，铁素体钢加热时不发生相变，因而不可能通过热处理来显著改善钢的强度。

2）耐蚀性能及其应用

由于含铬量较高，因此对氧化性酸类（如一定温度及浓度的硝酸）的耐蚀性良好，可用于制造硝酸、维尼纶和尿素生产中一定腐蚀条件下的设备，还可制作其他化工过程中腐蚀性不强的防止产品污染的设备。又如 1Cr17Mo2Ti，由于含 Mo，提高了耐蚀性，能耐有机酸（如醋酸）的腐蚀，但其韧性及焊接性能与 1Cr17Ti 相同。

由于 Cr17 型不锈钢较普遍地存在高温脆性等问题，因此在 Cr17 型不锈钢的基础上加 Ni 和 C，发展成 1Cr17Ni2 钢种。Ni 和 C 均为稳定奥氏体元素，当加热到高温时，部分铁素体转变为奥氏体，这样淬火时能得到部分马氏体，提高其力学性能，通常列为马氏体不锈钢，其特点是既有耐蚀性又有较高的力学性能。这种钢在一定程度上仍有高铬钢的热脆性敏感度等缺陷，常用于既要求有高强度又要求耐蚀的设备，如硝酸工业中氧化氮透平鼓风机的零部件。又可在 Cr17 型不锈钢基础上提高含铬量至 25%或 25%以上，得到 Cr25 型不锈钢，这种钢的耐热和耐蚀性能都有了提高。常用的有 1Cr25Ti、1Cr28，可用于强氧化性介质中的设备材料，也可用于抗高温氧化的材料。1Cr28 不适宜于焊接。

（二）铬镍奥氏体不锈钢

铬镍奥氏体不锈钢是目前使用最广泛的一类不锈钢，其中最常见的就是 18-8 型不锈钢。18-8 型不锈钢又包括加 Ti 或 Nb 的稳定型钢种，加 Mo 的钢种（常见为 18-12-Mo 型不锈钢）及其他铬镍奥氏体不锈钢。

1. 金相组织

在这类钢的合金元素中，Ni、Mn、N、C 等是扩大奥氏体相区的元素。含 Cr17%～19%的钢中加入 7%～9%的 Ni，加热到 1 000～1 100℃时，就能使钢由铁素体转变为均一的奥氏体组织。由于 Cr 是扩大铁素体相区元素，当钢中含铬量增加时，为了获得奥氏体组织，就必须相应增加镍含量。C 虽然是扩大奥氏体相区的元素，但当含碳量增加时将影响钢的耐蚀性，并影响冷加工性能。所以国际上普遍发展含碳量低的超低碳不锈钢，甚至超超低碳不锈钢，即使一般的 18-8 钢含碳量也多控制在 0.08%以下（如中国 GB 1220-75 中规定 0Cr18Ni9 中的含碳量≤0.06%），而适当的提高 Ni、Mn、N 等扩大奥氏体相区的元素以稳定奥氏体组织。有些钢的含镍量较低或完全无 Ni，如 1Cr18Mn8Ni5N、0Cr17Mn13N，它们就是用 Mn 和 N

代替 18-8 型不锈钢中的部分或全部 Ni 以得到奥氏体组织的钢种，也属于奥氏体钢，一般称为铬锰氮系不锈钢。

2．耐蚀性能及其应用

18-8 型不锈钢具有良好的耐蚀性能及冷加工性能，因而获得了广泛的应用，几乎所有化工过程的生产中都采用这一类钢种。

1）普通 18-8 型不锈钢

耐硝酸、冷磷酸及其他一些无机酸、许多中盐类及碱溶液、水和蒸汽、石油产品等化学介质的腐蚀，但是对硫酸、盐酸、氢氟酸、卤素、草酸、沸腾的浓苛性碱及熔融碱等化学稳定性则差。

18-8 型不锈钢在化学工业中主要用途之一是用以处理硝酸，它的腐蚀速度随硝酸浓度和温度变化而变化。例如 18Cr-8Ni 不锈钢耐稀硝酸腐蚀性能很好，但当硝酸浓度增高时，只有在很低温度下才耐蚀。

2）含 Ti 的 18-8 型不锈钢（0Cr18Ni9Ti、1Cr18Ni9Ti）

这是用途广泛的一类耐酸耐热钢。由于钢中的 Ti 促使碳化物的稳定，因而有较高的抗晶间腐蚀性能，在 1 050～1 100 ℃水中或空气中淬火后呈单相奥氏体组织。在许多氧化性介质中有优良的耐蚀性，在空气中的热稳定性也很好，可达 850℃。

3）含 Mo 的 18-8 型不锈钢

这是在 18Cr-8Ni 型钢中增加 Cr 和 Ni 的含量并加入 2%～3%的 Mo，形成了含 Mo 的 18Cr-12Ni 型的奥氏体不锈钢。这类钢提高了钢的抗还原性酸的能力，在许多无机酸、有机酸、碱及盐类中具有耐蚀性能，从而提高了在某些条件下浓硫酸和热的有机酸性能，能耐 50%以下的硝酸、碱溶液等介质的腐蚀，特别是在合成尿素、维尼纶及磷酸、磷铵的生产中，对熔融尿素、醋酸和热磷酸等强腐蚀性介质有较高的耐蚀性。其耐蚀原因主要是由于 Mo 加强了钢在甲胺液中（尿素生产中主要的强腐蚀性介质）的钝化作用。

这类钢包括不含 Ti 的和超低碳的一系列 18-12-Mo 钢，其中含 C 的（如 0Cr18Ni12Mo2Ti）和超低碳的（如 00Cr17Ni14Mo2）钢种一般情况下均无晶间腐蚀倾向，因此在许多种用途中比 18Cr-8Ni 钢优越，同时耐点蚀性能也比 18Cr8Ni 钢好。

4）节 Ni 型铬镍奥氏体不锈钢（如 1Cr18Mn8Ni5N）

添加 Mn、N 及节 Ni 而获得的奥氏体组织不锈钢，在一定条件下部分代替 18-8 型不锈钢，它可耐稀硝酸和硝铵腐蚀；可用于硝酸、化肥的生产设备和零部件。在这种钢的基础上进一步加 Mu 节 Ni，发展了完全无 Ni 的 0Cr17Mn13N 奥氏体不锈钢，耐蚀性与 1Cr18Mn8Ni5N 近似，也可用于稀硝酸和耐蚀性不太苛刻的条件，以代替 18-8 型不锈钢。

5）含 Mo、Cu 的高铬高镍奥氏体不锈钢

这类钢有的 Cr、Ni 含量并加 Mo 和 Cu，提高了耐还原性的性能，常用作条件苛刻的耐磷酸、硫酸腐蚀的设备。国外发展多种耐硫酸腐蚀的合金如 Durimet-20、Carpenter-20、ESCO-20 等，它们的成分和性能相近似，常称为 20 号合金，具有奥氏体组织，具有接近 18-8 型不锈钢的力学性能。

在化工生产过程中，18-8 型不锈钢如 0Cr18Ni9、0Cr18Ni9Ti、1Cr18Ni9Ti 等已大量用于合成氨生产中抗高温高压 H_2、N_2 腐蚀的装置（合成塔内件）；用于脱碳系统腐蚀严重的部位；尿素生产中常压下与尿素混合液接触的设备；苛性碱生产中浓度小于 45%，温度低于 120 ℃

的装置；合成纤维工业中防止污染的装置；也常用作高压蒸汽、超临界蒸汽的设备和零部件；此外还广泛用于制药、食品、轻工业及其他许多工业部门。同时，由于它们在高温时具有高的抗氧化能力及高温强度，因而又常用作一定温度下的耐热部件。它们还有很高的抗低温冲击韧性，常用作空分、深冷静化等深冷设备的材料。近来，随着工业的发展，在一些环境苛刻的部位多采用超低碳的 00Cr18Ni10 钢。

第五节　有色金属及其合金

在化工生产过程中由于腐蚀、极端温度（高温和低温）、高压等多种工艺条件的影响，除了普遍使用铁碳合金外，还会用到一部分有色金属及其合金。比如，广泛应用的 Al、Cu、Pb、Ni、Ti 及具有出色耐蚀性能的高熔点金属，如 Zr 等。

与黑色金属相比，有色金属通常具备众多优异的特性。许多有色金属拥有良好的导电性和导热性，这使得它们在电气和电子领域有着广泛的应用。此外，它们还具备优良的耐蚀性，能够在腐蚀性环境中长期稳定运行。同时，这些金属还展现出良好的耐高温性，可以在高温甚至极端温度条件下保持性能稳定。在可塑性、可焊性、可铸造性以及切削加工性能等方面，有色金属也表现出突出的优势，这使得它们在化工设备制造和维修中成为不可或缺的材料。

现简略介绍以下几种有色金属及其合金，重点是它们的耐蚀性能。

一、铝及其合金

铝及其合金也是化工生产中常用的一种耐腐蚀金属材料，Al 是轻金属，密度 2.7 g/cm^3，约为 Fe 的 1/3；Al 的熔点较低（675 ℃），有良好的导热性和导电性，塑性高，但强度低；Al 的冷韧性好，可承受各种压力加工，Al 的焊接性与铸造性差，这是由于它易氧化成高熔点的 Al_2O_3。

Al 也是一种活泼金属，它的电极电位低（–1.6V），但是由于它很容易钝化，在自然状态下表面能生成一层致密的 Al_2O_3 保护膜。所以，铝及其合金在大气、水和 pH 值为 4.5～8.5 的溶液，以及其他氧化性环境中都具有良好的耐腐蚀性能。对有机酸和有机溶剂也耐腐蚀。由于 Al 的氧化膜能溶于强酸和强碱中，所以，在还原性环境和强酸强碱中，Al 是不耐腐蚀的。例如，在盐酸、氢氟酸、稀硫酸、稀硝酸和碱溶液中，Al 都不耐腐蚀。但 Al 在浓硝酸和发烟浓硫酸中则十分稳定。这是因为这些介质氧化性很强，能使 Al 表面生成致密而稳定的氧化膜。Al 在浓硝酸的稳定性比铬镍不锈钢还高，如图 6-4 所示。所以，通常都是用纯铝来制造浓硝酸的生产设备。

氧离子和气体卤素离子对氧化膜有破坏作用，使 Al 产生点腐蚀，特别是在酸性介质中更为明显。如浓硝酸含有 Cl^-时，Al 会发生强烈腐蚀。

Al 的耐蚀性除与 Al 表面的保护膜有关外，还与 Al 的纯度有很大关系。杂质的存在不但会破坏保护膜的完整性，而且还由于杂质（如 Fe、Cu 等）的电极电位比 Al 高，成为腐蚀电池的阴极而使 Al 遭到腐蚀。所以，制造一些重要的化工设备，如浓硝酸的高压釜、漂白塔、储槽、阀门等，都要采用 99.8%～99.9%的高纯铝。

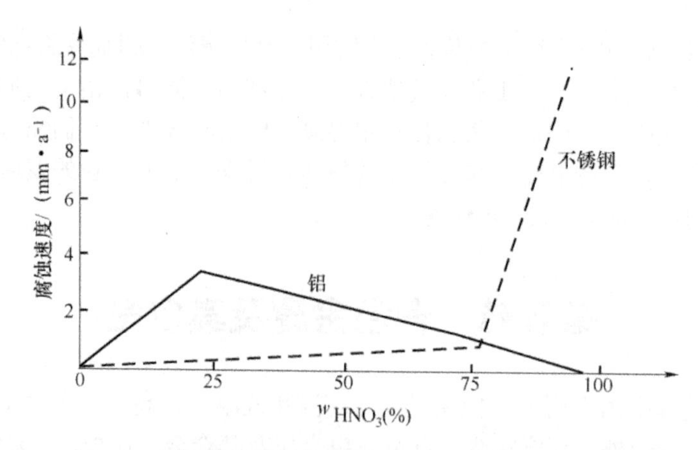

图 6-4　铝及铬镍不锈钢的腐蚀速度与硝酸浓度的关系

Al 还常以衬里或喷镀层方式用于钢铁设备的腐蚀。

铝合金的耐蚀性比 Al 低，而且容易产生点腐蚀、晶间腐蚀和应力腐蚀等，通常是在氧化性介质中使用。在化工生成中应用较多的是防锈铝合金（铝镁合金）和某些铸造铝合金，如铝硅合金。

二、铜及其铜合金

Cu 的密度 8.93 g/cm^3，熔点为 1 283 ℃，Cu 及其合金具有良好的导电性、导热性、塑性和韧性，在某些介质中有较高的化学稳定性，因此在化工生产中应用也较广。

（一）铜的耐蚀性能

Cu 在大气中是稳定的，这是由于腐蚀产物形成了保护层。潮湿的含 SO_2 等腐蚀性气体会加速 Cu 的腐蚀。

Cu 在停滞的海水中也是很耐蚀的，但如果海水的流速增大，保护层较难形成，Cu 的腐蚀会加剧。Cu 在淡水中也很耐蚀，但如果水中溶解了 CO_2 及 O_2，这种具有氧化能力并有微酸性的介质可以阻止保护层的形成，因而将加剧 Cu 的腐蚀。由于 Cu 是正电性金属，因此 Cu 在酸性水溶液中遭受腐蚀时，不会发生析氢反应。

在氧化性介质中 Cu 的耐蚀性较差，如在硝酸中 Cu 迅速溶解。Cu 在常温下低浓度的不含氧的硫酸和亚硫酸中尚稳定，但当硫酸浓度高于 50%、温度高于 60 ℃时，腐蚀加剧，Cu 在浓硫酸中迅速溶解。所以处理硫酸的设备、阀门等的零部件一般均不用 Cu。Cu 在很稀的盐酸中，没有氧或氧化剂时尚耐蚀，随着温度和浓度的增高，腐蚀加剧，如果有氧或氧化剂存在则腐蚀更为剧烈。

在碱溶液中 Cu 耐蚀，在苛性碱溶液中也稳定，氨对 Cu 的腐蚀剧烈，因为转入溶液的铜离子会形成铜氨配位离子。

在 SO_2、H_2S 等气体中，特别是在潮湿条件下 Cu 遭受腐蚀。

由于 Cu 的强度降低，铸造性能也较差，因而常添加一些合金元素来改善这些性能。不少铜合金的耐蚀性也比纯铜好。

（二）铜合金的耐蚀性能

1. 黄铜

黄铜是一系列的铜锌合金。黄铜的力学性能和压力加工性能较好。一般情况下耐蚀性与Cu接近，但在大气中耐蚀性比Cu好。

为了改善黄铜的性能，有些黄铜除Zn以外还加入Sn、Al、Ni、Mn等合金元素成为特种黄铜。例如含Sn的黄铜，加入Sn的主要作用是为了降低黄铜脱Zn的倾向及提高在海水中的耐蚀性，同时还加入少量的Sb、As或P可进一步改进合金的抗脱Zn性能；这种黄铜广泛用于海洋大气及海水中作结构材料，因而又称为海军黄铜。

黄铜在普通环境中（如水、水蒸气、大气中），在应力状态下可能产生应力腐蚀破裂。黄铜弹壳的破裂就是最早出现的应力腐蚀破裂（又叫黄铜季裂），动力装置中黄铜冷凝管也出现破裂问题。此外，氨（或从按类分解出来的氨）是使铜合金（黄酮和青铜）破裂的腐蚀剂。对黄铜来说，其耐破裂性能随含铜量的增加而增强。由于黄铜制件中的应力大多来源于冷加工产生的残余应力，因而可通过退火消除这种残余应力以解决破裂中的应力因素。

2. 青铜

青铜是Cu与Sn、Al、Si、Mn及其他元素所形成的一系列合金，用得最广泛的是锡青铜，通常所说的青铜就是指的锡青铜。锡青铜的力学性能、耐磨性。铸造性及耐蚀性良好，是中国历史上最早使用的金属材料之一。锡青铜在稀的非氧化性酸以及盐类溶液中有良好的耐蚀性，在大气及海水中很稳定，但在硝酸、氧化剂及氨溶液中则不耐蚀。锡青铜有良好的耐冲刷腐蚀性能，因而主要用于耐磨、耐冲刷腐蚀的泵壳、轴套、阀门、轴承、旋塞等。

锡青铜的强度高，耐磨性好，耐蚀性和抗高温氧化性良好，它在海水中耐空泡腐蚀及腐蚀疲劳性能比黄铜优越，应力腐蚀破裂的敏感性也较黄铜小，此外还有铜镍、铜铍等许多种类的铜合金。

三、镍及镍合金

Ni的密度为8.907 g/cm^3，熔点1 450 ℃，Ni的强度高，塑性、延展性好，可锻性强，易于加工，Ni及其合金具有非常好的耐蚀性。由于Ni基合金好具有非常好的高温性能，所以发展了许多Ni基高温合金以适应现代科学技术发展的需要。Ni的电极电位$E^0_{Ni/Ni}$=−0.25 V。

（一）镍的耐蚀性能

概括地说，Ni的耐蚀性在还原性介质中较好，在氧化性介质中较差。Ni的突出的耐蚀性是耐碱，它在各种浓度和各种温度的苛性碱溶液或烧融碱中都很耐蚀。但在高温（300～500 ℃）、高浓度（75%～98%）的苛性碱中，没有退火的Ni易产生晶间腐蚀，因此使用前要进行退火处理。当烧碱中含S时，可加速Ni的腐蚀。含Ni的钢种在碱性介质中都耐蚀，就是因为Ni在浓碱液中可在钢的表面上生成一层黑色保护膜而具有耐蚀性。

Ni在大气、淡水和海水中都很耐蚀。但当大气中含SO_2则能使Ni在晶界生成硫化物，影响其耐蚀性。

Ni在中性、酸性及碱性盐类溶液中的耐蚀性很好；但在酸性溶液中，当有氧化剂存在时，会对Ni的腐蚀起到剧烈加速作用。在氧化性酸中，Ni迅速溶解；Ni对室温时浓度为80 %以

下的硫酸是耐蚀的，但随温度升高，腐蚀加速。在非氧化性酸中（如室温时的稀盐酸），Ni 尚耐蚀，当温度升高，腐蚀加速；当有氧化剂存在（如向盐酸或硫酸内通入空气）时，腐蚀速度剧增。Ni 在许多有机酸中也很稳定，同时 Ni 离子无毒，可用于制药和食品工业。

（二）镍合金的耐蚀性能

镍合金包括许多种耐蚀、耐热或既耐蚀又耐热的合金。它们具有非常广泛的用途，在许多重要的技术领域中获得了应用。常用的有以下几种。

1．镍铜合金

镍铜合金包括一系列的含 Ni 70 %左右、含 Cu 30 %左右的合金，即蒙乃尔合金。这类合金的强度比较高，加工性能好，在还原性介质中比 Ni 耐蚀，在氧化性介质中又较 Cu 耐蚀，在磷酸、硫酸、盐酸中，盐类溶液和有机酸中都比 Ni 和 Cu 更为耐蚀。它们在大气、淡水及流动的海水中很耐蚀，但应避免缝隙腐蚀。这类合金在硫酸中的耐蚀性较 Ni 好；在温度不高的稀盐酸中尚耐蚀，温度升高腐蚀加剧。在任何浓度的氢氟酸中，只要不含氧及氧化剂，耐蚀性非常好。在氧化性酸中不耐蚀，蒙乃尔合金在碱液中也很耐蚀。但是在热浓苛碱中，在氢氟酸蒸气中，当处于应力状态下都有产生应力腐蚀破裂的倾向。蒙乃尔合金力学性能、加工性能良好，因价格较高，生产中主要用于制造输送浓碱液的泵与阀门。

2．镍钼铁合金和镍铬钼铁合金

这两个系列的镍合金，称为哈氏合金。哈氏合金包括一系列的 Ni、Mo、Fe 及 Ni、Mo、Cr、Fe 合金，如以 Ni、Mo、Fe 为主的哈氏合金 A 及哈氏合金 B 为例，在非氧化性的无机酸和有机酸中有高的耐蚀性，如耐 70 ℃的稀硫酸，对所有浓度的盐酸、氢氟酸、磷酸等腐蚀性介质的耐蚀性能好；以 NiCrMoFe（还含钨）为主的哈氏合金 C，就是一种既能耐强氧化性介质的腐蚀又耐还原性介质的腐蚀的优良合金。这种合金对强氧化剂（如 $FeCl_3$、$CuCl_2$ 等以及湿氮）的耐蚀性都好，并且对许多有机酸和盐溶液的腐蚀抵抗能力也很强，被认为是在海水中具有最好的耐缝隙腐蚀性能的材料之一。哈氏合金可以用于 1 095 ℃以下氧化和还原气氛中。在相当高的温度下仍有较高的强度，因而可作为高温结构材料。

四、铅及铅合金

Pb 是化工生成中应用最早的金属材料之一。它主要用于硫酸生产中的设备衬里和制造管道、管件等。

Pb 对稀硫酸具有特别好的耐腐蚀性，这是由于 Pb 和稀硫酸中能生成一层稳定而难溶的硫酸铅（$PbSO_4$）保护膜。但在浓硫酸中，特别是在温度较高的情况下，由于 $PbSO_4$ 保护膜被溶解而变得不耐蚀。所以，Pb 只适用于 80 %以下浓度的硫酸。

Pb 对盐酸的耐蚀性不好。虽然室温下 Pb 在浓度小于 10%的盐酸中还可以认为是耐蚀的，但随着盐酸浓度和温度的提高，腐蚀速度也迅速增加。所以，Pb 一般不宜用于盐酸介质。

Pb 在碱溶液中会被腐蚀，并生成可溶性的亚铅酸盐。

由于 Pb 的熔点较低（327 ℃），实际上在 150 ℃左右已开始软化，比较软、机械强度低，所以，不能单独作为结构材料使用，通常是以衬铅或搪铅的形式作为钢铁设备保护层，使用温度不能超过 150 ℃。

在化工生成中常用的铅合金是铅锑合金，俗称硬铅。它的强度和耐磨性都比纯 Pb 好，可用来制造管件、泵壳等。但由于杂质的存在会加速 Pb 的腐蚀，所以，硬铅的耐蚀性不如纯 Pb 好。

由于 Pb 比较昂贵，它的物理机械性能也不太好，施工时毒性较大，所以它的应用受到一定限制。目前，在化工生产中应用的铅材已有许多被硬聚氯乙烯和玻璃钢等非金属材料代替。

五、钛及钛合金

Ti 是轻金属，熔点 1 725 ℃，密度为 4.5 g/cm³，只有 Fe 的 1/2 略强。Ti 和 Ti 合金有许多优良的性能，Ti 的强度高，具有较高的屈服强度和抗疲劳强度，Ti 合金在 450～480 ℃下仍能保持室温时的性能，同时在低温和超低温下也仍能保持其力学性能，随着温度的下降，其强度升高，而延伸性逐渐降低，因而首先被用于航空工业；还由于钛材的耐蚀性好，可耐多种氧化性介质的腐蚀；此外钛材的加工性能好，但其焊接工艺只能在保护性气体中进行。因此，作为一类新型的结构材料，Ti 及其合金在航空、航天、化工等领域日益得到广泛应用。

本章小结

1. 铁碳合金、高硅铸铁、低合金钢、不锈钢、有色金属的耐蚀性能及应用。

2. 一些主要合金元素对耐蚀性的影响：Fe、C、Mn、Si、S、P 等合金元素对铁碳合金的耐蚀性能的影响。

3. 铁碳合金在几种常见介质（中性溶液、酸、盐、气体、有机溶剂）中的耐蚀性。

4. 主要合金元素（Cr、Ni、Mo、C、Mn 和 N、Si、Cu、Ti 和 Nb）对不锈钢耐蚀性的影响。

习题练习

1. 含碳量对铁碳合金在酸中的耐蚀性有何影响？解释为什么在浓硫酸中铸铁的耐蚀性优于碳钢？

2. 简述不锈钢的耐蚀特点。为什么铬不锈钢的成分一般是含铬量高而含碳量低？

3. 指出碳钢合金在下列溶液中的耐蚀性：

（1）30%H_2SO_4；（2）80%H_2SO_4；（3）10%NaCl；（4）3%$CuSO_4$；（5）5%$NaPO_4$

4. 以海水为循环冷却水的热交换器使用普通 18-8 型不锈钢制造有何问题？说明理由。

第七章

非金属材料的耐蚀性能

学习目标

1. 掌握防腐蚀涂料、塑料、玻璃钢、橡胶、硅酸盐材料、不透性石墨的耐蚀性能；
2. 能根据化工生产实际情况选择合适的非金属。

学习重点

1. 各种非金属材料的耐蚀性能。

非金属材料在化工生产中的应用日益广泛，这得益于它们良好的耐蚀性和某些特殊性能。以玻璃纤维增强塑料（FRP）为例，这种非金属材料在化工储罐、管道和反应器的制造中得到了广泛应用。FRP 不仅原料来源丰富、价格相对较低，而且具有出色的耐化学腐蚀性能，能够抵抗多种酸、碱和盐溶液的侵蚀。采用 FRP 等非金属材料制造化工设备，不仅可以大幅度减少不锈钢和有色金属的用量，降低生产成本，而且这些材料的某些性能是金属材料无法替代的。例如，FRP 具有轻质高强、绝缘性好、无电化学腐蚀等优点，使得它在化工领域中的应用具有独特的优势。

然而，与金属材料相比，非金属材料的物理机械性能通常较弱，如强度和刚度较低，耐热性和耐寒性也较差。此外，非金属材料的施工技术相对不够成熟，对材料性能和施工工艺的掌握要求较高。例如，在 FRP 的施工过程中，需要严格控制树脂与固化剂的配比、施工温度和湿度等参数，以确保制品的质量和性能。

目前，对非金属材料腐蚀机理的研究仍处于发展阶段，尤其是在复杂多变的化工环境中。因此，在设计与使用非金属材料时，必须充分了解与分析材料的综合性能，包括其耐蚀性、物理机械性能、耐热性、耐寒性、绝缘性等方面的特点。通过扬长避短，合理选材和优化设计，可以尽可能提高设备的可靠性和耐用性。

非金属材料在化工生产中具有重要的应用价值，深入了解非金属材料的性能特点和应用范围，为化工行业的腐蚀防护和可持续发展提供有力支持。本章主要介绍几种在化工防腐蚀工程中应用较广的非金属材料。

第一节　非金属材料的一般特点

非金属材料与金属材料相比较，具有以下特点。

一、密度小，机械强度低

绝大多数非金属材料的密度都很小，即使是密度相对较大的无机非金属材料（如辉绿岩铸石等）也远小于钢铁。非金属的机械强度较低，刚性小，在长时间的载荷作用下，容易产生变形或损坏。

二、导热性差（石墨除外）

导热、耐热性能差，热稳定不够，致使非金属材料一般不能用作热交换设备（除石墨外），但可用作保温、绝缘材料。同时非金属设备也不能用于温度过高、温度变化较大的环境中。

三、原料来源丰富，价格低廉

天然石材、石灰石等直接取自于大自然，以石油、煤、天然气、石油裂解气等为原料制成的有机合成材料种类繁多，产量巨大，为社会提供大量质优价廉的防腐材料。

四、优越的耐蚀性能

非金属材料的耐蚀性能主要取决于材料的化学组成、结构、孔隙率、环境的变化对材料的影响等。如以 $CaCO_3$ 为主要成分的非金属材料易遭受无机酸腐蚀，但耐碱性良好；以 SiO_2 为主要成分的非金属材料易遭受浓碱的腐蚀，但耐酸性良好。对有机高分子材料来说，一般它们的相对分子质量越大，耐蚀性越好。有机高分子材料的破坏，多数是由于氧化作用引起的，如强氧化性酸（硝酸、浓硫酸）能腐蚀大多数的有机高分子材料。有机溶剂也能溶解很多有机高分子材料。

有时非金属材料的破坏不一定是它的耐蚀性不好，而是由于它的物理、力学性能不好引起的，如温度的骤变、材料的各组成部分线膨胀系数不同、材料的易渗透性或其他方面的原因，都有可能引起材料的破坏。

有些非金属材料长期载荷下的机械强度与短期载荷下所测定的机械强度有较大的差别，在进行设备设计时应充分考虑这种因素。

第二节　防腐蚀涂料

涂料是目前化工防腐中应用最广的非金属材料品种之一。

由于过去的涂料主要是以植物油或采集漆树上的漆液为原料经加工制成的，因而称为油漆。石油化工和有机合成工业的发展，为涂漆工业提供了新的原料来源，如合成树脂、橡胶等。这样，油漆的名字就不够确切了，所以称为涂料是比较恰当的。

一、涂料的种类和组成

（一）涂料的种类

涂料一般可分为油基涂料（成膜物质为干性油类）和树脂基涂料（成膜物质为合成树脂）两类。按施工工艺又可分为底涂、中涂和面涂，底涂是用来防止已清理的金属表面产生锈蚀，

并用它增强涂膜与金属表面的附着力。中涂是为了保证涂膜的厚度而设定的涂层，面涂为直接与腐蚀介质接触的涂层。因此，面涂的性能直接关系到涂层的耐蚀性能。

（二）涂料的组成

涂料的组成大体上可分为三部分，即主要成膜物质，次要成膜物质和辅助成膜物质。

1. 主要成膜物质是油料、树脂和橡胶

在涂料中常用的油料是桐油、亚麻仁油等。树脂有天然树脂和合成树脂。天然树脂主要有沥青、生漆、天然橡胶等；合成树脂的种类很多，常用的有酚醛、环氧、呋喃、过氧乙烯、氟树脂；合成橡胶有氯磺化聚乙烯橡胶、氟橡胶及聚氨酯橡胶等。

2. 次要成膜物质是颜料

颜料除使涂料呈现装饰性外，更重要的是改善涂料的物理、化学性能，提高涂层的机械强度和附着力、抗渗性和防腐蚀性能。颜料分为着色颜料，防锈颜料和体质颜料三种。着色颜料主要起装饰作用；防锈颜料起防蚀作用；体质颜料主要是提高漆膜的机械强度和附着力。

3. 辅助成膜物质

辅助成膜物质只是对成膜的过程起辅助作用。它包括溶剂和助剂两种。

溶剂和稀释剂的主要作用是溶解和稀释涂料中的固体部分，使之成为均匀分散的漆液。涂料敷于基体表面后即自行挥发，常用的溶剂及稀释剂多为有机化合物，如松节油、汽油、苯类、醇类及酮类等。

助剂是在涂料中起某些辅助作用的物质，常用的有催干剂、增塑剂、固化剂、防老剂、流平剂、放沉剂、触变剂等。

涂料的基本组成可用图 7-1 示意。

二、常用的防腐蚀涂料

涂料的种类很多，作为防腐蚀的涂料也有多种，下面是一些常用的防腐涂料。

（一）环氧树脂防腐涂料

环氧树脂具有优良的耐水性、耐化学品性（耐酸、耐碱和有机溶剂），贮存稳定，附着力特别好，适用于海上、海岸、工业区等严重腐蚀环境中钢铁构筑物的涂装，尤其适用于各种贮罐内表面的涂装。根据所用固化剂、改性树脂以及应用形态的不同，通常将环氧树脂防腐蚀涂料分为环氧酯防腐蚀涂料、胺固化环氧防腐蚀涂料、树脂改性环氧防腐蚀涂料、新型环氧防腐蚀涂料（环氧粉末防腐蚀涂料、线形环氧防腐蚀涂料）及其他改性环氧防腐蚀涂料。

环氧树脂是平均每个分子含有两个或两个以上环氧基的热固性树脂。环氧树脂涂料的主要成分是环氧树脂及其固化剂，辅助成分有颜料、填料等。由于环氧树脂具有易加工成型、固化物性能优异等特点，在金属防腐中被广泛应用，通过环氧结构和膨胀单体改性、环氧合金化、填充无机填料等改造后可以制成防腐涂料。环氧树脂涂料具有优良的物理机械性能，具有较强的金属附着力，也具有较好的耐化学药品性和耐油性，尤其是极强的耐

碱性。

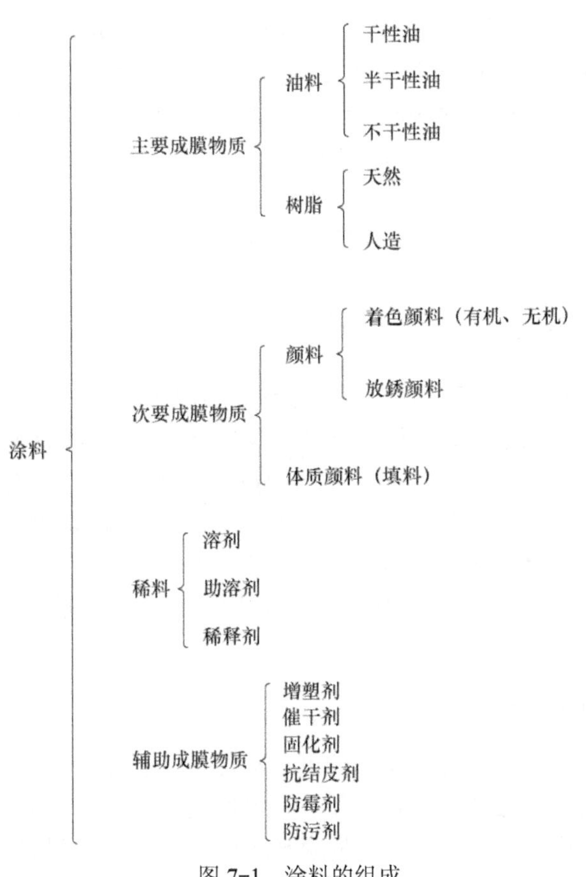

图 7-1　涂料的组成

研究发现，采用极化方法可以实现环氧树脂与不锈钢颜料的最优化组合，生成的环氧粉末涂料可以弥补环氧树脂表面耐磨性差的缺点，因此可直接在露天环境中使用。

为了提高环氧树脂涂料的耐热性，可利用硅酮的耐热性将环氧树脂与少量硅酮树脂混合制成新的耐热防腐涂料。这主要是因为硅酮中—Si—O—Si—的存在使涂料热稳定性较好，而—Si—C—则保证了涂料的固体成分。先将环氧树脂与甲基异丁酮等混合组成溶剂，然后将硅酮树脂加入上述溶剂，再用二甲苯进行稀释，并加入聚酰胺作为固化剂。通过分光镜和电化学显微镜观察可发现涂料的热稳定性有了显著提高，对甲苯、三氯甲苯等溶剂也有良好的抵抗力。环氧树脂涂料在潮湿的环境下防腐能力较差，使用酮亚胺代替常见的聚酰胺、聚胺，由于酮亚胺水解后生成的胺可以与环氧树脂作用，从而达到耐水防腐目的。如果将环氧树脂与氯化橡胶、硅酮树脂共混生成聚合物类型涂料，利用橡胶对水蒸气等腐蚀介质的阻隔性和硅酮的耐高温性，可以用单层涂膜来实现普通多层薄膜的防护功能。

（二）聚氨酯防腐涂料

聚氨酯涂料是一种以聚氨酯树脂为基料，以颜料、填料等为辅料的涂料。聚氨酯涂料对各种施工对象和环境的适应性很强，可以在潮湿环境和底材上施工，也可以在低温下固化。这种涂料有聚醚、聚酯、环氧树脂以及丙烯酸树脂双组分聚氨酯涂料，也有单组分湿固化聚

氨酯涂料。

取聚氨酯作为基体，加入聚四氟乙烯、氧化铁、钛白粉等填料，研制出一种双组分常温固化涂料。以聚氨酯和 γ 线辐照的聚四氟乙烯组成的耐磨防腐涂层，通过用傅里叶红外光谱等分析了涂层表面的化学结构及形貌，发现含有适量的聚四氟乙烯涂料，其涂层表面密实，可富集聚四氟乙烯并与聚氨酯树脂形成牢固的结合，具有良好的耐磨性及抗腐蚀性。另据研究发现，互穿网络防腐涂料性能较好，这种涂料是塑料网络和橡胶网络相互贯穿形成的线穿网络聚氨酯，在常温下，产品对盐水、盐酸、磷酸、硫酸、苛性碱、汽油等具有优良的耐腐蚀性能和物理机械性能。

（三）富锌树脂防腐涂料

含有大量锌粉的涂料称为富锌涂料。富锌涂料包括无机和有机两种类型。无机类富锌涂料使用硅酸烷基酯、碱性硅酸盐为基料；有机类富锌涂料主要使用环氧树脂为基料。前者对金属有极好的防锈和附着力作用，且在耐热性、导电性、耐溶剂性方面都优于后者。

富锌涂料的防腐机理是：在腐蚀的前期，通过锌粉的溶解牺牲对钢铁起阴极保护作用；在其后期，随着锌粉的腐蚀，在呈球形锌粉颗粒中间沉积了许多腐蚀产物，这些致密而微碱性腐蚀产物不导电，填塞了颜料层，阻挡屏蔽腐蚀因子的透过，即后阶段是由屏蔽作用而起防腐蚀效果的。

（四）高固体分防腐涂料

在普通防腐涂料中，一般大约含 40%的可挥发成分，这些涂料大部分为有机溶剂，在施工后会挥发到大气中去，既造成了涂层缺陷，不能满足防腐要求，同时也污染了环境。因此，降低其可挥发组分，提高涂料的固含量，是涂料开发新的研究和发展方向。因此，我们将质量固含量（质量分数）在 80%或体积固含量（体积分数）在 60%以上的涂料称之为高固体分涂料（HSC），其防腐性能优越。目前，国外已研制出固体质量含量高达 95%的防腐涂料，该涂料有优越的性能，已在水电工业和油气田中得到广泛应用，取得了很好的效果。

（五）水性防腐涂料

水性防腐涂料在化工防腐领域扮演着重要角色。它们主要包括环氧、醇酸、丙烯酸、聚氨酯以及无机硅酸锌等多种类型。以某大型化工企业的储罐防腐为例，该企业成功应用了水性环氧涂料和水性无机硅酸锌涂料，显著提升了储罐的防腐性能和使用寿命。

在水性防腐涂料的制造过程中，与传统的溶剂型涂料不同，它们通常不使用有机溶剂，因此其挥发性有机化合物（VOC）含量非常低，甚至可以达到零排放的水平。这种低 VOC 含量的特性使得水性防腐涂料在环保方面具有显著优势，成为当前涂料研究的热点之一。

水性丙烯酸涂料也是工业防腐领域中常用的一种水性防腐涂料。它以其优异的耐候性、保光保色性和施工性能而备受青睐。在某化工园区的管道防腐工程中，水性丙烯酸涂料被广泛应用，有效防止了管道因腐蚀而导致的泄漏事故。

（六）橡胶涂料

橡胶涂料是以天然橡胶衍生物或合成橡胶为主要成膜物的涂料。橡胶涂料具有快干、耐

碱、耐化学腐蚀、柔韧、耐水、耐磨、抗老化等优点，但其固体分低、不耐晒。主要用于船舶、水闸、化工防腐蚀涂装。本章主要讨论氯磺化聚乙烯防腐蚀涂料和氯化橡胶涂料。

1. 氯磺化聚乙烯防腐蚀涂料

氯磺化聚乙烯防腐蚀涂料是以氯磺化聚乙烯橡胶为成膜物加入改性树脂、颜料、填料、溶剂、硫化剂、促进剂等添加剂配制而成的。氯磺化聚乙烯是一种特殊合成橡胶，氯使聚合物具有抗油性并阻燃，氯磺酰基使聚合物在一些金属氧化物（如 PbO、MgO 等）的作用下易于交联。氯磺化聚乙烯主链不含双键，属饱和聚合物，具有优异的综合性能。其耐候性优异，耐氧化性、耐臭氧性相当于丁苯橡胶的 10 倍；具有极好的耐化学品性，对 240 多种介质都很稳定；耐水性好，对水蒸汽的渗透有良好的阻隔性；耐热（130～160 ℃）；耐低温（−55～−62 ℃）。

2. 氯化橡胶防腐蚀涂料

氯化橡胶是由天然橡胶经过炼解或异戊二烯橡胶溶于四氯化碳中，通氯气而制得的白色多孔性固体物质。氯化橡胶分子结构饱和，无活性化学基团，耐候性及化学稳定性好，对酸、碱有一定的耐腐蚀性，水蒸汽渗透性低，耐水性、耐盐水性、盐雾性好，与富锌漆配合，具有长效防腐蚀性能，并可制成厚膜涂料。氯化橡胶的热分解温度为 130 ℃，但在潮湿环境下 60 ℃即开始分解，因此使用温度不能高于 60 ℃。由于其含氯量高，阻燃性好，且在潮湿条件下可防霉。工业生产的氯化橡胶一般含氯量为 67 %，单独用于涂料时，漆膜较脆，附着力不好，不耐紫外线，易老化，在配方中加入天然树脂或合成树脂、颜料、增塑剂、稳定剂等进行改性，可提高涂层的物理性能。

三、重防腐涂料

（一）鳞片玻璃重防腐涂料

鳞片玻璃是指厚度为 3～4 μm 的鳞片状薄玻璃制品。据介绍，这种薄片鱼鳞形玻璃主要用于合成树脂的混合材料和防腐蚀涂料等领域，作为重要添加剂材料之一，配合使用的底层树脂有环氧类和聚酯类等树脂。一般在厚度为 1 mm 的涂料层中有 120～150 片层层相叠的鱼鳞状玻璃鳞片。它可以防止腐蚀性离子和雨水的浸透。在使用这种鳞片玻璃涂料时，都要在钢材等金属物体表面预先涂搜上一层处理基底的打底材料，然后再涂布上一层 200～1 000 μm 厚的鳞片玻璃涂料。

玻璃鳞片实际上是一种极薄的玻璃碎片。它是用特殊的玻璃（国外称 C 玻璃，国内称碱玻璃）经 1 000 ℃以上的高温熔融，再经吹制变得很薄，然后骤冷，最后经破碎、筛选分级而成。玻璃是无机材料，它的组成决定了具有优良的耐化学品性及抗老化性等性能；由于它很薄，能与涂层重叠平行排列，形成致密的防渗层，有效地提高了涂层的抗渗透能力。涂层中玻璃鳞片的大量存在，不仅减少了涂层与底材之间的热膨胀系数之差，而且也明显降低了涂层的固化收缩率，因此，存在于涂层与底材之间的内应力也随之减少，这不但有利于抑制涂层龟裂、剥落等现象，更可确保涂层发挥其优异的附着力与抗冲击作用。涂层中的玻璃鳞片与树脂紧密黏结，提高了涂层的坚韧度，使涂层具有优良的耐蚀性。此外，涂层中层层排列的玻璃鳞片，可形成多层的镜面反射，从而减少了紫外线对涂层中高分子树脂的破坏作用，

延长了涂层的使用寿命。将玻璃鳞片以高浓度分散在基料中制成的涂料，所用基料有环氧、环氧沥青、不饱和树脂、聚氨酯树脂等，因其隔离能力强，适用于腐蚀非常严重的海中和海浪飞溅区的钢构筑物上。

（二）环氧重防腐涂料

环氧重防腐涂料是以环氧树脂为漆基，用特种橡胶和煤焦沥青、石油树脂等加以改性，加入颜料、填料、助剂及固化剂而制成的双组分重防腐涂料。该重防腐涂料具有卓越的耐酸、碱、盐腐蚀性，耐大气腐蚀和耐磨损，涂层附着力强，收缩率低，机械性能高，无针孔，电绝缘性能好。该产品适用于港口工程，水利水电工程，海洋石油钻井平台，船舶设施，油气田输油、气、水管道地下穿越管道，城市自来水、煤气管道，矿山和矿井下设施，机车车辆等钢结构和钢筋混凝土结构的防腐。

（三）富锌涂料

富锌涂料是一种含有大量活性填料——锌粉的涂料。这种涂料一方面由于锌的电位较负，可起到牺牲阳极的阴极保护作用，另一方面在大气腐蚀下，锌粉的腐蚀产物比较稳定且可起到封闭、堵塞涂膜孔隙的作用，所以能得到较好的保护效果。富锌涂料用作底层涂料，结合力较差，所以涂料对金属表面清理要求较高。为延长其使用寿命，可采用相配套的重防腐中间涂料和面层涂料与之匹配，达到长效防护的目的。

（四）厚浆型耐蚀涂料

该涂料是以云母氧化铁为颜料配制的涂料，一道涂膜厚度可达 30～50 μm，涂料固体含量高，涂膜孔隙率低，刷四道以上总膜厚可达 150～250 μm，可用于相对苛刻的气相、液相介质。成膜物质通常选用环氧树脂、氯化橡胶、聚氨酯—丙烯酸树脂等。在工业上主要用于储罐内壁、桥梁、海洋设施等混凝土及钢结构表面。

第三节 塑 料

一、塑料的定义及特性

（一）塑料的定义

塑料是以合成树脂为主要原料，再加入各种助剂和填料组成的一种可塑制成型的材料。

（二）塑料的特性

1. 质轻

塑料的密度大多在（0.8～2.3）$\times 10^3$ kg/m^3 之间，只有钢铁的 1/8～1/4。这一特点，对于要求减轻自重的设备具有重要的意义。

2. 优异的电绝缘性能

各种塑料的电绝缘性能都很好，是电机、电器和无线电、电子工业中不可缺少的绝缘材料。

3．优良的耐蚀性能

很多塑料在一般的酸、碱、盐、有机溶剂等介质中均有良好的耐蚀性能。特别是聚四氟乙烯塑料更为突出，甚至连“王水”也不能腐蚀它。塑料这一性能，使它们在化学工业中有着极为广泛的用途，可作为设备的结构材料、管道和防腐衬里等。

4．良好的成型加工性能

绝大多数塑料成型加工都比较容易，而且形式多种多样，有的可采用挤压、模压、注射等成型方法，制造多种复杂的零部件，不仅方法简单，而且效率也高。有的可像金属一样，采用焊、车、刨、铣、钻等方法进行加工。

5．热性能较差

多数塑料的耐热性能较差，且导热性不好，一般不宜用作换热设备；热膨胀系数大，制品的尺寸会受温度变化的影响。

6．力学性能差

一般塑料的机械强度都较低，特别是钢性较差。在长时间载荷作用下会产生破坏。

7．易产生自然老化

塑料在存放或户外使用过程中，因受日照和大气作用，性能会逐渐变劣，如强度下降、质地变脆、耐蚀性能降低等。

二、塑料的组成

塑料的主要成分是树脂，它是决定塑料物理、力学性能和耐蚀性能的主要因素。树脂的品种不同，塑料的性质也就不同。

为改善塑料的性能，除树脂外，塑料中还常加有一定比例的添加剂，以满足各种不同的要求。塑料的添加剂主要有以下几种。

（一）填料

填料又叫填充剂，对塑料的物理、力学性能和加工性能都有很大的影响，同时还可减少树脂的用量，从而降低塑料的成本。常用的填料有玻璃纤维、云母、石墨粉等。

（二）填塑剂

填塑剂能增加塑料的可塑性、流动性和柔软性，降低脆性并改善其加工性能，但使塑料的刚度减弱，耐蚀性降低。因此用于防腐蚀的塑料，一般不加或少加增塑剂。常用的增塑剂有邻苯二甲酸二丁酯、邻苯二甲酸二辛酸、磷酸三丁酯等。

（三）稳定剂

稳定剂能增强塑料对光、热、氧等老化作用的抵抗力，延长塑料的使用寿命。常用的稳定剂有硬脂酸钡、硬脂酸铅等。

（四）润滑剂

润滑剂能改善塑料加热成型时的流动性和脱膜性，防止黏膜，也可使制品表面光滑。常

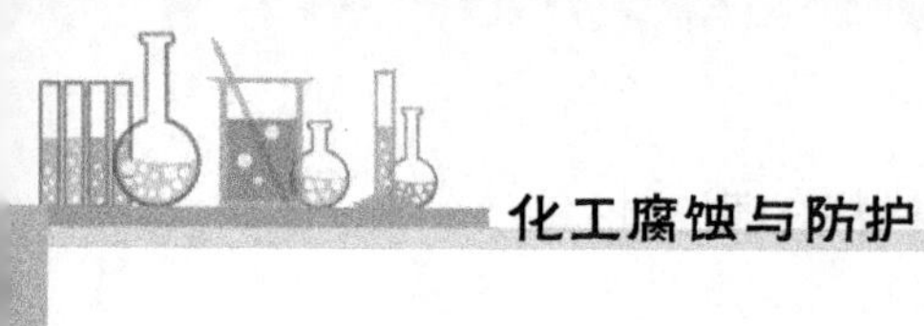

用的润滑剂有硬脂酸盐、脂肪酸等。

（五）着色剂

着色剂能增加制品美观及适应各种要求。

（六）其他

除上述几种添加剂外，为满足不同要求还可以加入其他种类的添加剂。如为使树脂固化，需用固化剂；为增加塑料的耐燃性，或使之自熄，需加入阻燃剂；为制备泡沫塑料，需用发泡剂；为消除塑料在加工、使用中因摩擦产生静电，需加入抗静电剂；为降低树脂黏度、便于施工，可加入稀释剂等。

三、塑料的分类

塑料的种类很多，分类的方法也不尽相同，最常用的分类方法是按它们受热后的性能变化，将塑料分为两大类。

（一）热固性塑料

以缩聚类树脂为基本成分，加入填料、固化剂等其他添加剂制成的。这类塑料在一定温度条件下，固化成型后变为不熔状态，受热不会软化，强热后分解被破坏，不可反复塑制。以环氧树脂、酚醛树脂及呋喃树脂制得的塑料等即属这类塑料。

（二）热塑性塑料

以聚合类树脂为主要成分，加入少量的稳定剂、润滑剂或增塑剂，加入（或不加）填料制取而成的。这类塑料受热软化，具有可塑性，且可反复塑制。聚氯乙烯、聚乙烯、聚丙烯、氟塑料等属于这类塑料。

四、聚氯乙烯塑料（PVC）

聚氯乙烯塑料是以聚氯乙烯树脂为主要原料，加入填料、稳定剂、增塑剂等辅助材料，经捏合、混凝及加工成型等过程而制得的。

根据增塑剂的加入量不同，聚氯乙烯塑料可分为两类，一般在 100 份（质量比）聚氯乙烯树脂中加入 30～70 份增塑剂的称为软聚氯乙烯塑料，不加或只加 5 份以下增塑剂的称为硬聚氯乙烯塑料。

（一）硬聚氯乙烯塑料

硬聚氯乙烯塑料是中国发展最快，应用最广的一种热塑性塑料。由于硬聚氯乙烯塑料具有一定的机械强度，且焊接和成型性能良好，耐腐蚀性能优越。因此，已成为化工、石油、冶金、制药等工业中常用的一种耐蚀材料。

1．物理、力学性能

表 7-1 列出了硬聚氯乙烯塑料的物理、力学性能。

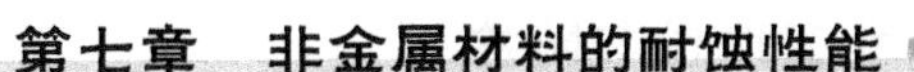

表 7-1 硬聚氯乙烯塑料 20 ℃时的物理力学性能

性能指标	单位	数值	性能指标	单位	数值
密度	g/cm^3	1.4～1.5	抗冲击强度	J/cm^2	>15
热导率	Kcal/（m·h·℃）	0.12～0.13	断裂伸长率	%	34
线胀系数	$℃^{-1}$	（5～6）$\times10^{-5}$	布氏硬度	HB	15～16
马丁耐热度	℃	65	弹性模量	MPa	3 200
短时抗拉强度	MPa	≥50			

从表中数据可以看出，硬聚氯乙烯塑料的物理、力学性能在非金属材料中，可以说是相当优越的。但是，这些数据都是在 20 ℃时短期载荷的情况下的测定结果。随着环境温度的变化和载荷时间的延长，硬聚氯乙烯塑料的力学性能也将随之而起变化。因此，在计算受长期载荷和较高或较低温度条件下运行的设备时，许用应力的选取，必须充分考虑上述因素。

硬聚氯乙烯塑料的强度与温度之间的关系非常密切，一般情况下只有在 60 ℃以下方能保持适当的强度；在 60～90 ℃时强度显著较低；当温度高于 90 ℃时，硬聚氯乙烯塑料不宜用作独立的结构材料。当温度低于常温时，硬聚氯乙烯塑料的冲击韧性随温度降低而显著降低，因此当采用它制作承受冲击载荷的设备、管道时，必须充分注意这一特点。

2．耐腐蚀性能

硬聚氯乙烯塑料具有优越的耐腐蚀性能，总的来说，除了强氧化剂（如浓度大于 50%的硝酸、发烟硫酸等）外，硬聚氯乙烯塑料能耐大部分酸、碱、盐类，在碱性介质中更为稳定。在有机介质中，除芳香族碳氢化合物、氯代碳氢化合物和酮类介质、醚类介质外，硬聚氯乙烯塑料不溶于许多有机溶剂。

硬聚氯乙烯塑料的耐蚀性能与许多因素有关，温度越高，介质向硬聚氯乙烯内部扩散的速度就越快，腐蚀就越厉害；作用于硬聚氯乙烯的应力越大，腐蚀速度也越快。

目前对硬聚氯乙烯塑料的耐蚀性能尚无统一的评定标准。一般可根据其外观、体积、质量和力学性能的变化，加上实际生产中的应用情况，综合起来加以评定。

3．加工性能

硬聚氯乙烯塑料可以切削加工，也可以焊接。它的焊接不同于金属的焊接，它不用加热到流动状态，也不形成熔池，而只是把塑料表面加热到黏稠状态，在一定压力的作用下黏合在一起。目前用得最普遍的仍是电热空气加热的手工焊。这种方法焊接缝一般强度较低也不够安全，因此焊缝系数的选取需视具体情况而定。

4．硬聚氯乙烯塑料在化工防腐中的应用

由于硬聚氯乙烯塑料具有一定的机械强度，成型加工及焊接性能良好，且具有优越的耐蚀性能。因此在化学工业中被广泛用作生产设备、管道的结构材料，如塔器、储罐、电除雾器、泵和风机以及各种口径的管道等。20 世纪 60 年代用硬聚氯乙烯塑料制造的硝酸吸收塔，自投产至今，腐蚀轻微，效果良好。另外在氯碱行业中已成功地应用硬聚氯乙烯塑料制造氯气干燥塔；在硫酸生成净化过程中，已成功地应用了硬聚氯乙烯塑料电除雾器等。近年来，人们对聚氯乙烯做了许多改性研究工作，如玻璃纤维增强聚氯乙烯塑料，就是在聚氯乙烯树脂加工时，加入玻璃纤维进行改性，以提高其物理机械性能；又如导热聚氯乙烯，就是用石墨来改性，以提高导热性能等等。

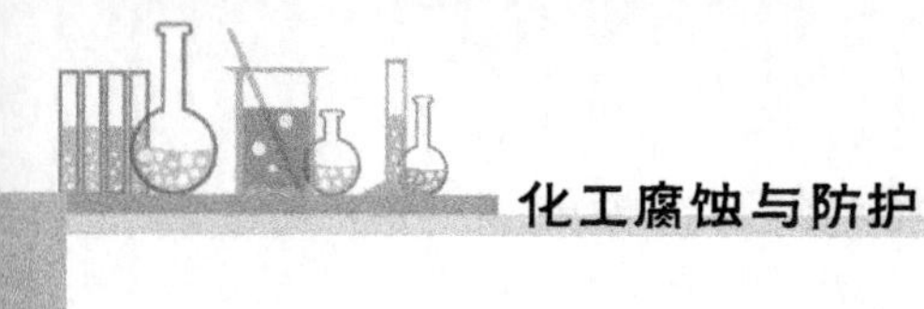

（二）软聚氯乙烯塑料

软聚氯乙烯因其增塑剂的加入量较多，所以其物理、力学性能及耐腐蚀性能均比硬聚氯乙烯要差。

软聚氯乙烯质地柔软，可制成薄膜、软管、板材以及许多日用品；可用作电线电缆的保护套管、衬垫材料，还可用作设备衬里或符合衬里的中间防渗层。

五、聚乙烯塑料（PE）

聚乙烯是乙烯的聚合物，按其生产方法可分为高压聚乙烯、中压聚乙烯和低压聚乙烯。

（一）聚乙烯的物理、力学性能

聚乙烯塑料的强度、刚度均远低于硬聚氯乙烯塑料，因此不适宜作单独的结构材料，只能用作衬里和涂层。

聚乙烯塑料的使用温度与硬聚氯乙烯塑料差不多，但聚乙烯塑料的耐寒性好。

（二）聚乙烯的耐腐蚀性能

聚乙烯有优越的耐腐蚀性能和耐溶剂性能，对非氧化性酸（盐酸、稀硫酸、氢氟酸等）、稀硝酸、碱和盐类均有良好的耐蚀性。在室温下，几乎不被任何有机溶剂溶解，但脂肪烃、芳烃、卤代烃等能使它溶胀；而溶剂去除后，它又恢复原来的性质。聚乙烯塑料的主要缺点是较易氧化。

（三）成型性能

（1）结晶料，吸湿小，不须充分干燥，流动性极好，流动性对压力敏感，成型时宜用高压注射、料温均匀，填充速度快，保压充分，宜用直接浇口，以防收缩不均，内应力增大。注意选择浇口位置，防止产生缩孔和变形。

（2）收缩范围和收缩值大，方向性明显，易变形翘曲。冷却速度宜慢，模具设冷料穴，并有冷却系统。

（3）加热时间不宜过长，否则会发生分解、灼伤。

（4）软质塑件有较浅的侧凹槽时，可强行脱模。

（5）可能发生融体破裂，不宜与有机溶剂接触，以防开裂。

（四）聚乙烯塑料的应用

聚乙烯塑料广泛应用于农用薄膜、电气绝缘材料、电缆保护材料、包装材料等。聚乙烯塑料可制成管道、管件及机械设备的零部件，其薄板也可用作金属设备的防腐衬里。聚乙烯塑料还可用作设备的防腐涂层。这种涂层就是把聚乙烯加热到熔融状态使其黏附在金属表面，形成防腐保护层。聚乙烯涂层可以采用热喷涂的方法制作，也可采用热浸涂方法制作。

六、聚丙烯塑料（PP）

聚丙稀是丙烯的聚合物。近年来，聚丙烯的发展速度很快，是一种大有发展前途的防腐

材料。

（一）物理、力学性能

聚丙烯塑料是目前商品塑料中密度最小的一种，其密度只有 0.9～0.91 g/cm^3，虽然聚丙烯塑料的强度及刚度均小于硬聚氯乙烯塑料，但高于聚乙烯塑料，且其比强度大，故可作为独立的结构材料。

聚丙稀塑料的使用温度高于聚氯乙烯和聚乙烯，可达 100 ℃，如不受外力作用，在 150 ℃时还可以保持不变形。但聚丙烯塑料的耐寒性较差，温度低于 0 ℃，接近−10 ℃时，材料变脆，抗冲击强度明显降低。另外，聚丙烯的耐磨性也不好。

（二）耐蚀性能

聚丙烯塑料有优良的耐腐蚀性能和耐熔性能。除氧化性介质外，聚丙烯塑料能耐几乎所有的无机介质，甚至到 100 ℃都非常稳定。在室温下，聚丙烯塑料除在氯代烃、芳烃等有机介质中产生溶胀外，几乎不溶解于所有的有机溶剂。

（三）应用

聚丙烯塑料可用作化工管道、储槽、衬里等，还可用作汽车零件、医疗器械、电器绝缘材料、食品和药品的包装材料等。若用各种无机填料增强，可提高其机械强度及抗蠕变性能，用于制造化工设备。若用石墨改性，可制成聚丙烯热交换器等，如图 7-2 所示。

图 7-2　石墨改良聚丙烯列管换热器

第四节　玻　璃　钢

玻璃钢又称玻璃纤维增强塑料，俗称 FRP（Fiber Reinforced Plastics），即纤维增强复合塑料。根据采用的纤维不同分为玻璃纤维增强复合塑料（GFRP），碳纤维增强复合塑料（CFRP），硼纤维增强复合塑料等。它是以玻璃纤维及其制品（玻璃布、带、毡、纱等）作为增强材料，以合成树脂作基体材料的一种复合材料。纤维增强复合材料是由增强纤维和基体组成。纤维（或晶须）的直径很小，一般在 10 μm 以下，缺陷较少又较小，断裂应变约为 30‰以内，是脆性材料，易损伤、断裂和受到腐蚀。基体相对于纤维来说，强度、模量都要低很多，但可以经受住大的应变，往往具有黏弹性和弹塑性，是韧性材料。

一、玻璃钢产品分类

（一）玻璃钢罐

玻璃钢罐包括玻璃钢储罐（图 7-3），盐酸储罐，硫酸储罐，反应罐，防腐储罐，化工储罐，运输储罐，食品罐，消防罐等。

图 7-3　玻璃钢储罐

（二）玻璃钢管

玻璃钢管包括玻璃钢管道，玻璃钢夹砂管，玻璃钢风管，玻璃钢电缆管，玻璃钢顶管，玻璃钢工艺管等。

（三）塔器

塔器包括干燥塔，洗涤塔，脱硫塔（图 7-4），酸雾净化塔，交换柱等；

卫生间：卫生间底盘，卫生间顶板。

图 7-4　玻璃钢脱氮脱硫除尘器

（四）其他

玻璃钢产品还包括角钢，线槽，拉挤型材，三通，四通，玻璃钢格栅等。

二、玻璃钢主要原材料

（一）用作黏结剂的合成树脂

1. 环氧树脂

环氧树脂是指含有两个或两个以上的环氧基团的一类有机高分子聚合物。环氧树脂的种类很多，以二酚基丙烷（简称双酚 A）与环氧氯丙烷缩聚而成的双酚 A 环氧树脂应用最广。化工防腐中常用的环氧树脂型号为 6101（E-44）、634（E4-2），均属此类。

1）环氧树脂的固化

环氧树脂可以热固化，也可以冷固化。工程上多用冷固化方法固化。环氧树脂的冷固化是在环氧树脂中加入固化剂后成为不熔的固化物，只有固化后的树脂才具有一定的强度和优良的耐腐蚀性能。

环氧树脂的固化剂种类有很多，有胺类固化剂、酸酐类固化剂、合成类树脂固化剂等，最常用的为胺类固化剂，如脂肪胺中的乙二胺和芳香胺中的间苯二胺。这些固化剂都有毒性，使用时应加强防护措施。胺加成物固化剂有：二乙烯三胺与环氧丙烷丁基醚的加成物；间苯二胺与环氧丙烷苯基醚的加成物；乙二胺与环氧乙烷的加成物等。这些加成物一般具有使用方便、毒性小的优点。其他类型固化剂目前在防腐工程中应用还不多，许多固化剂虽可在室温下使树脂固化，然而一般情况下，加热固化所得制品的性能比室温固化要好，且可缩短工期。所以，在可能条件下，以采用热固化为宜。

2）环氧树脂的性能

固化后的环氧树脂具有良好的耐腐蚀性能，能耐稀酸、碱以及多种盐类和有机溶剂，但不耐氧化性酸（如浓硫酸、硝酸等）。

环氧树脂具有很强的黏结力，能够黏结金属、非金属等多种材料。

固化后的环氧树脂具有良好的物理、力学性能，许多主要指标比酚醛、呋喃等优越。但其使用温度较低，一般在 80 ℃以下使用。环氧树脂的工艺性能良好。

2. 酚醛树脂

酚醛树脂以酚类和醛类化合物为原料，在催化剂的作用下缩合制成的。根据原料的比例和催化剂的不同可得到热塑性和热固性两类。在化工防腐中用的玻璃钢一般采用热固性酚醛树脂。

1）酚醛树脂的固化

热固性酚醛树脂要达到完全固化，一般要经过 A、B、C 三个阶段。A 阶段树脂表现出可溶性质，即易溶于乙醇和丙醇，常温下具有流动性；B 阶段是树脂固化的中间形态，常温下已不溶于乙醇和丙醇，加热时变软；C 阶段是树脂固化的最终状态，是不溶不熔的固体产物。

热固性酚醛树脂长期存放，自己亦会达到 C 阶段，但这种固化过程到最后是非常缓慢的，在常温下很难达到完全固化，所以必须采用加热固化。加入固化剂能使它缩短固化时间，并能在常温下固化。

用于酚醛树脂的固化剂一般为酸性物质，因此施工时应注意不宜将加有酸性固化剂的酚醛树脂直接涂覆在金属或混凝土表面上，中间应加隔离层。常用的固化剂有苯磺酰氯、对甲苯磺酰氯、硫酸乙酯等，这些固化剂有的有毒，挥发出来的气体刺激性大，施工时应加强防

护措施。就其性能而言，它们各有特点。为了取得较佳效果也常使用复合固化剂，如对甲苯磺酰氯与硫酸乙酯等。用桐油钙松香改性可以改善树脂固化后的脆性。

2）酚醛树脂的性能

酚醛树脂在非氧化性酸（如盐酸、稀硫酸等）及大部分有机酸、酸性盐中很稳定，但不耐碱和强氧化性酸（如硝酸、浓硫酸等）的腐蚀。对大多数有机溶剂有较强的抗溶解能力。

酚醛树脂的耐热性比环氧树脂好，可达到 120～150 ℃，但酚醛树脂的脆性大，附着力差，抗渗性不好。

3．呋喃树脂

呋喃树脂是指分子结构中含有呋喃环的树脂。常见的种类有糠醇树脂、糠醇—丙酮树脂、糠醇—丙酮—甲醛树脂等。

1）呋喃树脂的固化

呋喃树脂的固化可用热固化，也可采用冷固化。工程上常用冷固化。

呋喃树脂对固化剂的酸度要求更高，所以在施工时同样应注意不能和金属或混凝土表面接触，中间应加隔离层，也应加强劳动保护。

2）呋喃树脂的性能

呋喃树枝在非氧化性酸（如盐酸、稀硫酸等）、碱、较大多数有机溶剂中都很稳定，可用于酸、碱交替的介质中，其耐碱性尤为突出，耐溶剂性能较好。呋喃树脂不耐强氧化性酸的腐蚀。

呋喃树脂的耐热性很好，可在 160 ℃的条件下应用。但呋喃树脂固化时反应剧烈、容易起泡，且固化后性脆、易裂。可加环氧树脂进行改性。

4．聚酯树脂

聚酯树脂是指多元酸或多元醇的缩聚产物，用于玻璃钢的聚酯树脂是由不饱和二元酸（或酸酐）和二元醇缩聚而成的线型不饱和聚酯树脂。

1）不饱和聚酯树脂的固化

不饱可聚酯树脂的固化是在引发剂存在下与交联剂反应，交联固化成体型结构。

可与不饱和聚酯树脂发生交联反应的交联剂为含双键的不饱和化合物，如苯乙烯等。用作引发剂的通常是有机过氧化物，如过氧化苯甲酰、过氧化环已酮等。由于它们都是过氧化物，具有爆炸性，为安全起见，一般都掺入一定量的增塑剂（如邻笨二甲酸二丁酯等）配成糊状物使用。为促进反应完全，还需加入促进剂。促进剂的种类很多，不同的引发剂要不同的促进剂配套使用，常见的促进剂有二甲基苯胺、萘酸钴等。

不饱和聚酯树脂的整个固化过程也包括三个阶段，即：

（1）凝胶——从黏流态树脂到失去流动性生成半固体状有弹性的凝胶；

（2）定型——从凝胶到具有一定硬度和固定形态，可以从模具上将固化物取下而不发生变形；

（3）熟化——具有稳定的化学、物理性能，达到较高的固化度。

不饱和聚酯树脂可在室温下固化，且具有固化时间短、固化后产物的结构较紧密等特点，因此不饱和聚酯树脂与其他热固性树脂相比具有最佳的室温接触成型的工艺性能。

2）不饱和聚酯树脂的性能

不饱和聚酯树脂在稀的非氧化性无机酸和有机酸、盐溶液、油类等介质中的稳定性较好，

但不耐氧化性酸、多种有机溶剂、碱溶液的腐蚀。

不饱和聚酯树脂主要用作玻璃钢。聚酯树脂钢加工成型容易，机械性能仅次于环氧玻璃钢，是玻璃钢中用得最多的品种。由于它的耐蚀性不够好，所以在某些强腐蚀性环境中，有时用它作为外面的加强层，里面则用耐蚀性较好的酚醛、呋喃或环氧玻璃钢。

（二）玻璃纤维及其制品

玻璃纤维及其制品是玻璃钢的重要成分之一，在玻璃钢中起骨架作用，对玻璃钢的性能及成型工艺有显著的影响。

玻璃纤维是以玻璃为原料，在熔融状态下拉丝而成的。质地柔软，可制成玻璃布或玻璃等织物。

玻璃纤维的抗拉强度高，耐热性好，可用到 400 ℃以上；耐腐蚀性好，除氢氟酸、热浓磷酸和浓碱外能耐绝大多数介质；弹性模量较高。但玻璃纤维的延伸率较低，脆性较大。

玻璃纤维按其所用玻璃的化学组成不同可分为有碱、无碱和低碱等几种类型。在化工防腐中无碱和低碱的玻璃纤维用得较多。

玻璃纤维还可根据其直径或特性分为粗纤维、中级纤维、高级纤维、超级纤维；长纤维、短纤维、有捻纤维、无捻纤维等。

玻璃纤维的品种很多，不同的品种用于不同的施工工艺，如无捻粗纱，主要用于缠绕工艺；短切纤维，用于模压工艺；纤维毡，主要用于手糊、模压工艺等。

三、玻璃钢的施工工艺

玻璃钢的施工方法主要有手糊法、模压法、缠绕法和喷射法 4 种。按玻璃纤维及其制品浸渍树脂的状态不同，又可分为干法成型和湿法成型，也可按成型过程中所加压力不同，有高低压之分。施工法一般应根据玻璃钢制品性能的要求、结构形状、所采用的树脂胶液和玻璃钢增强材料等因素来选择。

手糊法和喷射法都属于湿法成型；缠绕法为湿法；模压法则以干法为多。手糊法为低压成型及接触压力成型；模压法属于高压成型，需要施加一定的压力。各种施工方法都有其特点。现将 4 种基本施工方法分别介绍如下。

（一）手糊法属于湿法成型

基本方法是边铺衬玻璃布边涂刷胶黏剂，直至要求层数，固化后即成玻璃制品。它的特点是工艺简单，操作方便，不受制品的形状和尺寸限制，成本底，在防腐工程上主要用于设备内部衬里和外部增强的玻璃钢施工，也常用于大型整体玻璃钢设备的施工。手糊法是目前化工防腐中最常用的一种施工方法。

（二）缠绕法

基本方法是连续的玻璃纤维或玻璃布浸胶液后，用手工或机械连续缠绕在胎膜或内衬上，经固化后即成玻璃钢制品。用干法成型或湿法成型均可。缠绕法的特点是制品的机械强度较高，密度高，质量稳定，可以制得内表面尺寸准确、表面光滑的制品，容易进行机械化施工，效率较高。但需要专用设备，所以施工局限性较大，主要用于制造管道，高压容器和圆筒形设备。

（三）喷射法一种新的施工方法

它的原理是利用喷枪将树脂和固化剂喷成细颗粒，并与玻璃钢纤维切割器喷射出来的短切纤维混合后喷覆在模具表面，再经滚压固化而成。喷射法的主要特点是可以进行半机械化施工，效率较高。缺点是树脂消耗量大，制品机械强度较差，设备复杂，工艺不容易控制，喷枪易堵塞，劳动条件差。适用于大型制品的现场施工，但是，目前在防腐施工中较少采用。

四、玻璃钢的耐蚀性能

一般说来，玻璃钢中的玻璃纤维及其制品的耐蚀性能很好，耐热性能也远好于合成树脂。因此，玻璃钢的耐蚀性能和耐热性能主要取决于合成树脂的种类。当然，加入的辅助组分（如固化剂、填料等）也有一定的影响。

根据树脂的不同，玻璃钢性能差异很大。目前运用在化工防腐的有：环氧玻璃钢、酚醛玻璃钢（耐酸性好）、呋喃玻璃钢（耐腐蚀性好）、聚酯玻璃钢（施工方便等）。表 7-2 是环氧玻璃钢、酚醛玻璃钢、呋喃玻璃钢对常用介质（硫酸、盐酸、次氯酸、氢氧化钠）的耐腐蚀数据。

表 7-2　玻璃钢制品耐蚀性能表

介　质	浓　度	环氧玻璃钢		酚醛玻璃钢		呋喃玻璃钢	
硫酸	50	耐	耐	耐	耐	耐	耐
	70	不耐	不耐	耐	不耐	耐	不耐
	93	不耐	不耐	耐	不耐	不耐	不耐
盐酸		耐	耐	耐	耐	耐	耐
次氯酸		不耐	尚耐	不耐	不耐	不耐	不耐
氢氧化钠	10	耐	耐	不耐	不耐	耐	耐
氢氧化钠	30	尚耐	尚耐	不耐	不耐	耐	耐
氢氧化钠	50	尚耐	不耐	不耐	不耐	耐	耐

第五节　硅酸盐材料

硅酸盐材料是化工过程中常用的一类耐蚀材料，包括化工陶瓷、玻璃、化工搪瓷等。这类材料一般均具有极好的耐蚀性、耐热性、耐磨性、电绝缘性和耐溶剂性，但这类材料大多性脆、不耐冲击、热稳定性差。又因其主要成分为 SiO_2，故不耐氢氟酸及碱的腐蚀。

一、化工陶瓷

化工陶瓷按组成及烧成温度的不同，可分为耐酸陶瓷、耐酸耐温陶瓷和工业陶瓷三种。耐酸耐温陶瓷的气孔率、吸水率都较大，故耐温度急变性较好，容许使用温度也较高，而其他两类的耐温度急变性和容许使用温度均较低。

化工陶瓷的耐蚀性能好，除氢氟酸和含氟的其他介质以及热浓磷酸和碱液外，能耐几乎其他所有的化学介质，如热浓硝酸、硫酸，甚至“王水”。

化工陶瓷制品是化工生成中常用的耐蚀材料。许多设备都用它制作耐酸衬里，也常用于制作耐酸地坪；陶瓷制的塔器、容器和管道常用于生产和储存、输送腐蚀性介质；陶瓷泵、阀等都是很好的耐蚀设备（图 7-5～图 7-7）。化工陶瓷是一种应用非常广泛的耐蚀材料。

但是，由于化工陶瓷是一种典型的脆性材料，其抗拉强度小，冲击韧性差，热稳定性低，不能用于制造耐内压容器，所以在安装、维修、使用中都必须特别注意。应该防止撞击、振动、应力集中、骤冷骤热等，还应避免大的温度差范围。

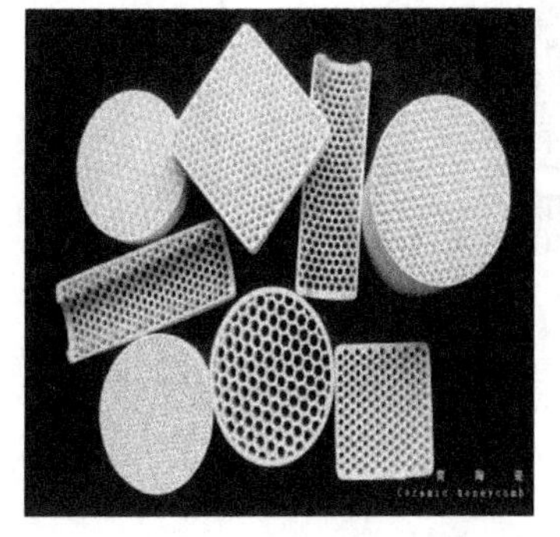

图 7-5　陶瓷填料

图 7-6　耐酸陶瓷泵

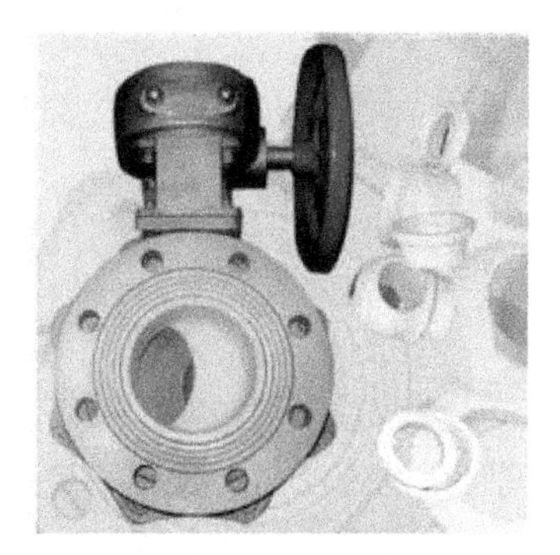

图 7-7　耐酸陶瓷阀门

二、玻璃

玻璃是有名的耐蚀材料，其耐腐蚀性能随其组分的不同有较大差异，一般说来玻璃中的 SiO_2 含量越高，其耐蚀性越好。

玻璃的耐蚀性能与化工陶瓷相似，除氢氟酸、热浓磷酸和浓碱以外，几乎能耐一切无机酸、有机酸和有机溶剂的腐蚀，但玻璃也是脆性材料，具有和陶瓷一样的缺点。

玻璃光滑，对流体的阻力小，适宜作为输送腐蚀性介质的管道和耐蚀设备，又由于玻璃是透明的，能直接观察反应情况且易清洗，因而玻璃可用来作实验仪器。图 7-8 为玻璃合成反应釜、图 7-9 为玻璃精馏塔。

图 7-8　玻璃合成反应釜

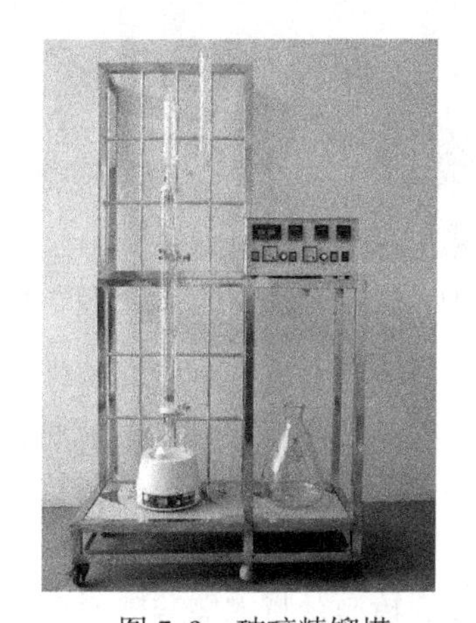

图 7-9　玻璃精馏塔

目前用于制造玻璃管道主要有低碱无硼硅酸盐玻璃，用于制造设备的为硼硅酸盐玻璃。

这类玻璃耐热性差，但价格低廉，故应用较广，这类玻璃也是制造实验室仪器的主要材料。图 7-10 为玻璃管路。

图 7-10　玻璃管路

玻璃在化工中应用最广的是作管道，为克服玻璃易碎的缺点，可用玻璃钢增强或钢衬玻璃管道的方法，还发展了高强度的微晶玻璃。

三、化工搪瓷

化工搪瓷是将含硅量高的耐酸瓷釉涂敷在钢（铸铁）制设备上经 900 ℃左右的高温灼烧使瓷釉紧密附着在金属表面而制成的设备，兼有金属设备的力学性能和瓷釉的耐腐蚀性能的双重优点。除氢氟酸和含氟离子的介质、高温磷酸、强碱外，能耐各种浓度的无机酸、有机酸、盐类、有机溶剂和弱碱的腐蚀。此外，化工搪瓷设备还具有耐磨、表面光滑、不挂料、防止金属离子干扰化学反应污染产品等优点，能经受较高的压力和温度。

化工搪瓷设备有储罐、反应釜、塔器、热交换器和管道、管件、阀门、泵等。

图 7-11 为化工搪瓷储罐、图 7-12 为化工搪瓷反应釜、图 7-13 为化工搪瓷阀门。

图 7-11　化工搪瓷储罐

图 7-12　化工搪瓷反应釜

图 7-13　化工搪瓷阀门

化工搪瓷设备虽然是钢（铸铁）制壳体，但搪瓷釉层本身仍属于脆性材料，使用不当容易损坏，因此运输、安装、使用都必须特别注意。

四、辉绿岩铸石

辉绿岩铸石是将天然辉绿岩熔融后，再铸成一定形状的制品（包括板、管及其他制品）。它具有高度的化学稳定性和非常好的抗渗透性。

辉绿岩铸石的耐蚀性能极好，除氢氟酸和熔融碱外，对一切浓度的碱、大多数的酸都耐

蚀，它对磷酸、醋酸及多种有机酸也耐蚀。辉绿岩铸石在多种无机酸中腐蚀时，只在最初接触的数十小时内有较显著的作用，以后即缓慢下来，再过一段时间，腐蚀完全停止。

化工中用得最普遍的是用辉绿岩板作设备的衬里。这种衬里设备的使用温度一般在 150℃以下为宜。辉绿岩铸石的脆性大，热稳定性小，使用时应注意避免温度的骤变。辉绿岩粉常用作耐酸胶泥的填料。

辉绿岩铸石的硬度很大，故也是常用的耐磨材料，还可用作耐磨衬里或耐蚀耐磨的地坪。

第六节　不透性石墨

一、石墨的性能

石墨分天然石墨和人造石墨两种，在防腐中应用的主要是人造石墨。人造石墨是由无烟煤、焦炭与沥青混捏压制成型，于电炉中焙烧，在 1 400 ℃左右所得到的制品叫碳精制品，再于 2 400～2 800 ℃高温下石墨化所得到的制品叫石墨制品。

石墨具有优异的导电、导热性能，线膨胀系数很小，能耐温度骤变。但其机械强度较低，性脆、孔隙率大。

石墨的耐蚀性能很好，除强氧化性酸（如硝酸、铬酸、发烟硫酸等）外，在所有的化学介质中都很稳定。

虽然石墨有优良的耐蚀、导电、导热性能，但由于其孔隙率比较高，这不仅影响到它的机械强度和加工性能，而且气体和液体对它有很强的渗透性，因此不宜制造化工设备。为了弥补石墨的这一缺陷，可采用适当的方法来填充孔隙，使之具有“不透性”。这种经过填充孔隙处理的石墨即为不透性石墨。

二、不透性石墨的种类

常用的不透性石墨主要有浸渍石墨、压型石墨和浇注石墨三种。

（一）浸渍石墨

浸渍石墨是人造石墨用树脂进行浸渍固化处理所得到的具有“不透性”的石墨材料。用于浸渍的树脂称浸渍剂。在浸渍石墨中，固化了的树脂填充了石墨中的孔隙，而石墨本身的结构没有变化。

浸渍剂的性质直接影响到成品的耐蚀性、热稳定性、机械强度等指标。目前用的最多的浸渍剂是酚醛树脂，其次是呋喃树脂、水玻璃以及其他一些有机物和无机物。浸渍石墨具有导热性好、孔隙率小、不渗透性好、耐温度骤变性能好等特点。图 7-14 为浸渍石墨板。

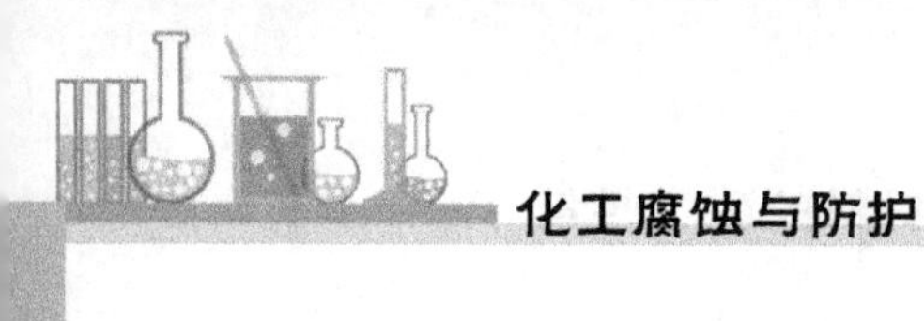

图 7-14　浸渍石墨板

（二）压型石墨

压型石墨是将树脂和人造石墨粉按一定配比混合后经挤压和压制而成。它既可以看作是石墨制品，又可看作是塑料制品，其耐蚀性能主要取决于树脂的耐蚀性，常用的树脂为酚醛树脂、呋喃树脂等。

与浸渍石墨相比，压型石墨具有制造方便、成本低、机械强度高、孔隙率小、导热性差等特点。

（三）浇注石墨

浇注石墨是将树脂和人造石墨粉按一定比例混合后，浇注成型制得的。为了具有良好的流动性，树脂含量一般都在 50%以上。浇注石墨制造方便简单，可制造形状比较复杂的制品，如管件、泵壳、零部件等，但由于其机械性能差，使用目前应用不多。

三、不透性石墨的性能

石墨经浸渍、压型、浇注后，性质将引起变化，这时其表现出来的是石墨和树脂的综合性能。

（一）物理、力学性能

1. 机械强度

石墨板在未经“不透性”处理前，结构比较疏松，机械强度较低，而经过处理后，由于树脂的固结作用，强度较未处理前要高。一般说来浸渍石墨优于压型石墨，压型石墨优于浇注石墨。

2. 导热性

石墨本身的导热性能很好，树脂的导热性较差。在浸渍石墨中，石墨原有结构没有破坏，故导热性与浸渍前变化不大，但在压型石墨和浇注石墨中，石墨颗粒被导热系数很小的树脂所包围，相互之间不能紧密接触，所以导热性比石墨本身要低，而浇注石墨的树脂含量较高，其导热性能更差。

3. 热稳定性

石墨本身的线膨胀系数很小，所以热稳定性很好，而一般树脂的热稳定性都较差。在浸渍石墨中，由于树脂被约束在空隙里，不能自由膨胀，浸渍石墨的热稳定性只是略有下降。但压型石墨和浇注石墨的情况就不是这样了，它们随温度的升高，线膨胀系数增加很快，所以它们的热稳定性与石墨相比差很多。不过不透性石墨的热稳定性比许多物质要好，在容许使用范围内，不透性石墨均可经受任何温度骤变而不破裂和改变其物理机械性能。不透性石墨的这一特点为热交换器的广泛使用和结构设计提供了良好的条件，也是目前许多非金属材料所不及的。

4．耐热性

石墨本身的耐热性很好，树脂的耐热性一般不如石墨，所以不透性石墨的耐热性取决于树脂。

总的说来，石墨在加入树脂后，提高了机械强度和抗渗性，但导热性、热稳定性、耐热性均有不同程度的降低，并且与制取不透性石墨的方法有关。

（二）耐蚀性能

石墨本身在 400 ℃以下的耐蚀性能很好，而一般树脂的耐蚀性能比石墨要差一些，所以不透性石墨的耐蚀性有所降低。不透性石墨的耐蚀性取决于树脂的耐蚀性。在具体选用不透性石墨设备时，应根据不同的腐蚀介质和不同的生产条件，选用不同的不透性石墨。

四、应用

不透性石墨在化工防腐中的主要用途是制造各类热交换器，也可制成反应设备、吸收设备、泵类和输送管道等。这类设备尤其适用于盐酸工业。图 7-15 为石墨换热器。

图 7-15　石墨换热器

本章小结

1. 防腐蚀涂料、塑料、玻璃钢、硅酸盐等几种常见非金属材料的特性、组成、分类、应用。

2. 防腐蚀涂料的种类和组成，常用防腐蚀涂料的性能、用途。

3. 塑料的特性、组成和分类及其各种塑料的衍生物的性能和作用。

4. 玻璃钢的耐蚀性。

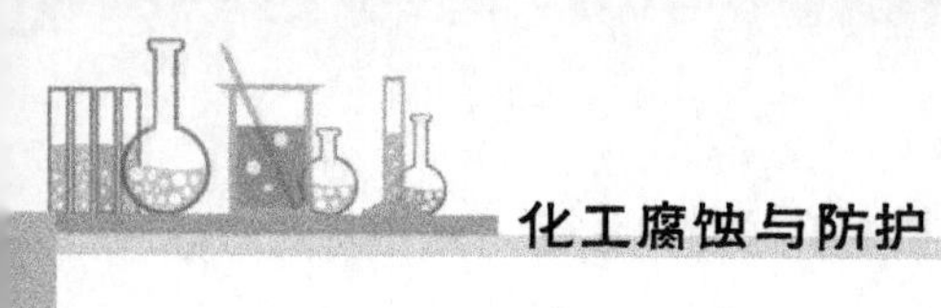

习 题 练 习

1. 非金属材料有哪些主要特点？
2. 什么是重防腐涂料？
3. 涂料的组成可以分为哪几部分？各起什么作用？
4. 塑料有哪些主要特征？其基本组成有哪些？
5. 玻璃钢的基本组成有哪些？为什么称之为玻璃钢？
6. 简述环氧树脂、酚醛树脂、呋喃树脂的耐酸碱性。
7. 酚醛树脂可直接涂刷在钢铁表面吗？为什么？

第八章

常用化工防腐蚀方法

学习目标

1. 了解金属防腐蚀方法，表面覆盖层防腐方法，电化学保护法等；
2. 掌握金属材料，非金属材料防腐方法。

学习重点

1. 电化学保护法；
2. 机械清理防腐法；
3. 缓蚀剂的种类与运用。

在化工生产过程中，金属腐蚀是一个普遍存在的问题，其原因多种多样且影响复杂。由于材料的种类繁多，腐蚀环境各异，因此不可能依靠单一的防腐蚀技术来解决所有腐蚀问题。以某化工厂的储罐为例，该储罐由于长期接触酸性介质，导致罐体出现了严重的腐蚀穿孔现象。为了解决这一问题，工厂采用了多种防腐蚀措施，如涂覆耐腐蚀涂层、安装阴极保护系统等。

随着全面腐蚀控制理念的推广以及腐蚀与防护科学的不断发展，腐蚀管理与控制技术也在日益提高。例如，在某石油化工企业的管道系统中，企业引入了智能腐蚀监测系统，通过实时监测管道的腐蚀状况，及时采取相应的防护措施，从而显著降低了腐蚀泄漏事故的风险。

在本章中，将对化工防腐蚀中常用的表面覆盖层、电化学保护及缓蚀剂保护等防腐蚀方法作简单介绍。

第一节　表面清理

无论采用金属的或非金属的覆盖层，也不论被保护的表面是金属还是非金属，在施工前均应进行表面清理，以保证覆盖层与基底金属的良好结合力。表面清理包括采用机械或化学、电化学方法清理金属表面的氧化皮、锈蚀、油污、灰尘等污染物，也包括防腐施工前的水泥混凝土设备的表面清理。

机械清理主要是利用机械力除去金属表面的锈层与污物，是广泛采用的表面清理技术；基本方式有两种：

（1）借助机械力或风力带动工具敲铲除锈；

（2）用压缩空气带动固体磨料喷射到金属表面，用冲击力和摩擦方式除锈。

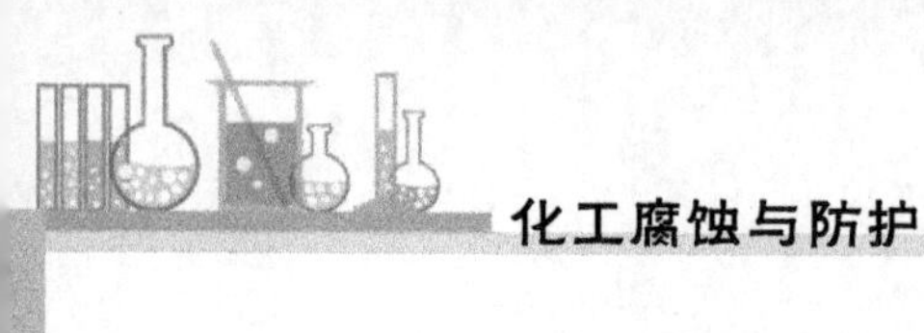

一、机械清理方法

（一）喷射除锈（喷砂除锈）

喷射清理是以压缩空气为动力，将磨料以一定速率喷向被处理的钢材表面，以除去氧化皮和铁锈及其他污物的一种同效表面处理方法。清理所用的磨料有激冷铁砂、铸钢碎砂、铜矿砂、铁丸或钢丸、金刚砂、硅制河砂、石英砂等。喷砂清理装置由空气压缩机、喷砂罐、喷嘴等组成。移动式的喷砂设备还便于现场施工。如图 8-1、图 8-2 所示。

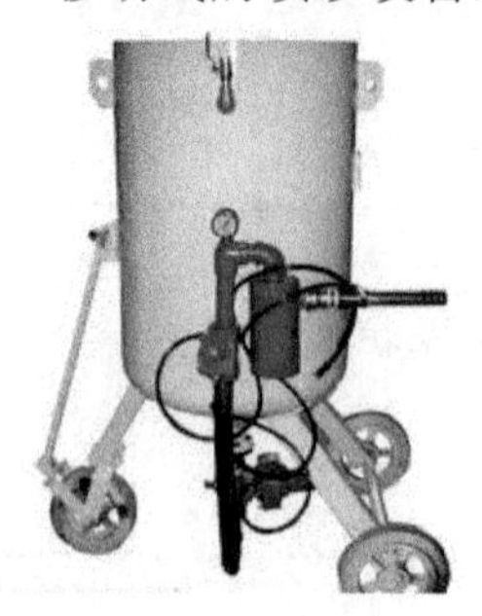

图 8-1　喷砂机

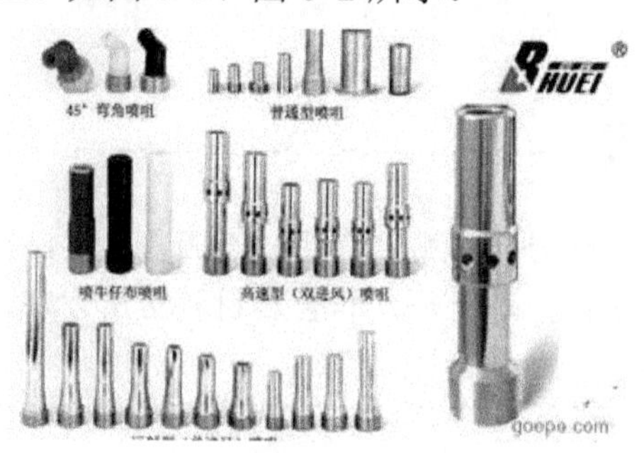

图 8-2　硬质合金喷砂枪

喷砂清理法不仅清理迅速、干净，并且使金属表面产生一定的粗糙度，使覆盖层与基底金属能更好地结合。

但是，喷砂清理最大问题是粉尘问题，必须采取有效措施以保护操作人员的身体健康。除操作人员自身防护外，还可以采用下列方法以避免硅尘的危害。

（1）采用铁丸代替石英砂，可避免硅尘。

（2）采用湿法喷砂：即将砂与水在罐中混合，然后像干法喷砂一样操作。水中要加入一定量的 $NaNO_2$，以防止钢铁生锈。但是这种方法在有些场合不适用，并且大量的水和湿砂都要处理，冬天还会结冰，所以受到一定限制，化工厂用得不多。

（3）采用密闭喷砂：即将喷砂的地点密闭起来，操作人员不与粉尘接触，这是一种较为有效的劳动保护方法。

喷砂后应用压缩空气将金属表面的灰尘吹净，并在八小时内涂上底漆或采用其他措施防止再生锈。在南方潮湿的天气，喷砂后要设法尽快涂上底漆。

除此之外，还有抛丸清理法、高压水除锈、抛光、滚光、火焰清理等方法，可根据具体情况选用。

（二）手工除锈

用钢丝刷、锤、铲等工具除锈。为了减轻劳动强度，提高效率，发展了多种风动、电动的除锈工具，在大型的比较平坦的金属表面，还可采用遥控式自动除锈机。

但是，也有一定的缺点，手工除锈劳动强度大、效率低，除锈效果适用于覆盖层对金属表面要求不太高时或其他方法不方便应用时。

（三）气动除锈

局部破坏的搪玻璃设备，现场修复困难，要求又比较高，还要有很好的粗糙度，这时我们采用气动除锈。

气动除锈装置所用的气压为 0.4～0.6 MPa，现场用氧气瓶即可满足动力要求，振动频率为 70 Hz，装置重 1.9 kg，小巧灵活，便于携带。

二、化学、电化学清理方法

（一）化学除油

不论是金属的或非金属的覆盖层，施工前均要除油，因为沾在金属表面的油污，影响表面覆盖层与基底金属的结合力，尤其是电镀，微小的油污都会严重影响到镀层的质量。对于酸洗除锈的工件，如有油污，酸洗前也应除油。

化学除油有很多种，其中以汽油用得最多。常用的还有煤油，三氯乙烯、四氯化碳、酒精等。下面介绍几种常用的除油方式：

1．有机溶剂清洗（汽油）

清理时可将工件浸在溶剂中，或用干净的棉纱（布）浸透溶剂后擦洗。由于溶剂多数有毒，所以应注意安全。

2．碱液清洗

一般用 NaOH 及其他化学药剂配成溶液，在加热的条件下进行除油处理。

3．合成洗涤剂清洗

对于小批量的电镀工件，油污不很严重时可用。

（二）电化学除油

将金属置于一定配方的碱溶液中作为阴极（阴极除油法）或阳极（阳极除油法），配以相应的辅助电极，通以直流电一段时间，以除去油污，这种方式叫作电化学除油。电化学除油的特点是效果好，速度快，主要用于一些对表面处理有较高要求，而工件形状又不太复杂的场合。

（三）酸洗除锈

将金属在无机酸中浸泡一段时间以清除其表面的氧化物，这种方式叫作酸洗除锈。它是一种常用的化学清理方式。

酸洗除锈常用的酸溶液有硫酸、盐酸或硫酸与盐酸的混合酸。为防止酸对基体金属的腐蚀，常在酸中按一定配方加入缓蚀剂。升高酸温可提高酸洗效率，但是要加强安全措施的防护工作。

酸洗可采用浸泡法，淋洗法及循环清洗法等。酸洗后先用水洗净，然后用稀碱液中和，再用热水冲洗和低压蒸汽吹干。

（四）酸洗膏除锈

用酸洗的酸加上缓蚀剂和填料制成膏状物，用它涂在被处理的金属表面上，待锈除掉后，用水冲洗干净，再涂以钝化膏（重铬酸盐加填料等）使金属钝化以防再生锈。酸洗膏含有磷酸，可起磷化作用，酸洗后不必进行钝化处理，可以保持数小时不锈。

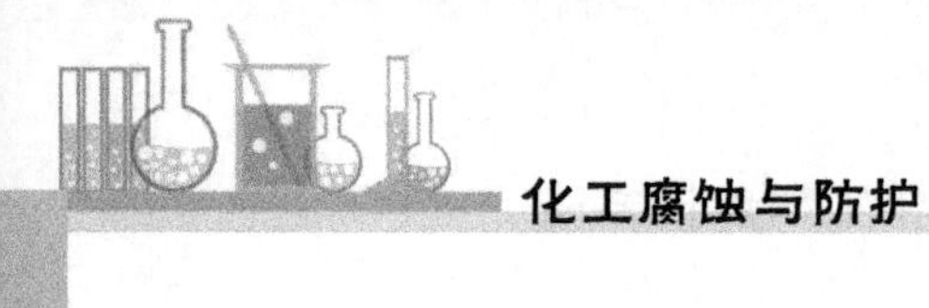

（五）锈转化剂清理

将锈转化剂的两种组分按一定比例混合后 1 h，采用刷涂、辊涂等方法涂于钢铁表面，利用锈转化剂与锈层反应，在钢铁表面形成一层附着紧密、牢固的黑色转化膜层。

优点：高效经济。转化膜有良好的结合能力、施工周期短、工作效率高、劳动强度低、工程费用省、无环境污染等。

第二节　表面覆盖层

用耐蚀性能良好的金属或非金属覆盖在耐蚀性能较差的材料表面，将基底材料与腐蚀介质隔离开，以达到控制腐蚀的目的，这种保护方法称为覆盖层保护法。这样的硬盖层称为表面覆盖层。

表面覆盖层保护法是防腐蚀方法中最普通最实用，也是最重要的方法之一。它不仅能大大提高基底金属的耐蚀性能，而且能节约大量的贵重金属和合金。表面覆盖层有金属覆盖层和非金属覆盖层两大类。

一、金属覆盖层

金属覆盖层可分为电镀、化学镀、热喷涂、双金属、金属衬里等。

其中，双金属是用热轧法将耐蚀金属覆盖在底层金属上制成的复合材料。如在钢板上压上一层不锈钢板或薄镍板，或将纯铝压在铝合金上。这样可以使价廉的或具有优良机械性能的基底金属与具有优良耐蚀性能的表层合金很好地结合起来，达到节省材料或提高强度的目的。

金属衬里是把耐蚀金属衬在基体金属上，如衬铅、衬钛、衬铝等。

无论是双金属还是金属衬里，一般都是完整无孔的，且具有一定厚度，只要施工得当，就可以起到该材料应有的耐蚀性能。

根据金属覆盖层在介质中的电化学行为可分为阳极性覆盖层和阴极性覆盖层。

阳极性覆盖层的电极电位比基体金属的电极电位负。使用时，即使覆盖层被破坏，还是可作为牺牲阳极继续保护基体金属免遭腐蚀。阳极性覆盖层越厚，其保护性能越好。在一定条件下，锌、镉、铝对碳钢为阳极性覆盖层。

阴极性覆盖层的电极电位比基体金属的电极电位正。使用时，一旦覆盖层的完整性被破坏，将会与基体金属构成腐蚀电池，加快基体金属腐蚀。阴极性覆盖层越厚，孔隙率越低，其保护性能越好。常用镍、铜、铅、锡对碳钢为阴极性覆盖层。

金属覆盖层是阳极性覆盖层还是阴极性覆盖层并不是绝对的，它是随介质条件的变化而变化。比如，在有机酸中，锡的电极电位比铁负，对铁来说却成了阳极性覆盖层。

（一）电镀

利用直流电或脉冲电流作用从电解质中析出金属，并在工件表面沉积而获得金属覆盖层的方法叫电镀。

用电镀的方法得到的镀层多数是纯金属，如金、铂、银、铜、锡、镍、镉、铬、锌等，但也有合金的镀层，如黄铜、锡青铜等。其优点是电镀层与工件的结合力较强，且具有一定

的耐蚀和耐磨性能，但有一定程度的孔隙率。

电镀时将待镀件作为阴极与直流电源的负极相连，将镀层金属作为阳极与直流电源的正极相连，电镀槽中放入含有镀层金属离子的盐溶液及必要的添加剂。

阳极：镀层金属溶解（如 $Cu \longrightarrow Cu^{2+}+2e$）

阴极：溶液中的镀层金属离子析出（如 $Cu^{2+}+2e \longrightarrow Cu$）。

阳极的镀层金属不断溶解；同时在作为阴极的工件表面不断析出，使工件获得镀层。

电镀主要用于细小、精密的仪器仪表零件的保护、抗磨蚀的轴类的修复等。另外，由于电镀层外表美观，故常用于装饰。

（二）化学镀

利用化学反应使溶液中的金属离子析出，并在工件表面沉积而获得金属覆盖层的方法叫化学镀。

用化学镀的方法不需消耗电能。它的特点是不受工件形状的影响，只要镀液能达到的地方均可获得均匀致密的镀层。一般情况下化学镀层较薄，可采用循环镀的方法获得较厚的镀层。

用化学镀最大的问题是镀层的质量不易保证；对镀前表面处理要求很高；对镀液成分、温度及其他操作指标的控制均要求较严，应用受到一定的限制。

在化工防腐蚀中用得较多的是化学镀镍磷合金。化学镀层由于抗氧化能力强，且导电性好，在电子行业中可代替镀银。

（三）热喷涂（喷镀）

利用压缩空气将熔融状态的金属雾化成微粒，喷射在工件表面，而获得金属覆盖层的方法称为热喷涂，也称为喷镀。用热喷涂的方法可以使零件表面获得各种不同的性能，耐磨、耐热、耐腐蚀、抗氧化、润滑等性能。

热喷涂是利用热源将喷涂材料加热熔化或软化，靠热源的动力或外加的压缩气流，将熔滴雾化并推动熔粒成喷射的粒束，以一定的速度喷射到基体表面形成涂层的工艺方法。一般认为，热喷涂过程经历 4 个阶段，即喷涂材料加热熔化阶段、熔滴雾化阶段、雾化颗粒飞行阶段和喷涂层形成阶段。根据所用的不同热源，热喷涂技术分为火焰喷涂、电弧喷涂、等离子喷涂、高速火焰喷涂（HVOF）和其他喷涂技术等多种方法。

1. 火焰喷涂

火焰喷涂是最早得到应用的一种喷涂方法。它以氧气—燃气火焰作为热源，喷涂材料以一定的传送方式送入火焰，并加热到熔融或软化状态，然后依靠气体或火焰加速喷射到基体上。火焰喷涂根据喷涂材料的不同，又可分为丝材火焰喷涂、粉末火焰喷涂和棒材火焰喷涂几种。火焰喷涂具有设备简单，操作容易，工艺成熟，投资少等优点。新型火焰喷涂枪可以喷涂各种金属、陶瓷、金属加陶瓷的复合材料、各种塑料粉末材料的涂层。尽管等离子和HVOF/HVAF 超音速以及爆炸喷涂的涂层优于常规火焰喷涂，但由于投资大、操作控制系统复杂、设备笨重、无法现场施工，应用范围受到极大限制，在防腐和维修市场难以推广普及，新型火焰喷涂设备与技术和超音速电弧喷涂设备与技术在防腐和修复市场中永远是主要技术力量。

2．电弧喷涂

电弧喷涂是高效率、高质量、低成本的一项工艺，是目前热喷涂技术中最受重视的技术之一。电弧喷涂是将 2 根被喷涂的金属丝作为自耗性电极，分别接通电源的正负端，在喷枪喷嘴处，利用两金属丝短接瞬间产生的电弧为热源熔化自身，借助压缩空气雾化熔滴并使之加速，喷射到基体材料表面形成涂层。

电弧喷涂具有如下优点：

（1）热效率高、对工件的热影响小。一般火焰喷涂的热效率只有 5 %～15 %，电弧喷涂将电能直接转化为热能熔化金属，热能利用率可高达 60 %～70 %。电弧喷涂时不形成火焰，因而在喷涂过程中工件始终处于低温，避免了工件热变形；

（2）可获得优异的涂层性能。电弧喷涂技术可以在不使用贵重底材的情况下得到较高的结合强度，采用适当的喷前粗化处理方法，喷涂层与基体结合强度可达普通火焰喷涂层的 2 倍以上。使用 2 根成分不同的金属丝还可以制备出假合金涂层，以获得具有独特综合性能的涂层。

（3）生产率高。电弧喷涂的生产效率正比于喷涂电弧电流，当电弧电流为 300 A 时，喷涂锌为 30 kg/h，喷涂铝为 10 kg/h，喷涂不锈钢为 15 kg/h，为火焰喷涂的 3 倍以上。

经济性好。电弧喷涂能源利用率高，而且电能的价格远远低于燃气价格，施工成本为火焰喷涂的 l/10 以下，设备投资为等离子喷涂的 1/3 以下。

电弧喷涂技术的应用已经在各行各业取得了显著成效。利用电弧喷涂在钢铁构件上喷涂锌、铝涂层，可对钢构件进行长效防腐防护，例如我国南海地区由于高温、高湿、高盐雾，船舶腐蚀严重，中修舰船的钢结构应用电弧喷涂铝合金涂层防腐，经 5 年考核效果明显，测算预计寿命可提高到 15 a 以上。山西晋山煤矿、河南铁王沟煤矿等井筒钢结构进行电弧喷涂防腐防护，预计寿命在 30 a 以上。电弧喷涂作为一种优质的修复技术，在机械零件上喷涂碳钢、铬钢、青铜、巴氏合金等材料，用于修复已磨损或尺寸超差的部位，已在机械维修和机械制造业得以应用。采用该技术修复造纸烘缸、修复大马力发动机曲轴也已取得明显成效；制备装饰涂层和功能涂层也是电弧喷涂技术应用的另一重要领域，例如在电容器上喷涂导电涂层，在塑料制品上喷涂屏蔽涂层，在内燃机零件上制备热障涂层，在石头、石膏等材料上喷涂铜、锡、铝等金属进行装饰，等等。

3．等离子喷涂

等离子喷涂是热源为等离子焰流（非转移等离子弧）。由放电弧产生的电弧等离子体温度可达 20 000 K。加热喷涂材料（粉）到熔融或高塑性状态，并在高速等离子焰流（工作气体为氮气和氢气或氩气和氢气）载引下，高速撞击到工件表面形成涂层。

等离子喷涂是采用非转移弧为热源，喷涂材料为粉末的喷涂方法。近十几年来等离子喷涂发展很快，目前已开发出大气等离子喷涂、可控气氛等离子喷涂、溶液等离子喷涂等喷涂技术，等离子喷涂已成为热喷涂技术中的最重要的一项工艺方法，这些新技术在工业生产上的应用日益显示出优越性和重要性。等离子喷涂的喷涂材料范围广，涂层组织细密，氧化物夹渣含量和气孔率都较低，气孔率可控制到 2 %～5 %，涂层结合强度较高，可达 60 MPa 以上。该喷涂技术主要用于制备质量要求高的耐蚀、耐磨、隔热、绝缘、抗高温和特殊功能涂层，已在航空航天、石油化工、机械制造、钢铁冶金、轻纺、电子和高新技术等领域里得到

广泛应用。

4. 高速火焰喷涂（HVOF）和其他喷涂技术

高速火焰喷涂目前主要指超音速火焰喷涂，有时人们也将爆炸喷涂认为是高速火焰喷涂的一种。高速火焰喷涂技术，将燃气（丙烷、丙稀或氢气）和氧气输入并引燃于燃烧室，借助于气体燃烧时产生的高温和高压形成的高速气流，加热熔化喷涂粉末并形成一束高速喷涂射流，在工件上形成喷涂层。高速火焰喷涂的特点：气体燃烧膨胀形成的热气流使喷涂粒子达到极高的飞行速度。火焰喷射速度为音速的2倍以上，而喷涂熔粒的速度可达300～1 000 m • s^{-1}；喷涂粉粒在火焰中加热时间长，受热均匀，能形成良好的微小熔滴；喷涂粉粒主要在喷涂枪中加热，离开喷枪后飞行距离短，因而和周围大气接触时间短，在喷涂过程中几乎不和大气发生反应，喷涂材料不受损害，微观组织变化小，这对喷涂碳化物材料特别有利，可避免分解和脱炭。

基于以上特点，高速火焰喷涂获得的涂层光滑，致密性好，结合强度高。涂层孔隙率可小于 0.5 %，结合力可达 100 MPa 以上。被广泛用于制备高致密性、高结合强度、低孔隙率要求的涂层。例如喷涂 WC-12%Co，涂层几乎没有气孔，而且硬度高，加工后可达镜面。但是，由于高速火焰喷涂的设备及喷涂材料等成本太高，不适合我国国情，限制了其在我国的应用。同样，爆炸喷涂和激光喷涂也是由于这个原因限制其推广应用。

热喷涂的应用在钢铁构建上喷涂锌、铝、不锈钢等耐腐蚀金属或合金涂层，对钢铁构件进行防护。在钢铁件电弧喷铝，可以产生微区的渗铝层用于防止高温氧化，工作温度为120～870 ℃。短效保护可达 1 150 ℃。在钢铁件上喷涂不锈钢或其他耐磨金属，用于耐磨蚀防护。采用热喷涂可以大幅提高产品的使用性能和延长使用寿命，已在石油、化工、航空航天、机械、电子、钢铁冶金、能源交通、食品、轻纺、广播电视、兵器等各个领域里都不程度应用，并在高新区技术领域里发挥了作用。

热喷涂的工艺和设备都比较简单，能喷涂多种金属和合金，应用广泛，可根据需要选择镀层材料。

（四）热浸镀和渗镀

热浸镀是将工件浸入盛有比自身熔点更低的熔融金属槽中，或以一定的速度通过熔融金属槽，使工件涂覆上低熔点金属覆盖层。用这种方法难以得到均匀的镀层。

对金属进行热浸镀的条件：只有当基体金属与镀层金属可以形成化合物或固溶体时才可进行，否则熔融金属不能黏附在工件表面。

渗镀是利用热处理的方法将合金元素扩散入金属表面，以改变其表面的化学成分，使表面合金化，故渗镀又叫表面合金化。

在防腐蚀中用得较普遍的是渗铝，机械工业中渗碳、渗氮是常用的方法。优点：渗铝钢耐热，抗高温氧化，也可防止多种化学介质的腐蚀。

（五）金属衬里

把耐蚀金属衬在基体金属（一般为普通碳钢）上，如衬铅、衬钛、衬铝、衬不锈钢等。

衬里的方法多种多样。铅衬里也可用作块状材料（如耐酸砖、板等）衬里的中间层，铅可衬也可搪，搪铅就是把铅熔融搪在金属表面上，可以起到衬铅的作用，并且紧密地熔焊在

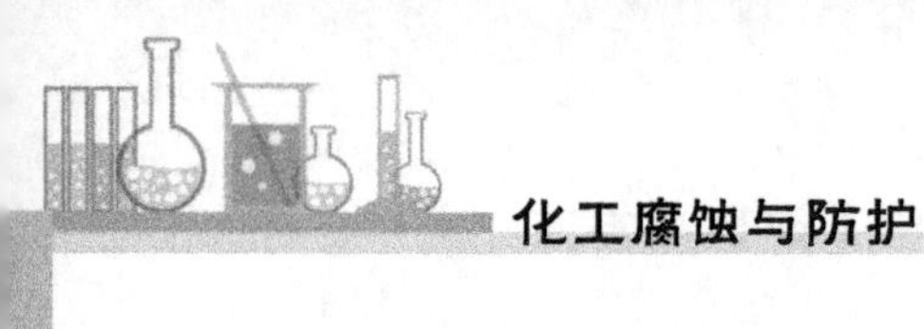

基体金属上，不会鼓泡。但铅蒸气有毒，必须加强安全措施，以防中毒。

（六）双金属衬里

用热轧法将耐蚀金属覆盖在底层金属上制成的复合材料。如在钢板上压上一层不锈钢板或薄镍板，或将纯铝压在铝合金上，这样就可以使价廉的或具有优良机械性能的基底金属与具有优良耐蚀性能的表层合金很好地结合起来，达到节省材料或提高强度的目的。这类材料一般都有定型产品。

二、非金属覆盖层

在金属设备上覆上一层有机或无机的非金属材料进行保护是化工防腐蚀的重要手段之一。根据腐蚀环境的不同，可以覆盖不同种类、不同厚度的耐蚀非金属材料，以得到良好的防护效果。

（一）涂料覆盖层

用涂料保护设备、管线、建筑物的外壁和一些静止设备的内壁等，它有很多优点，比如施工简便，适应性广，修理和重涂容易，成本和施工费用较低。但是也有一些缺点，比如涂层比较薄，难形成无孔的涂膜，力学性能较差。

1．涂料的种类

涂料一般分为油基涂料和树脂基涂料，按用途又可分为底涂、面涂。

2．涂层的保护机理

一般认为涂层是由于下面三个方面的作用对金属起保护作用的。

1）隔离作用

金属表面涂覆涂料后，相对来说就把金属表面与腐蚀介质隔离开了，但是涂料膜太薄，且有孔隙。腐蚀介质在一定条件下，还是可以到达金属表面。

2）缓蚀作用

借助涂料的内部组分，与金属产生电化学腐蚀，使金属表面钝化或生成保护性的物质。

3）电化学作用

加入电位更负的金属，牺牲阳极的阴极保护，同时腐蚀产物填满空隙。

3．涂料覆盖层的选择

涂料覆盖层的合理选择是保证涂层具有长效防护效果的重要方面，其基本原则有以下几方面。

（1）涂层对环境的适应性（包括介质、温度、摩擦情况等）的适应性。

（2）被保护的基体材料与涂层的适应性，如钢铁与混凝土表面直接涂刷酸性固化剂的涂料时，钢铁、混凝土就会遭受固化剂的腐蚀，使用时必须注意它们的适用范围。

（3）施工条件的可能性，如热固化环氧树脂涂料就必须加热固化。

（4）涂层的配套经济上的合理性。

4．常用的防腐蚀涂料

涂料的种类有很多，常用的有酚醛树脂涂料、环氧树脂涂料、环氧酚醛涂料、沥青漆、

过氯乙烯漆、呋喃树脂涂料、生漆、富锌涂料、氯化橡胶漆。

（二）玻璃钢衬里

玻璃钢衬里是利用黏合剂将玻璃纤维布衬贴于金属或混凝土设备的表面从而达到对设备的防腐、抗渗作用。玻璃钢衬里层可以根据介质及工况条件选择合适的层数，衬层越厚，抗渗耐蚀的性能就越好。

玻璃钢衬里在腐蚀性不强的介质中可以单独作为防腐蚀覆盖层使用，在腐蚀性强且渗透力强的介质中，也常作为砖板衬里的防渗层使用。

1. 树脂的选用

树脂：环氧、酚醛、呋喃、聚酯等。

环氧树脂具有良好的机械性能和耐蚀性能，特别是耐碱性极好，耐磨性也较好，与金属及多种非金属的附着力很好，但不耐强氧化性介质。

2. 玻璃纤维的选用

中碱（用于酸性介质）或无碱（用于碱性介质）无捻粗纱方格玻璃布。

厚度：0.2～0.4 mm。

经纬密度：（4×4）或（8×8）纱根数/cm^2。

3. 玻璃钢衬里层结构

屏蔽作用，耐蚀、抗渗以及与基体表面有良好的黏结强度。

（1）底层（防止钢铁返锈，提高黏结强度，环氧树脂）。

（2）腻子层（填补基体表面不平的地方，提高玻璃纤维制品的铺覆性能）。

（3）玻璃钢增强层（增强作用，提高抗渗性）。

（4）面层（富树脂层，良好的致密性、抗渗能力、耐蚀、耐磨能力）。

对同一种树脂玻璃钢衬里来说，衬层越厚，抗渗耐蚀性能越好（3～4 mm）。一般衬层在3～4mm 已具备足够的抗渗能力。

4. 施工工艺

玻璃钢施工工艺的简单流程：基体表面处理→涂刷底层→刮腻子→衬布→养护→质量检查。

在化工防腐蚀中玻璃钢衬里由于施工方便、成本较低、防腐抗渗性能优越得到广泛应用。

（三）橡胶衬里

橡胶衬里是把预先加工好的板材粘贴在金属表面上，其接口可以通过搭边黏合，因此橡胶的整体性较强，没有像涂料或玻璃钢衬里固化前由于溶剂挥发等所产生的针孔或气泡等缺陷。橡胶衬里层一般致密性高、抗渗性强，即使衬层局部地区与基体表面离层，腐蚀介质也不容易透过。

它具有整体性强、致密性高、抗渗性强；具有一定的弹性、韧性较好，抵抗机械冲击和热冲击，可以用于受冲击或磨蚀的环境中。

橡胶衬里单独作为设备内防护层，也可作砖板衬里的防渗层。可分为天然橡胶（为主）、合成橡胶。

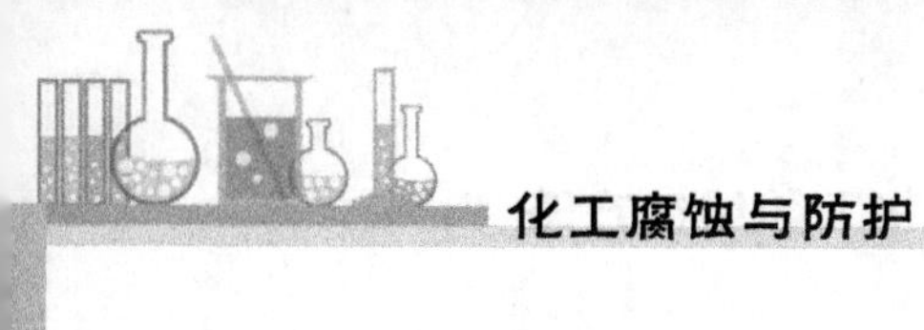

1．橡胶板的选用

1）硬质胶

更好的耐蚀性、耐热性、抗老化及对气体抗渗性能较佳，与金属的黏结力强。

2）半硬质胶

化学稳定性与硬质胶相似，耐寒性好，能承受冲击，与金属的黏结力良好。

3）软质胶

较好的弹性，承受较大的变形，耐蚀性、抗渗性和与金属黏结性较差。

2．衬胶层结构选择

（1）不太重要的固定设备衬单层硬橡胶，用于气体介质或腐蚀、磨损都不严重的液体介质的管道，也可只衬一层胶板。

（2）一般都采用衬两层硬质胶或半硬质胶，在有磨损和温度变化时可用硬橡胶板作底层，软橡胶板作面层。

（3）如果环境特别苛刻，其结构可按具体条件选用。可考虑衬三层，一般衬一层软胶板或一硬一软的三层衬里结构。

以上所指的胶板的厚度一般均为 2～3 mm，如果采用 1.5 mm 厚的胶板，考虑到衬里层太薄时，可适当增加层数，但一般不超过 3 层。

3．硫化方法的选择

把衬贴好的橡胶板用蒸汽加热，使橡胶与硫化剂（硫磺）发生反应而固化的过程。硫化后使橡胶从可塑态变成固定不可塑状态，经硫化处理的衬胶层具有良好的物理、力学性能和稳定性。有两种硫化方式。

（1）蒸汽加热硫化。

（2）加压缩空气硫化。

缩短硫化时间，对衬里层质量也有好处，但是操作比较复杂。

（四）砖板衬里

砖板衬里是用黏接剂（俗称胶泥）将耐腐蚀砖板衬砌在金属或混凝土设备的表面从而达到对设备的防腐蚀作用。它是化工设备防腐蚀应用较早的技术之一。其适用范围决定于胶泥和砖板的物理、机械性能和耐腐蚀性能。因而在进行化工设备砖板衬里时，应根据设备的工艺操作条件进行胶泥和耐酸砖板的选择，并进行合理的衬里结构设计和施工，以期达到优良的防腐蚀效果。

砖板衬里具有较好的耐蚀性、耐热性和机械强度。一些难以用其他方法解决的腐蚀问题，采用砖板衬里，往往能够得到较好的解决。

砖板衬里最大的问题是抗冲击性、热稳定性较差，施工周期长，会给生产带来一些不方便。

1．常用胶泥的品种、成分、配比及主要性能

砖板衬里的黏结剂俗称胶泥，是砖板衬里的主要材料之一。砖板衬里的适用范围及应用效果主要决定于所用的胶泥。胶泥主要有黏结剂、固化剂、耐腐蚀填料及添加剂组成。目前国内外常用的耐蚀胶泥主要有两种：水玻璃胶泥和树脂胶泥。

续表

1）水玻璃胶泥

主要有钠水玻璃胶泥和钾水玻璃胶泥两种。

钠水玻璃胶泥以钠水玻璃、固化剂、耐酸粉料按一定比列配置而成。由于具有良好的耐蚀性能，良好的力学性能，且价格便宜、施工方便，已成为砖板衬里中最常用的胶泥之一。

钠水玻璃胶泥对大多数的强氧化性酸、无机酸、有机酸和大多数的盐类等均有优良的耐蚀性能。它有良好的物理、力学性能，特别是与一些无机材料（如耐酸瓷板、铸石板、花岗岩等）有较好的黏结强度。同时，它的耐热性和热稳定性，其线胀与钢铁接近，因此作为钢壳的内部衬里所产生的热应力较小，有利于碳钢基体的设备在高温下适用，最高可在 400 ℃下使用。

钠水玻璃胶泥能在短期内胶凝、初硬，可常温施工，常温固化，施工非常方便，其原料丰富，价格便宜。

钠水玻璃胶泥的缺点是孔隙率、抗渗性差，与硫酸、醋酸、磷酸等易生成盐类，导致体积变化、产生裂纹、调砖。除采用耐酸灰外，钠水玻璃胶泥不宜用于稀酸和水作用的场合，在氟及含氟化合物、碱、热浓磷酸中钠水玻璃胶泥也不能使用。

钠水玻璃胶泥常用的施工配比如表 8-1。

钾水玻璃胶泥是以钾水玻璃和 KP1 粉料按一定的配比配置而成的，KP1 粉料包含钾水玻璃的固化剂、耐酸粉料和添加剂。

与钠水玻璃胶泥相比，钾水玻璃胶泥与钢铁、砖板的黏结性更好。抗渗性也比钠水玻璃胶泥好，故可用稀酸，并可短期内在水中使用。

钾水玻璃胶泥的耐热性比钠水玻璃好，但作为衬里使用时，考虑到衬里所用砖板的性能及其他因素，故衬里设备一般也不宜于 400 ℃的条件下使用。

钾水玻璃胶泥无毒，对施工环境及操作人员均无危害。

钾水玻璃胶泥的价格比钠水玻璃高。

钾水玻璃胶泥的常用施工配比见表 8-1。

表 8-1　水玻璃耐酸胶泥常用的施工配比

名　称	胶泥配比（质量比）		
	1	2	3
钠水玻璃	100	—	100
钾水玻璃	—	100	—
氟硅酸钠	15～18	—	—
铸石粉	255～270	—	—
瓷粉	200～250	—	—
石英粉比铸石粉为 7:3	200～250	—	—
石墨粉	100～150		—
KP1 粉料	—	240～250	—
1G1 粉料	—	—	240～250

注：1．氟硅酸钠用量是按水玻璃中氧化钠含量的变动而调整的，氟硅酸钠纯度按 100%统计。

2．括号内为替换填料配比。可任选一种使用。

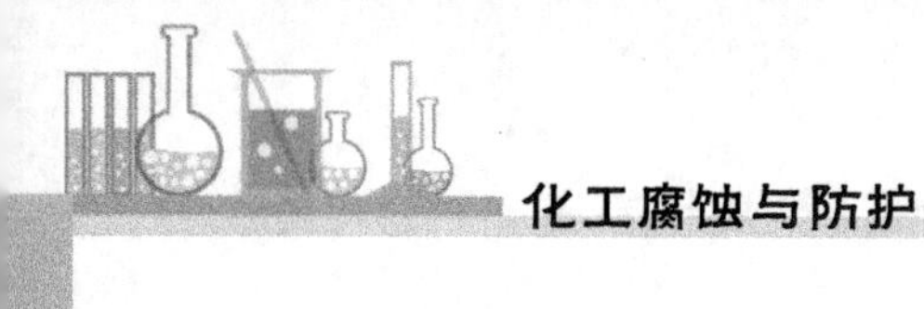

2）树脂胶泥

砖板衬里常用的树脂胶泥包括酚醛胶泥、呋喃胶泥、环氧胶泥等，还包括由上述树脂为基础的改性胶泥，如环氧—酚醛胶泥、环氧—呋喃胶泥等。

酚醛胶泥由酚醛树脂、固化剂、填料等按一定配比配制而成，它是砖板衬里工程中应用最为广泛的树脂胶泥之一。

酚醛胶泥的耐酸性能优异，对 70 %以下的硫酸、各种浓度的盐酸和磷酸、大部分的有机酸及大部分 pH<7 的酸性盐类均有良好的耐蚀性能，但不能用于硝酸、浓硫酸、大部分的有氯气等强氧化性介质中，也不能用于氢氧化钠、碳酸钠、氨水等碱性介质中。

酚醛胶泥的机械强度、抗渗性都不错，黏结力也较好，其中耐酸砖板、不透性石墨板的黏结性能较好，而与铸石板的黏结力较差。

酚醛胶泥的耐热性比较好，作为衬里用胶泥，在某些场合下使用温度可达 150 ℃。以石墨粉为填料的酚醛胶泥具有良好的导热性能，可衬砌不透性石墨板用于传热设备。

酚醛胶泥由于采用酸性固化剂，不能直接用于金属或混泥土表面，衬砌板时，应先以环氧树脂涂层作过渡层于金属或混凝土表面，然后再进行砖板衬砌。

酚醛胶泥常用的施工配比见表 8-2。

表 8-2　酚醛胶泥常用的施工配比

名　　称		胶泥配比（质量比）	
		1	2
酚醛树脂		100	100
固化剂	（1）苯磺酸氯	6～10	6～810
	（2）对甲苯磺酸氯	（8～12）	
	（3）硫酸乙酯[硫酸：乙酯为 1:（2～3）]	（6～8）	
	（4）NL 型固化剂		
	（5）复合固化剂		
	对甲苯磺酸氯：硫酸乙酯为 7:3	（8～812）	
	苯磺酸氯：硫酸乙酯为 1:1	（6～810）	
稀释剂：丙酮或乙醇			0～85
填料	（1）石英粉	150～8 200	150～8 200
	（2）瓷粉	（150～8 200）	（150～8 200）
	（3）铸石粉	（180～8 230）	（180～8 230）
	（4）石英粉：铸石粉为 8:2	（150～8 200）	
	（5）硫酸钠	（180～8 220）	
	（6）石墨粉	（180～8 230）	（90～8 120）

注：1．配比 1 的固化剂可任选一种。
　　2．填料可任选一种。

呋喃胶泥是以各种呋喃树脂、固化剂和填料等按一定配比配制而成的，由于它的耐蚀性、耐热性较好，所以在很多场合得到广泛应用。

呋喃胶泥包括有糠醇树脂、糠醛—丙酮树脂、糠醛—丙酮—甲醛树脂配制的糠醇胶泥、糠酮甲醛胶泥，还包括由 YJ 呋喃树脂配制的 YJ 呋喃胶泥。

呋喃胶泥具有良好的耐蚀性，在 70 %以下的硫酸、各种浓度的盐酸、磷酸、醋酸等大多数酸中耐蚀性良好，也可用在 40 %以下的氢氧化钠等大多数碱性介质中，所以呋喃胶泥可用于酸碱交替的场合，但不能用于硝酸、浓硫酸、铬酸，次氯酸等强氧化性介质中。

呋喃胶泥比酚醛胶泥具有更好的耐热性，在某些场合使用温度可达 180 ℃，但 YJ 呋喃胶泥的使用温度不宜超过 140 ℃。同时，它的脆性比较大，抗冲击性能较差、收缩率较高、黏结性能也较差、这对它的应用带来一定的影响，可通过环氧树脂进行改性。

呋喃胶泥与酚醛胶泥一样，也采用酸性固化剂，故不能直接用于金属或混泥土表面，衬砌砖板时，也要先用环氧树脂涂层作为过渡层，涂于金属或混泥土表面，然后再进行砖板衬砌。呋喃胶泥常用的施工配比见表 8-3。

环氧胶泥由环氧树脂、固化剂、稀释剂及填料等按一定配比配制而成。它具有良好的耐蚀性，可用于中等浓度的硫酸，盐酸与磷酸等酸中，也可用于浓度低于 20 %的氢氧化钠等碱性介质中，但其耐酸性不如酚醛胶泥和呋喃胶泥，耐碱性不如呋喃胶泥，同酚醛胶泥和呋喃胶泥一样，也不能用于氧化性介质中。

环氧胶泥具有优异的物理、力学性能，其机械强度、黏结力、固化收缩率优于酚醛胶泥和呋喃胶泥。故环氧树脂可用来改性酚醛胶泥和呋喃胶泥。

环氧树脂的耐热性较酚醛胶泥和呋喃胶泥差，一般使用温度不超过 100 ℃，在腐蚀性强的介质中使用温度更低。环氧胶泥常用的施工配比见表 8-4。

表 8-3　呋喃胶泥常用的施工配比

名　称		胶泥配比（质量比）			
		糠醇树脂	糠酮树脂	糠酮甲醛树脂	YJ 呋喃树脂
呋喃树脂		100	100	100	100
稀释剂：甲苯或丙酮		0～10	0～10	0～10	
固化剂		10 （8～12）	10～14	10～14	
增塑剂	亚磷酸三苯酯（液体）	10	10		
填料	石英粉或瓷粉	130～200	130～200	130～200	350～400
	石英粉：铸石粉 9:1 或 8:1	（130～180）	（130～180）	（130～180）	
	硫酸钡	（180～220）	（180～220）		
	石墨粉	（80～150）	（130～180）	（80～150）	
	YJ 呋喃粉				

注：1．固化剂按呋喃树脂品种选用，填料可任选一种。

2．耐氢氟酸工程，填料应选用硫酸钡粉或石粉。

表 8-4　环氧胶泥常用的施工配比

名　称		胶泥配比（质量比）	
		1	2
环氧树脂 E-44 环氧树脂 E-42		100	100
固化剂	乙二胺	6～8	6-7
	乙二胺：丙酮为 1:1	（12～16）	（12～14）
	间苯二胺	（15）	（15）
	二乙烯三胺	（10～12）	（10～12）
	590 号	（15～20）	（15～20）
	苯二甲胺	（19～20）	（19～20）
	聚酰胺	（40～48）	（40～48）
	T31	（15～40）	（15～40）
	C20	（20～25）	（20～25）
	NJ-型	（15～20）	（15～20）

续表

名称		胶泥配比（质量比）	
		1	2
增塑剂：邻苯二甲酸		10	10
填料	石英粉（或瓷粉）	150～250	150～250
	铸石粉	（180～250）	（180～250）
	硫酸钡	（180～250）	（180～250）
	石墨粉	（100～160）	（100～160）

注：1．乙二胺用量以乙二胺100%计，若纯度不足时，应换算增加。

2．固化剂和填料可任选一种使用。

改性胶泥，为通过酚醛树脂或呋喃树脂与环氧树脂复合而得到的系列复合树脂胶泥，其具有两种胶泥的优点，故综合性能比较好。

改性胶泥常用的施工配比见表8-5。

表8-5　改性胶泥常用的施工配比

名称		胶泥配比（质量比）	
		1	2
黏结剂	环氧树脂	70 30	70 30
	酚醛树脂		
	呋喃树脂		
固化剂	乙二胺	6～8	6～8
	T31	（25～30）	（25～30）
增塑剂	邻苯二甲酸二丁酯	0～10	0～10
填料	铸石粉	（180～220）	180～220
	石英粉或瓷粉	150～220	（150～200）
	石墨粉	（80～120）	（90～150）

3）常用胶泥最高使用温度及物理、力学性能

常用胶泥的最高使用温度见表8-6。

表8-6　常用胶泥的最高使用温度

种类	名称	最高使用温度/℃	种类	名称	最高使用温度/℃
水玻璃胶泥	钠水玻璃胶泥	400	树脂胶泥	环氧胶泥	100
	钾水玻璃胶泥	400		环氧改性酚醛胶泥	120
树脂胶泥	酚醛胶泥	150		环氧改性呋喃胶泥	150
	呋喃胶泥	180			

2．胶泥的配置

胶泥配置的过程中，搅拌是保证施工质量的一个重要程序，不能掉以轻心。机械搅拌可以使各种成分充分搅匀，搅拌效果好，但施工完毕要及时清理。人工搅拌要比机械搅拌差一些，不过只要认真操作也可以达到配制要求。

3．常用的砖板品种、成分及主要性能

砖板衬里中常用的耐腐蚀板砖主要有耐酸陶瓷板砖、铸石板、不透性石墨板等。

1）耐酸陶瓷

耐酸陶瓷品种多，在砖板衬里防腐蚀工程中应用较多的是耐酸砖板和耐酸耐温砖板。耐酸陶瓷耐蚀性能优异，除氢氟酸、含氟介质、热浓磷酸和热浓碱以外，能耐各种无机酸、有机酸、盐类溶液及各种有机溶剂。

耐酸陶瓷孔隙小，强度高，介质不易渗透；缺点是质地较脆，抗冲击能力差，传热系数低，不宜用于需要传热的设备。耐酸陶瓷稳定性较差，不宜用于温差变化较大的场合。耐酸耐温砖板的热稳定性较好，可用于某些急冷急热的部位。

2）铸石板

是以辉绿岩、玄武岩、工业废渣加入一定的掺和剂和结晶剂，经高温熔化浇铸成型、结晶、退火等工序而制成的，在砖板衬里防腐蚀工程中常用的是辉绿岩铸石。

铸石板的二氧化硅含量不高，但由于它经过高温熔融，结晶后形成了结构致密和均匀的普通辉绿岩晶体；同时又由于铸石与酸、碱作用后，表面形成一层硅的铅化合物薄膜，这层薄膜在达到一定厚度，即在铸石表面与酸、碱介质之间形成了一层保护膜，最后使介质的化学腐蚀趋于零，这是铸石能够高度耐蚀的主要原因。

铸石板除了氢氟酸、含氟介质、热磷酸、熔融碱外，对各种酸、碱、盐类及各种有机介质都是耐蚀的。

铸石板强度高，硬度高，耐磨性好，孔隙率小，介质难以渗透。缺点是脆性较大，不耐冲击，传热系数小，热稳定性差，不能用于有温度剧变的场合。

铸石板因为太硬，现场难以加工，衬里异形结构部位应选用异型铸石板。

3）不透性石墨板

石墨分天然石墨和人造石墨，人造石墨是由无烟煤、焦炭与沥青混捏压制成型，于煅烧炉中煅烧而成。

石墨的主要化学成分为碳，具有良好的耐蚀性能。除硝酸、浓硫酸、次氯酸等强氧化性介质外，能耐大多数酸、各种浓度的碱、大多数的盐类及有机介质的腐蚀。

石墨的导热性能非常好，耐热性与热稳定性也很好。缺点是强度较低，质地较脆，不耐冲击，孔隙率高，介质易渗透。

为了弥补石墨孔隙率高、强度低的缺点，需对其进行不透性处理制成不透性石墨制品，经过这样处理后制成的不透性石墨制品具有较高的强度和较低的孔隙率，根据处理方法的不同，不透性石墨板主要分为浸渍石墨和压型石墨。

浸渍石墨板是将石墨加工成板材，然后以合成树脂或水玻璃浸渍、固化而成。常用的合成树脂有酚醛树脂和呋喃树脂。压型石墨是以石墨粉与合成树脂混合后，在加热状态下进行挤压与固化，制成各种规格的板材或管材。

不透性石墨的性能综合了石墨和树脂的性能，一般来说，除强氧化性介质外，能耐大多数酸、碱、盐的腐蚀（以酚醛树脂及水玻璃制得的不透性石墨不耐碱的腐蚀），机械强度及抗渗性均有较大程度提高。耐热性、热稳定性较石墨要差，但远好于树脂，常用于需要传热及温差变化大的场合。

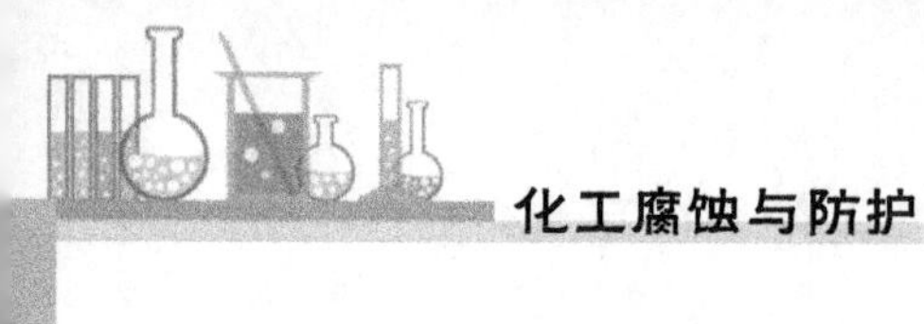

4．砖板的加工

砖板衬里用的砖板，在衬砌前应仔细挑选，去除不合格的产品。经过挑选合格的砖板应清洗干净，并烘干备用。在正式衬砌砖板前，应先在衬砌位置进行砖板预排，当砖板排列尺寸不够时，不能用碎砖板或胶泥板填塞，需要砖板进行加工。将砖板加工到适当尺寸，使之与实际需要的尺寸相符。砖板加工一般可用手工（手锤和錾子）或用砖板切割机切割。

5．砌筑、衬里操作

1）衬里结构

砖板衬里根据所用工况条件的不同一般可分为下列几种形式。

（1）单层衬里。

即在设备基础上衬一层砖板。

（2）多层衬里。

即在设备基体上衬二层或二层以上的砖板。

（3）复合衬里。

即在设备基体与砖板衬里之间加衬隔离层。

2）砖板排列原则

在进行砖板衬里时，砖板必须错缝排列，这对单层衬里来说，可提高衬里层的强度，而对多层衬里来说通过层与层之间的错缝，不仅可以提高结构强度，还可以增加防渗透性能力。一般来说，对于立衬设备，环向砖缝为连续缝，轴向砖缝应错开；对于卧衬设备，环向砖缝应错开，轴向砖缝为连续缝。

挤缝是指砖板衬砌时，将衬砌的基体表面按二分之一结合层厚度涂抹胶泥，然后在砖板的衬砌面涂抹胶泥，中部胶泥涂量应高于边部，然后将砖板按压在应衬砌的位置，用力揉挤，使砖板间及砖板与基体间的缝隙充满胶泥的操作方法，揉挤时只能用手挤压，不能用木棍击打，挤出的胶泥应及时用刮刀刮去，并应保证结合层的厚度与奇偶阿尼缝的宽度。

勾缝是指采用抗渗性较差、成本较低的胶泥（一般用水玻璃胶泥）衬砌砖板，而砖板四周砖缝用树脂胶泥填满的操作方法。勾缝操作时，要按规定留出砖板四周结合缝的宽度和深度。为了保证结合缝的尺寸，可在缝内预埋等宽的木条或硬聚氯乙烯板条。在砌板结合层固化后，取出预埋条，清理干净预留缝，然后刷一遍环氧树脂打底。对于以水玻璃胶泥作为结合层的衬里，在用环氧树脂打底前，应对胶泥进行酸化处理。待环氧树脂打底层固化后将树脂胶泥填入缝内，并用缝等宽的灰刀将胶泥用力压实，不得有空隙，胶泥缝表面铲平，并清理干净。

3）衬砌砖板的一般程序

耐蚀砖板衬里施工程序：基体表面处理→刷底涂料→隔离层施工→加工砖板→胶泥配置制→砖板衬砌→衬砌质量检查→缺陷修补→养护固化→酸化处理→组装封口→交付使用

6．后处理

砖板衬砌后的设备应进行充分固化，这是保证砖板衬里施工质量的重要因素，只有经过充分固化，胶泥才能达到其应具有的性能。对于多层衬里结构，每衬一层砖板后都应该进行中间固化处理，水玻璃胶泥衬里固化后还应进行酸化处理。

第三节　电化学保护

一、电化学保护

通过改变金属/电解质溶液的电极电位从而控制金属腐蚀的方法称为电化学保护。电化学保护分为阴极保护和阳极保护。

把处于电解质溶液中的某些金属的电位降低，可以使金属难于失去电子，从而大大降低金属的腐蚀速度，甚至可使腐蚀完全停止。

把金属的电位提高使金属钝化，人为地使金属表面形成致密的氧化膜，降低金属的腐蚀速度。

二、阴极保护

阴极保护是在金属表面上通入足够的阴极电流，使金属电位变负，并使金属溶解速度减小。阴极保护有两种：

（一）牺牲阳极保护

依靠电位较负的金属（例如锌）的溶解来提供保护所需的电流，在保护过程中，这种电位较负的金属为阳极，逐渐溶解牺牲掉，所以称为牺牲阳极保护，实质上它们构成了电偶腐蚀电池。

（二）加电流阴极保护

依靠外部的电源来提供保护所需的电流，这时被保护的金属为阴极，为了使电流能够通过，还需要用辅助阳极。

目前阴极保护技术已经发展成熟，广泛应用到土壤、海水、淡水、化工介质中的钢质管道、电缆、钢码头、舰船、储罐罐底、冷却器等金属构筑物等的腐蚀控制。

（三）原理

从电化学腐蚀的热力学角度来看，阴极保护就是改变被腐蚀金属的电位，使它向负方向进行即阴极极化。图 8-3 所示为阴极保护原理的极化曲线。

（四）主要参数

1．最小保护电位

阴极保护时，使腐蚀过程停止时的电位，其数值等于腐蚀电池中阳极的平衡电极电位。

常用这个参数来判断阴极保护是否充分。但在实际上，未必一定要达到完全保护。一般容许在保护后有一定程度的腐蚀，必须注意保护电位不可太负，否则可能产生“过保护”，即达到了析氢电位而析氢，引起金属的氢脆。

最小保护电位与金属材料、环境介质的组成、浓度等因素有关。一些参数可以从文献中查到，但一般应通过实验来测定。

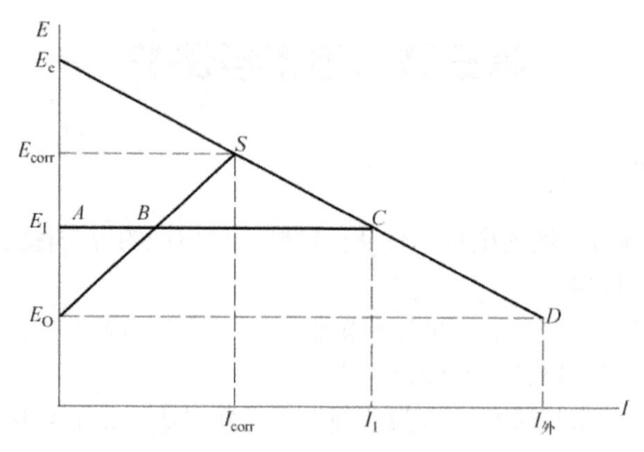

图 8-3 阴极保护的原理的极化曲线

2．最小保护电流密度（次要保护参数）

使金属腐蚀速度达到最低程度所需的最小电流密度称为最小保护电流密度。

数值的大小与金属材料种类、表面状态、介质条件等有较大关系。一般介质的腐蚀性越强，所需的保护电流密度越大。同时，当金属活性增大，表面粗糙度加大，介质的温度、压力、流速加大或保护系统的总电阻减小时都会增大保护电流密度。

（五）应用条件

1．材料

对被保护的金属材料在所处的介质中容易发生阴极极化，即只要通以较小的阴极电流就可以使其电位较大地负移，否则进行阴极保护时耗电量太大（如碳钢、铅、铜及其合金等）。

处于钝态的金属，如果外加阴极极化可能使其活化而加速腐蚀，因而不宜用阴极保护。

2．介质条件

被保护的金属必须处在电解质溶液中才能受到阴极保护，同时被保护结构周围的电解质溶液的量要大，以建立连续的电路，保护电流才可通过电解液层均匀分布到金属表面各部分使之得到保护。

一般适用介质：土壤、中性盐溶液、河水、海水、碱、弱酸溶液（如磷酸、有机酸等）。

注意：对腐蚀性强的电解质因所需保护电流很大、消耗电能大，不宜采用阴极保护，在大气、气体介质及其他不导电的介质中不能应用阴极保护。

3．结构

被保护设备的结构形状一般不宜太复杂，结构复杂的设备在靠近辅助阳极部位电流密度大，远离辅助阳极部位电流密度小，得不到足够的保护电流，甚至不起保护作用，产生所谓“遮蔽现象”。

三、阳极保护

阳极保护是将被保护的金属构件与外加直流电源的正极相连，在电解质溶液中使金属构件阳极极化至一定电位，使其建立并维持稳定的钝态，从而阳极溶解受到抑制，腐蚀速度显著降低，使设备得到保护。

（一）原理

（1）使处在腐蚀区的金属电位正向移动，进入钝化区。显然只有对活性—钝性型的金属通以外加阳极电流才可使它极化，从而在一定的电解质溶液中建立和维持钝态。

（2）具有钝化特性的金属结构在进行阳极保护时，将它接在直流电源的正极上，通以一定的电流。

（3）当电位达到 $E_{临}$，电流密度为 $i_{临}$：金属开始钝化。随后电位继续升高，电流密度下降至最小值，即维持金属钝化膜的稳定所需的电流密度即维钝电流密度 $i_{维}$，金属的电位维持在钝化区内，对于没有饨化特征的金属，不能采用阳极保护。

（二）主要参数

1）临界电流密度 $i_{临}$

越小表示金属不必有很大的阳极极化电流即可使金属钝化，这样所需的电量就小，可选用小容量的电源设备，同时也减少被保护金属在建立钝化过程中的阳极溶解。

2）维钝电流密度 $i_{维}$

表示维持金属设备的钝态所需电流密度的大小，$i_{维}$小表示金属在维持饨态下的溶解速度小（也即钝化时的腐蚀速度小），保护效果好，同时也说明了维持金属钝化所需电量消耗少，节省运行费用，因而越小越好。

3）钝化区电位范围

钝化区电位范围越宽越好，范围越宽，保护过程中允许被保护设备的电位变化范围越宽，在操作运行过程中不会因电位受外界因素影响而造成设备的活化或过钝化，可靠性好。这样，对控制电位的电器设备与参比电极的要求就不必太高。

钝化区电位范围受金属材料、腐蚀介质的成分、浓度、温度及 pH 值的影响。

（三）应用条件

（1）阳极保护只能应用于具有活性—钝性型的金属；而且由于电解质成分影响钝态，它只能用于一定环境。

（2）阳极保护不能保护气相部分，只能保护液相中的金属设备。对于液相，要求介质必须与被保护的构件连续接触，并要求液面尽量稳定。

介质中的卤素离子浓度超过一定的临界值时不能使用，否则这些活性离子会影响金属钝态的建立。

（3）$i_{临}$和 $i_{维}$这两个参数要求越小越好。

四、联合保护

单独采用阴极保护或阳极保护对大面积结构或设备的保护要消耗较大的电流，因而常与其他方法联合使用，可减少耗电量，称为联合保护。

（一）阴极保护与涂层的联合保护

用于大面积的结构，可以克服出现针孔和局部损坏等许多缺点。如环氧基涂料就适宜于

用作在一定环境中的联合保护涂料。

（二）阴极保护与缓蚀剂的联合保护

这种联合保护，可以提高使用效率，减少损耗；对于表面复杂的结构，两者结合，效果显著。

（三）阳极保护与涂层的联合保护

单纯的阳极保护主要缺点是临界钝压电流大，需要大容量的直流电源设备才能建立钝压，这样就增加了投资费用。另外，单一的阳极保护，当生产中液面波动或断电时，容易引起活压，活压后重新建立钝压比较困难。采用阳极保护与涂料联合防腐后，钝压时只需将涂料覆盖不严的地方（如针孔、破损）进行改钝，由于阳极面积大大减小 $i_{临}$ 也相应大大减小，活压后重新钝压也容易得多。

（四）阳极保护与缓蚀剂的联合保护

可以降低临界电流密度，例如硝酸铵、尿素混合液中加重铬酸钠；尿素、氨水混合液中加硫氰化钠等无机缓蚀剂。

五、阳极保护与阴极保护的比较

阳极保护和阴极保护都属于电化学保护，适用于电解质溶液中连续液相部分的保护，不能保护气相部分。

从原理上讲，一切金属在电解液中都可进行阴极保护，而阳极保护只适用于金属在该介质中能进行阳极钝化的条件下，否则会加速腐蚀，因而阳极保护的应用范围比阴极保护要窄得多。

阴极保护时，不会产生电解腐蚀，保护电流也不代表腐蚀速度。如果电位控制得当，可以停止腐蚀。

阳极保护开始要大电流建立钝化，这个临界电流要比日常保护电流大百倍，因此电源容量要比阴极保护大得多。而且阳极保护要经过较大的电解腐蚀阶段，钝化后仍有与维持电流密度相近的腐蚀速度。

阴极保护时电位偏离只是降低保护效率，不会加速腐蚀，而阳极保护电位郊果偏离钝化电位区则会加速腐蚀，为此阳极保护一般采用恒电位仪控制在最佳保护电位。

对强氧化性介质（强腐蚀性介质）如硫酸、硝酸，采用阴极保护时需要的电流很大，工程上无使用价值。但强氧化性介质却有利于生成钝化膜，可实施阳极保护。

如果电位过负，阴极保护时设备可能有产生氢脆的危险。而阳极保护时设备是阳极，氢脆只会发生在辅助阴极上，危险性要小得多。

阴极保护的辅助电极是阳极，可以溶解，要找到强腐蚀性化工介质中在阳极电流作用下耐蚀的阳极材料不大容易，使得阴极保护在某些化工介质中的应用受到限制。而阳极保护的辅助电极是阴极，本身也得到一定程度的保护。

六、总结

在强氧化性介质中先考虑采用阳极保护。

在既可采用阳极保护，也可采用阴极保护，并且二者保护效果相差不多的情况下，则应

优先考虑采用阴极保护。

如果氢脆不能忽略，则要采用阳极保护。

第四节　缓　蚀　剂

在腐蚀环境中，通过添加少量能阻止或减缓金属腐蚀的物质使金属得到保护的方法，称为缓蚀保护。而这种能阻止或减缓金属腐蚀的物质就是缓蚀剂，又叫腐蚀抑制剂。

用于缓蚀剂的保护具有投资少，收效快，使用方便，应用广泛等特点；但同时也有一定的局限性，缓蚀剂只能用在封闭和循环的体系中，且不适宜在高温下使用；存在污染及废液回收处理问题时，应当慎重考虑。

一、缓蚀剂的分类

按缓蚀剂对电极过程所产生的主要影响，可分为阳极型，阴极型和混合型三类。

按缓蚀剂所形成的保护膜的特征，可分为氧化膜型、沉淀膜型、吸附膜型，见表 8-7。

表 8-7　各种类型缓蚀剂及其分类

<table>
<tr><th colspan="2">分类依据</th><th colspan="2">名称</th><th>说明</th></tr>
<tr><td rowspan="6">按作用机理分类</td><td rowspan="3">对阴、阳极腐蚀过程的抑制作用</td><td colspan="2">阳极型缓蚀剂</td><td>抑制金属腐蚀的阳极去极化过程</td></tr>
<tr><td colspan="2">阴极型缓蚀剂</td><td>抑制金属腐蚀的阴极去极化过程</td></tr>
<tr><td colspan="2">混合型缓蚀剂</td><td>同时抑制金属腐蚀的阴、阳极去极化过程</td></tr>
<tr><td rowspan="3">按抑制作用分类</td><td colspan="2">吸附型缓蚀剂</td><td>通过化学或物理吸附，抑制腐蚀过程</td></tr>
<tr><td colspan="2">成膜型缓蚀剂</td><td>促进金属表面形成钝化膜</td></tr>
<tr><td colspan="2">钝化型缓蚀剂</td><td>与金属腐蚀产物形成沉淀保护膜</td></tr>
<tr><td colspan="2" rowspan="2">按缓蚀剂成分分类</td><td colspan="2">无机物缓蚀剂</td><td>一般用于中性水介质</td></tr>
<tr><td colspan="2">有机物缓蚀剂</td><td>一般用于酸性水介质、油介质、气相</td></tr>
<tr><td colspan="2" rowspan="5">按介质性质分类</td><td rowspan="3">水溶性缓蚀剂</td><td>中性</td><td>pH　5～9</td></tr>
<tr><td>酸性</td><td>pH　1～4</td></tr>
<tr><td>碱性</td><td>pH　10～12</td></tr>
<tr><td colspan="2">油溶性缓蚀剂</td><td>石油漆油中间产物</td></tr>
<tr><td colspan="2">气相缓蚀剂</td><td>天然气</td></tr>
</table>

二、影响因素

（一）浓度的影响

浓度对缓蚀效率的影响，一般有三种情况。

（1）缓蚀效率随缓蚀剂浓度的增加而提高。大多数有机及无机缓蚀剂在酸性及浓度不大的中性介质中，都属于这种情况。

（2）缓蚀效率与浓度的关系有一极值，当浓度增大到一定数值后再增大浓度，缓蚀效率反而降低。盐酸介质中的醛类缓蚀剂亦属这类情况。使用注意用量。

（3）当浓度不足时，缓蚀剂不但不起缓蚀作用，反而加速金属腐蚀。因此对这类缓蚀剂

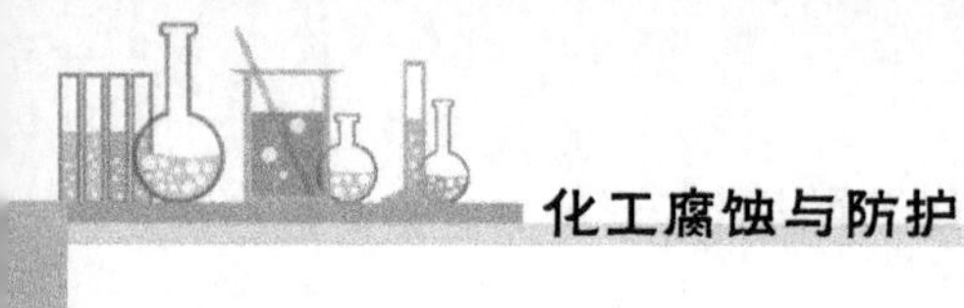

应加足用量。大多数的阳极型缓蚀剂均属这种情况。

（二）温度的影响

温度对缓蚀效率的影响有三种情况。

（1）缓蚀效率随温度的升高而降低。大多数有机及无机缓蚀剂均属这种情况。

（2）缓蚀效率在一定的温度范围内不随温度的变化而变化。用于中压水溶液和水中的不少缓蚀剂属于这种情况。

（3）缓蚀效率随温度的升高而提高。这类缓蚀剂在介质温度较高时，有较大的实用价值。

（三）流速的影响

（1）缓蚀效率随介质流速的增加而降低。大多数缓蚀剂都属于这种情况。

（2）缓蚀效率随介质流速的增加而提高。

（3）缓蚀效率随介质流速的增加在缓蚀剂浓度不同时出现不同的变化。

介质中的一些杂质如 Fe^{3+}、S^{2-} 等对缓蚀效率也有较大影响，使用时应当注意。

本章小结

1. 表面清理分为机械清理方法（手工除锈、气动除锈）和化学、电化学清理方法（化学除油、酸洗除锈、电化学除油、酸洗膏除锈、锈转化剂清理）。

2. 表面覆盖层分为金属覆盖层（电镀、化学镀、热喷涂、双金属、金属衬里等）和非金属覆盖层（涂料覆盖层、玻璃钢衬里、橡胶衬里、砖板衬里）。

3. 电化学保护包括阴极保护、阳极保护法。

4. 在腐蚀环境中，通过添加少量能阻止或减缓金属腐蚀的物质使金属得到保护的方法，称为缓蚀保护。

习题练习

1. 当镀锌皮上存在“针孔”时，会产生什么现象？
2. 涂料覆盖层为什么能起保护金属作用？
3. 大多数橡胶衬里为何要经硫化处理？
4. 表面清理方法主要有哪些？
5. 为什么采用金属覆盖层时必须考虑其化学性质？
6. 选择涂料覆盖层应考虑哪些因素？
7. 玻璃钢衬里结构分哪几层？各有什么作用？
8. 阴极保护分为哪几种方法？
9. 什么叫缓蚀剂？
10. 归纳化工生产过程中常用的防腐蚀措施。

第九章

防腐蚀案例分析

学习目标

1. 了解有效的防腐蚀措施；
2. 掌握生产安全运行的基本防腐案例。

学习重点

1. 防腐蚀技术应用；
2. 通过案例了解腐蚀的损害。

第一节　防腐蚀成功案例

案例一　重庆地区燃气管道防腐技术

埋地燃气钢管与土壤或水长期接触，会产生化学腐蚀，对管网的安全运行与使用寿命带来极大危害。因此，埋地燃气钢管必须采取适当防腐控制技术，确保管网安全运行，延长燃气钢管使用寿命。目前，埋地燃气钢管常用的防腐技术为绝缘层防腐法和电化学保护法，通常这两种方法总是同时使用，提供防腐双重屏障，以增强防腐效果。重庆燃气集团管理 200 万名用户，现有输气管网 8 000 余公里，早期的埋地管网已有 30 余年历史，管网老化腐蚀泄漏问题突出。2008 年全年累计抢险 4 476 次，其中因管道锈蚀穿孔漏气抢险达 3 054 次，占抢险总数 68%。腐蚀泄漏对经济、安全、供气输送都造成了很大危害。

重庆地区常用燃气钢管的防腐方式（重庆燃气集团）有如下几种。

1. 沥青防腐

沥青防腐分石油沥青和环氧煤沥青防腐。石油沥青是我国早期使用最多的防腐材料，它的优点是施工工艺简单、技术成熟、设备定型、防腐性能可靠、成本低廉；缺点是吸水率大，耐老化性能差，耐细菌性差。

环氧煤沥青是石油沥青的改进代品，是由环氧树脂、煤焦油沥青、固化剂和填料组成的新型防腐材料。它的发明初衷是提高防腐层的耐矿物油及化学药品性能，增大耐磨性及对金属的附着力。但其出现后，由于其防腐层太薄（小于 1 mm），施工中容易产生机械损伤，且对施工工艺要求高，其固化时间长，对环境、管材除锈等要求严格，这一系列问题严重影响了其推广使用，在燃气界一直争论不断，目前很多地方已经不再使用。

重庆燃气集团早期埋地钢管，均采用沥青防腐，据老一辈工程技术人员讲，石油沥青熬制，要用微火熬数小时，熬干水分，三油三布工艺控制严格。防腐效果良好。重庆燃气集团 20 世纪 70 年代埋设的沥青防腐管道，至今时有挖出来，剥开防腐层，钢管表面仍保持完好。

由于沥青防腐污染环境，随着新的表面防腐技术不断出现，石油沥青防腐在大城市现已基本淘汰，仅在部分小城市还有使用。

2．黏胶带防腐

国外埋地钢管外壁采用胶带防腐已有五十余年历史。我国至 90 年代初引进国外胶带生产技术及装备。目前主要有宁波安达防腐材料有限公司、天津中央制塑公司等厂家生产防腐胶带，且应用较为广泛。胶带防腐执行行业标准 SY/T 0414—1998《钢质管道聚乙烯胶粘带防腐层技术标准》。

重庆燃气集团 2001 年建成一条胶带防腐机械自动化生产线，至 2008 年止，已累计加工生产聚乙烯胶带防腐管逾 5 000 公里。从使用效果来看，胶带防腐具有优异的抗水、汽渗透性，防腐蚀能力强，加工工艺简便、无污染、成本低廉。管道施工中采用专用补口带易于修复破损和现场补口，简便、快捷。采用胶带防腐技术，只要严格执行 SY/T 0414—1998 标准，不失为一种较好的防腐选择。

胶带防腐必须注意几个问题。

（1）胶带防腐层厚度较薄（加强级≥1.44～2.2 mm），强度较差，在防腐管施工及搬运过程中易造成防腐层破坏。在埋填管道之前，一定要仔细检查，用补口带补好破损处，管沟低部一定要铺软土或河沙，回填用软土。

针对这一问题，目前开发出一种网状增强型聚乙烯纤维防腐胶带，抗拉伸强度是一般胶带 3 倍以上，具有良好的抗弯曲性能、耐磨性能、耐压痕性能。另外此胶带网状纤维结构不会阻碍阴极保护电流，使得防腐层不会产生阴极屏蔽现象，适合于阴极保护系统中使用。

（2）焊口补口、补伤一定要用相同材料的补口带。补口胶带有较厚的胶层，适合手工缠绕。补口、补伤前一定要做好清理、除锈、深刷底胶漆工序，确保管线防腐性能一致性。目前很多地方采用环氧煤沥青，热缩套补口、补伤，因搭接处材料、工艺不一致，会产生间隙，水、汽易渗透，造成腐蚀穿孔危害，不宜采用。

（3）聚乙烯胶带在阳光紫外线作用下，易发生老化。因此胶带防腐不宜用于露天管线。目前中央塑胶公司有一种铝箔防紫外线防腐胶带可用于露天管道，必要时可以选用。

（4）选用胶带产品，注意检测胶带的抗剥离强度，抗剥离强度越高，黏胶越牢、抗水、汽渗透能力越强。SY/T 0414—1998 标准中规定的抗剥离强度是：胶带对底漆钢材剥离强度≥18 N/cm。目前有的胶带产品已能达到≥45 N/cm。

从近十年使用胶带防腐经验来看，重庆属丘陵山区地带，直径大于 DN200 mm 以上的钢管，由于自重大，施工、运输过程中胶带防腐层易破损，不太适用胶带防腐，宜选用其他防腐材料。对小口径的城市燃气管网，胶带防腐是一种防腐性能优良，成本低廉的较好选择。

3．3PE 防腐

3PE 防腐是近年来流行的一种新型复合结构的外防腐技术，它是由底层喷涂环氧粉末、中间层为胶黏剂、外层为聚乙烯复合组成的一种防腐结构。3PE 具有良好的机械性能和优良

的防腐性能、防腐管寿命可达 50 年。

近年来 3PE 防腐在我国石油、城市燃气行业得以广泛应用，是目前技术领先的防腐技术。重庆燃气集团近年来铺设直径 DN200 mm 以上的埋地钢管都采用了 3PE 防腐技术，从使用情况上看；防腐层强度高，不易发生破损，防腐性能优异，值得推广。

3PE 防腐主要缺陷为焊接补口问题。现有工艺是采用热缩套补口，补口工艺与 3PE 防腐工艺不一致。管子端部焊口处实际只有一层热缩套防腐层，且热缩套与 3PE 接合处工艺不一致，成为防腐薄弱处。3PE 防腐寿命长，但防腐造价较高，补口处防腐工艺不一致，印证了经济学上的木桶原理。木桶盛水多少，取决于最短一块木板，管线防腐寿命长短，取决于最薄弱处防腐质量。

现国内已有企业致力解决此问题，中国石油物资装备（集团）总公司已开发出 3PE 补口防腐涂装机，应用于施工现场 3PE 补口。四川油建公司也开发建成了钢管弯头 3PE 防腐作业生产线，生产 3PE 防腐的弯头。若将上述两项技术应用于 3PE 防腐管线建设，将完善 3PE 防腐技术，整条管线防腐工艺技术完全一致，将大大提高管线的防腐可靠性。

选择 3PE 防腐管，有的生产厂家将管子端部预留焊口处，喷涂了环氧粉末，这样做，管道在露天存放期间端部不易锈蚀。环氧粉末在电弧高温下会蒸发，不会影响焊接质量，且用热缩套补口后也多一层防腐层。但因环氧粉末涂层是绝缘体，会造成电焊起弧困难。因此焊接前必须打磨焊口。

4．室内管道的防腐

城市燃气系统室内金属管道防腐常用有镀锌管，油漆防腐等。重庆燃气集团是在防腐厂先将钢管表面用自带化学除锈功能的防腐底漆处理后，交付施工现场安装后再涂面漆，效果较好。以前曾用过化学除锈剂浸泡钢管除锈后，涂刷防腐底漆。但这样做工艺步骤多，成本高，且除锈液污染环境。随着新技术、新产品的发展，现已有不少带化学除锈功能的防腐底漆产品可选用。在 3PE 防腐工艺中，环氧粉末喷涂厚度可达 50～100 μm，可只喷涂环氧粉末，作为室内钢管表面的防腐措施，也可取得很好的防腐效果。

燃气管道防腐是城市燃气企业一项重要的技术管理工作，应予以足够重视。随着城市建设发展，管网抢险开挖成本越来越高，燃气管网安全可靠运行日显重要。腐蚀泄漏，将造成抢险费用加大、严重安全隐患、漏气及抢险排空带来的输差损失等，都将给燃气企业带来很大的经济损失和社会危害。因此燃气企业应加大在防腐技术上的投入，把治病的钱用于预防，采用高水平、高质量的防腐技术，加强管网建设施工质量监督管理；从源头上减少燃气管道锈蚀泄漏事故的不利因素，从而达到减少抢险次数，提高管网的安全运行可靠性、经济性的目的。

案例二　国内桥梁防腐蚀案例

国内的钢桥均采用涂料进行防腐，随着腐蚀环境的差异而采用不同的涂料配套体系进行防护。近年来，为防止钢结构在使用寿命中过早腐蚀，我国桥梁的钢结构基本上都采用富锌漆或电弧喷铝涂层的方案进行涂装保护。

富锌涂料主要有无机富锌和有机富锌（环氧）两大类组成，富锌涂料防腐涂层就是以富锌底外加中间漆和面漆组成的重防腐涂料体系（也称重防腐特涂）。

苏通大桥是交通部规划的黑龙江嘉荫至福建南平国家重点干线公路跨越长江的重要通

道，主桥结构形式为双塔双索面钢箱梁斜拉桥，主跨 2 088 m，在同类型桥梁中居世界第一。

苏通大桥钢桥面防腐涂装工程中行车道、中分带面积为 69 530 m^2，检修道涂装面积为 8 352 m^2。行车道、中分带抛丸除锈要求达到 GB 8923—1988 的 Sa2.5 级，粗糙度 *Rz* 为 40～80 μm，环氧富锌底漆干膜厚度 60～80 μm。检修道采用重防腐涂装体系，抛丸除锈达到 GB 8923—1988 要求的 Sa2.5 级，粗糙度 *Rz* 为 40～80 μm，总漆膜厚度 380 μm。

苏通大桥钢桥面防腐涂装工程，在施工过程中对漆膜表面、漆膜厚度、抗拉拔强度几方面进行了检测与控制。油漆表面色泽均匀，漆膜无流挂、针孔、气泡、裂纹等缺陷。漆膜厚度按 50 点/1 000 m^2 进行了检测，共测 3 500 点，98%的部位均满足设计文件的要求，局部偏薄的地方经补涂检验也符合要求。抗拉拔强度（漆膜 7 d 后）按 6 点/1 000 m^2 进行了检测，共测 390 点，全部满足要求，最高点达 19 MPa 以上。

上海崇明越江通道长江大桥工程是交通部确定的国家重点公路建设项目，是上海到崇明越江通道南隧北桥的重要组成部分之一，连接长兴岛和崇明岛，全长 16.5 km，其中越江桥梁长约 10 km。主通航孔桥型采用主跨 730 m 的双塔斜拉桥方案，是世界最大跨度的公路与轨道交通合建斜拉桥。

（1）上海长江大桥经过严格的表面净化处理和喷砂除锈后，尽快进行电弧喷铝施工，避免二次污染。

（2）电弧喷涂采用的线状铝丝，表面光滑干净，无刮屑、缺口、严重扭弯和扭结，无氧化、无油脂或其他污染。材料按 GB/T 3190-96 标准执行。

电弧喷涂时喷枪与钢梁等基体表面成直角方向，喷涂角度大于 60°，无法垂直的部位斜度不小于 45°；距离大致保持在 150～200 mm 范围内，喷枪均匀移动速度在 300～400 mm/s，铝丝的输送速度为 1～4 m/min。喷涂铝层采用分层喷涂，前一层与后一层的喷涂方向必须是和 90° 和 45° 交叉，以保证涂层的均匀与高黏结性。喷涂环氧封闭漆、中间漆和氟碳面漆时，喷涂距离大致保持在 70～200 mm 范围内。喷涂时喷枪与钢箱梁等基体表面成直角方向，无法垂直的部位斜度不宜小于 45°；喷枪均匀移动，速度在 300～400 mm/s 选择。喷涂环境温度在 10～35 ℃，应严防基体表面结露；基体表面温度高于空气露点 3 ℃以上，相对湿度在 85% 以下。

长江大桥钢结构防腐工艺采用电弧喷铝的防腐技术，该技术是经过几十年的不断创新，发展成为高效、节能、节材的长效防腐技术，它具有防护周期长、保护性能强、方便操作、普遍适用等特点，已经发展成为金属热喷涂技术中应用最广泛一种，日益成为国内外众多大跨度钢结构桥梁长效防腐的主流应用技术。

案例三　“鸟巢”防腐技术

“鸟巢”外形结构主要是由巨大的门式钢架组成，共有 24 根桁架柱。国家体育场建筑顶面呈鞍形，长轴为 332.3 m，短轴为 296.4 m，最高点高度为 68.5 m，最低点高度为 42.8 m。

“鸟巢”所用钢材名为 Q460EZ235，是顶级建筑用钢，“460”指钢材的强度，表明这种钢的强度是普通钢材的两倍，“E”指的是负 40° 的冲击韧性指标，这表明此钢的韧性十足，而“Z235”则表明“鸟巢”钢材的性能是最高级的。

我国原来标准的钢材无法满足“鸟巢”要求。武阳钢铁公司最终研制出成 110 mm 厚的“鸟巢”特殊用钢，保证了“鸟巢”在承受最大 460 MPa 的外力后，依然可以恢复到原有

形状。这意味着如果北京再次遭受上世纪 70 年代唐山地震一样的地震波及，鸟巢依然能保持原状。

“鸟巢”钢结构的防腐工程是国内建筑钢结构加注防腐涂料程序最多的一次。作为目前世界最大的单体钢结构工程，“鸟巢”的钢结构涂装面积达到 28.4 万 m^2。“鸟巢”将戴 6 层防腐面具，可以保持 25 年。

全国有 6 个厂家生产“鸟巢”所需的钢制品。在原产地，这些钢制品就要刷上底漆和封闭漆，分别为黄色和红色，这是头两道防腐面具。然后，再把所有的钢制品集中到工地，涂上中间漆和氟炭色漆，是第三道和第四道工序。从第四道开始，涂料的颜色就变成灰色。之后，开始钢结构的上架和组装，依次上面漆和罩面漆。

严格的表面处理是决定钢结构涂层寿命诸多因素中的首要因素。如表面处理达不到有关技术的要求，将影响涂层与基体金属间的附着力，从而无法保证设计的防腐年限。

1．喷砂前表面处理（新钢材）

使用适当清洁剂去除表面油脂等污染物，用（高压）淡水清洗掉盐分和其他污染物，干燥后经检验合格，进行喷砂。

2．喷砂作业的环境条件

钢板表面温度高于露点 3 ℃以上，有条件的在厂房内施工时，厂房内相对湿度低于 70%，露天作业相对湿度低于 80%。

3．磨料

喷砂所用的磨料应符合 GB 6484、GB 6485 标准规定的钢砂、钢丸或使用无盐分无污染的石英砂。磨料粒度和表面粗糙度有直接的关系。

4．喷砂工艺要求

喷砂除锈等级应达到 GB 8923（ISO 8501—1：1988）的 Sa2.5 级，SSPC-SP-10，表面的粗糙度相当于 Rugotest No.3，BN9a 至 BN10a-b。在喷砂施工期间，要确保磨料没有受到灰尘和有害物质的污染。

案例四 工业污废水池防腐蚀工艺

在一目前国内最大的芯片集成电路制造厂的工业污水处理池中，含有一些废酸，其中包括一些氢氟酸，在这个工程中采用了 891 乙烯基酯树脂玻璃钢结构，已经运行 4 年，效果良好，其玻璃钢结构是 2 层 04 布再加一层表面毡的结构，总厚度约为 2 mm。

在湖南一石油化学品公司的工业废水处理池中，由于池的面积较大，同时废水又含有大量的烃类等化学介质，对化水处理池最后采取 VEGF 树脂鳞片材料结构，以确保整个防腐蚀内衬层的整体性和抗渗性，另外在砼基础上加衬一层 04 玻纤布。

在浙江一家农药厂，排放的废水中含有一些三氟乙酸、硫酸等强腐蚀性的化学介质，同时刚排放的废水温度较高，部分达到 90 ℃甚至更高，最后在有关专家的建议下，并结合外方在国外同类工厂的防腐蚀经验，最后选取耐酸砖衬里，沟缝用胶泥采用耐高温 898 乙烯基酯树脂胶泥，防腐蚀效果不错。

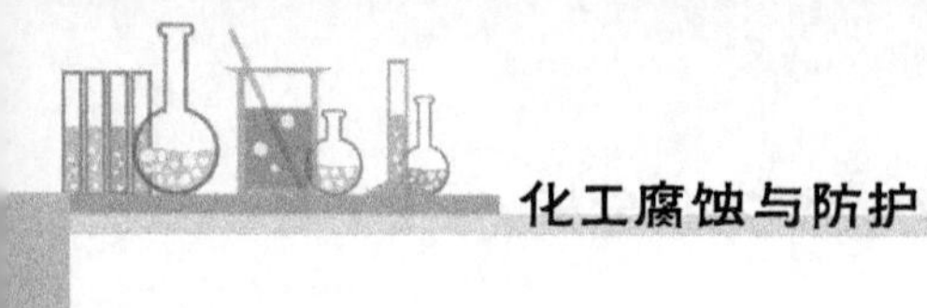

第二节 防腐蚀失败案例

一、设计不当

案例一 别克凯越排气管腐蚀严重

排气管设计存在问题，排气管及消音器上易腐蚀，产生的破孔，噪音加大。由于汽车排气系统工作环境比较复杂，温度比较高，冷凝液中含有CO_3^{2-}、NH_4^+、SO_4^{2-}、CL^-，所以随着冷凝液中活性阴离子浓度的增加，会造成钝化膜破坏。

二、制造安装不当

案例二 氧分离器腐蚀失效分析

电解水制氧（氢）装置被广泛地应用在石油、化工、冶金、电子等行业的供氢，以及潜艇或密闭系统的供氧。而氧分离器是其装置中一个重要的容器设备。根据最近两年来搜集到的十几起具有共性的氧分离器封头腐蚀失效情况的分析原因如下。

氧分离器失效主要有以下原因。

（1）封头加工过程中没有进行退火去应力和良好的固溶处理，使得其结构组织内部已产生微裂纹或位错、滑移等缺陷。

（2）焊接时由于热影响区处在敏化温度，造成 Cr 在晶界偏析。

（3）在含有Cl^-、S^{2-}离子溶液中含有高浓度氧，首先形成晶间腐蚀和应力腐蚀，随着离子在晶界及裂纹尖端的富集产生自催化作用，外加氧的去极化腐蚀作用，以及氢氧分离器形成的腐蚀电池，大大加速了这种腐蚀的速度，致使氧分离器失效。

解决此问题，应采取以下几项措施：

（1）选用超低碳钢含 Mo、Ti 的材料，减少 C 的偏析；

（2）封头压制成型后，先进行回火固溶处理，消除应力并使其固溶体均匀；

（3）与筒体焊接完成后再次进行固溶处理；

（4）控制电解液中Cl^-、S^{2-}离子含量；

（5）容器验收时，用铁素体测定仪对封头各部分进行磁性相测量，对于磁性相>1.5%的容器重新进行固溶处理。

三、操作不当

案例三 尿素氨汽提塔的腐蚀及防护

中原大化集团有限责任公司尿素装置采用 SNAM 氨汽提工艺，自 1990 年 5 月投产以来，汽提塔 E-101 已累计运行 4 818 d，2002 年 9 月大修时 E-101 换热管虽有均匀减薄现象，但整体腐蚀并不严重；2004 年 2 月 12 日，对 E-101 进行了倒头处理，通过一年多的运行，效果不错。但国内同类型企业有两家先后出现过汽提塔腐蚀、衬里穿孔，致使全系统停车，造成很大损失。

1．汽提塔顶部超温

由于开停车次数多，在开车初期或事故停车时都可能造成局部超温。开车初期，因合成塔出料不稳定，系统波动大，汽提塔上部液封易被冲破，液膜不稳定，造成局部过热，腐蚀加剧；在事故停车过程中，E-101 瞬时断料，造成液体分布器液封消失，而壳侧蒸汽又不能及时退出，导致 E-101 顶部超温，腐蚀加剧。

2．系统 NH_3/CO_2 失调，加剧 E-101 腐蚀

SNAM 氨汽提法设计 NH_3/CO_2 为 3.6，但为了减轻后系统回收负荷，降低汽耗，一般控制 NH_3/CO_2 在 3.3 左右，NH_3/CO_2 降低后，系统副反应增多，加剧了 E-101 的腐蚀。

3．系统加氧量不够

氨汽提法设计加氧量（体积含量）为 0.25%～0.35%，为了降低中压系统放空量，降低消耗，一般将氧含量控制在指标下限，这样设备内部不能很好地形成钝化膜，使 Ti 处于活化状态，促使腐蚀加剧，最终造成局部穿孔破坏。

4．停车后系统封塔时间太长

SNAM 规定该系统高压圈最长封塔时间不超过 48 h，实际生产过程中，封塔时间越长，设备腐蚀越严重。

防护措施：

（1）严格工艺纪律，提高对高压静设备的管理水平，增强化工操作人员的防腐意识。

（2）正常生产情况下，必须稳定操作，避免系统大幅度波动，防止 E-101 顶部超温。

（3）系统加氧量应在 0.30%以上，使设备内部形成很好的钝化膜。

（4）系统 NH_3/CO_2 应为 3.6 左右，H_2O/CO_2 为 0.6 左右。非特殊情况下，高压圈封塔时间不得超过 48 h。

四、环境改变

案例四　四代战斗机结构腐蚀防护

未来战争是海空地联合作战的立体化战争，未来战场范围的扩大使得战斗机所遭遇的腐蚀环境、腐蚀形式多样化。四代战斗机停放、使用环境不再是在某一固定、狭小范围内，既可能是在海洋大气环境中（如海边机场或航母上），又可能是在工业大气环境中。另外，超音速、长距离续航特点使得战场范围扩大，在飞机使用寿命期内会经历各种复杂气候环境，特别是不同地域、时域的气候变化所带来的复杂多样的腐蚀环境。

腐蚀环境复杂多样化导致腐蚀介质侵入方式与部位、腐蚀类型多样化、复杂化，从而增加制定周密的腐蚀防护与控制计划的难度。

四代战斗机起落架与起落架舱、枢轴装置、整流罩舱、机身腹部结构、内埋弹舱以及各种口盖/口框都是易腐蚀区域。

（一）产生腐蚀的主要原因

（1）飞机起飞、降落、滑行过程中起落架舱暴露于外界环境中，雨、雪、湿气等腐蚀介质从各类舱门、口盖进入机体内，形成浸渍。

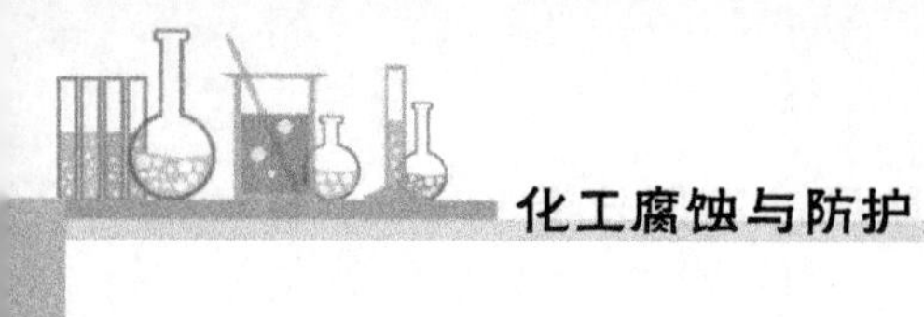

（2）结构设计不合理导致水分和湿气积聚，排水和通风不畅；起落架收放机构、武器舱门开启机构、全动平尾枢轴机构等特殊结构/机构由于腐蚀环境和机构运动将导致冲击损伤、腐蚀/磨损、磨蚀等损伤现象的发生。

（3）由于腐蚀环境的影响，使得一些次承力件产生腐蚀疲劳损伤与应力腐蚀等损伤，导致应力分布变化，强度贮备减少，失效模式发生演变，最终转变为危险部位。

（二）四代战斗机的结构总体设计中的防腐与控制

1．材料选用与布置

应根据飞机整体与局部载荷环境和使用环境、生产工艺可行性、材料经济性及隐身性要求，合理选用性价比高的钛合金、复合材料，形成一个性价比最优的材料布局。

F-22 战斗机对全机材料用量进行了合理的分配，全部蒙皮、大量的肋、梁及水平安定面、进气道、机翼（含整体油箱）、襟翼、副翼、垂尾、平尾、减速板等选用了满足强度、减重与隐身要求的复合材料；考虑应力分布严重与高温腐蚀的原因，后机身采用了钛合金材料。

2．通风与排水

既然下面开设排水孔对四代战斗机隐身特性有影响，可改“上堵下泄”的原则为以“上堵”为主的原则；同时改进下泄的排水措施，使排水与隐身兼顾。例如，考虑排水孔改为排水开关，飞行时关闭以保证隐身功能要求；在地面停放或检查维护时打开开关定期排水，满足结构腐蚀防护与控制要求。另外，还可在使用和停放阶段加强通风；将积水引导至蓄水容器以合理方式集中排放。

3．表面处理与密封

根据四代战斗机材料布局及环境要求选用合适的表面处理措施。例如，缓蚀剂在考虑与防护涂层兼容的同时应考虑与隐身功能涂层的兼容性。对于必要存在的检查口盖，在提高材料耐腐蚀性能与加强密封性能的同时，注重下部口盖的隐身性能。使用先进防腐涂镀层，保证结构在长时间（如 10 年、20 年）不需作腐蚀检查。

4．可达性与可维修性

衡量飞机可达性的是开敞率，但开敞率的提高势必影响隐身要求。应通过合理的结构设计保证结构的可达性、可检性并兼顾隐身性；制订合理周密的检查维修计划，采用先进的检测技术等。《美国空军装备维修》规定，一架新研制的 F-22 战斗机联队，计划需要 1 072 名维修人员，平均一架飞机 14.9 人（F-16 为 22.1 人，F-15 为 23.5 人），较 F-16、F-15 的维修人员大为减少，这对四代战斗机可维修性提出更高要求。

5．结构材料对腐蚀防护与控制

四代战斗机由于机体结构不再是铝合金、合金钢与钛合金为主的金属结构时代，而是以铝合金、钛合金、复合材料为主的金属与非金属材料相结合的混合结构时代。

6．功能材料的腐蚀防护与控制

四代战斗机要求有良好的功能特性，如隐身性，因而，在功能要求上对材料提出了新的要求。选择可兼顾结构腐蚀控制与隐身功能要求的功能材料或结构——功能一体化材料是四代战斗机选材新技术。

隐形材料一般可分为涂敷型和结构型两种。

涂敷型主要使用各种胶膜、涂料，如现役三代半战斗机 F-117A，机体表面绝大部分涂覆了黑色雷达吸波材料，部分构件则涂覆铁氧体涂料。

结构型主要使用了功能与结构一体化的纤维树脂基增强复合材料，它有可设计性强、吸波频带宽、结构与功能要求有机结合的特点，在现代先进战斗机上已广泛采用，如 F-22 机身和机翼。

控制结构材料的腐蚀，一方面提高材料的耐蚀性，另一方面在结构材料上镀涂防护层，这就可能存在结构材料防护涂层与隐身功能涂层的相容性问题。

第三节 局部腐蚀案例

一、应力腐蚀实例

实例 1：北方一条公路下蒸气冷凝回流管原用碳钢制造，由于冷凝液的腐蚀发生破坏，使用 304 型不锈钢（0Cr18Ni9）管更换。使用不到两年出现泄漏，检查管道外表面发生穿晶型应力腐蚀破裂。

分析：在北方冬季公路上撒盐作防冻剂，盐渗入土壤使公路两侧的土壤中 NaCl 的含量大大提高，而选材者却不了解，没有对土壤腐蚀做过分析。就决定更换不锈钢管。将奥氏体不锈钢用在这种含有很多 NaCl 的潮湿土壤中，不锈钢肯定表现不佳，还不如碳钢。

实例 2：某化工厂生产 KCl 的车间，一台 SS-800 型三足式离心机转鼓突然发生断裂，转鼓材质为 1Cr18Ni9Ti。经鉴定为应力腐蚀破裂。

分析：在 KCl 生产中选用 1Cr18Ni9Ti 这种奥氏体不锈钢转鼓是不当的。KCl 溶液是通过离心机转鼓过滤的。KCl 浓度为 28 %，Cl^-含量远远超过了发生应力腐蚀破裂所需的临界 Cl^-的浓度，溶液 pH 值在中性范围内。加之设备间断运行，溶液与空气的 O_2 能充分接触，这就是奥氏体不锈钢发生应力腐蚀破裂提供特定的氯化物的环境。

保护措施：停用期间使之完全浸于水中，与空气隔离；定期冲洗去掉表面氯化物等，尽量减轻发生应力破裂的环境条件，以延长使用寿命。不过，发生这种转鼓断裂飞出的恶性事故可能有一定的偶然性，但这种普通的奥氏体不锈钢用于这种高浓度氯化物环境，即使不发生这种恶性事故，其寿命也不长，因为除应力腐蚀还有孔蚀、缝隙腐蚀等。

实例 3：一高压釜用 18-8 不锈钢制造，釜外用碳钢夹套通水冷却。冷却水为优质自来水，含氯化物量很低。高压釜进行间歇操作，每次使用后，将夹套中的水排放掉。仅操作了几次，高压釜体外表面上形成大量裂纹。

分析：在这个事例中，干湿交替变化造成氯化物浓缩。操作时高压釜外表面被冷却水浸没，停运时夹套中水被放掉，釜表面只留下一层小水滴。小水滴变干，氯化物就浓缩了。所以尽管冷却水中氯化物含量很低，但高压釜表面中氯化物含量却很高。

二、腐蚀疲劳实例

实例 1：某钢铁厂用于废水处理的间歇反应器为哈氏合金 B-2 制造，反应器为圆筒形罐

体，椭圆形封头，支座为普通结构钢。为避免在哈氏合金本体上异材焊接，在支座与下封头焊接处增设哈氏合金 B-2 过渡圈（10 mm）。介质为蒸汽和 1%含氟泥浆水，腐蚀性较强。投产后经常泄漏，经检查，裂缝主要发生在下环缝。

分析：该反应器处理腐蚀性较强的物料，同时承受频繁的交变应力作用，特别是下环缝，不仅要承受工作应力和热应力，而且还有搅拌泥浆所引起的离心力以及频繁开停车产生的交变应力。

但哈氏合金 B-2 是一种耐蚀性能优良的镍基合金，成分为 00Ni70Mo28，对所有浓度和温度的纯盐酸，哈氏合金 B-2 的腐蚀速度都很小，所以，造成反应器严重腐蚀的主要原因是设备结构设计不合理。设计的封头直边太窄，不符合设计规定，这样，过渡圈与封头连接的焊缝距下封头环焊缝太近，只有 45 mm，使原来应力水平就高的下环缝区域又增加焊接残余应力，故下环缝应力最高。在交变应力和腐蚀介质共同作用下下环焊缝区发生腐蚀疲劳裂纹。补焊时作业条件差，质量难以保证，下环焊缝区域材质越来越恶化，裂纹不断发展，造成频繁泄漏的破坏事故。

防护措施：设计时使应力分布尽可能均匀，避免局部应力集中，同时应对焊接结构和焊接工艺做出规定，使焊接残余应力尽可能减小。

三、磨损腐蚀实例

实例 1：一条碳钢管道输送 98%浓硫酸，原来的流速为 0.6 m/s，输送时间需 1h。为了缩短输送时间，安装了一台大马力的泵，流速增加到 1.52 m/s，输送时间只需要 15 min。但管道在不到一周时间内就破坏了。

分析：对于接触流体的设备来说，流速是一个重要的环境因素，但流速对金属材料腐蚀速度的影响是复杂。当金属的耐腐蚀性是依靠表面膜的保护作用时，如果流速超过了某一个临界值的时候，由于表面膜被破坏就会使腐蚀速度迅速增大。这种局部腐蚀称为磨损腐蚀，它是介质的腐蚀和流体的冲刷的联合作用造成的破坏。流体冲刷使表面膜破坏，露出新鲜金属表面在介质腐蚀作用下发生溶解，形成蚀坑。蚀坑形成使液流更加急乱，湍流又将新生的表面膜破坏，这样子使设备更快穿孔。

在选择流速时面临两个方面的因素。一方面，流速较低则管道直径就要较大（对一定的流量），设备费用增加。另一方面，流速较高，管道腐蚀速度增大，使用寿命缩短，甚至可能造成更大的事故。这样需要考虑金属材料的临界流速，进行适当的选择。同时，在设计管道系统的工作中，应尽量避免流动方向突然变化，流动截面积突然变化，减小对流动的阻碍，以避免形成湍流和涡旋。

四、孔蚀及缝隙腐蚀实例

实例 1：某发电厂的冷凝器，用海军黄铜制造时由于进口端流速超过 1.52 m/s（临界流速），很快发生磨损腐蚀破坏。后来改用蒙乃尔合金制造冷凝器。其临界流速为 2.1～2.4 m/s，操作人员仍然按海军黄铜的临界流速控制，结果使蒙乃尔合金发生孔蚀。

分析：这个腐蚀事例说明，流速并非在任何情况下都是愈小愈好，对于表面生成保护膜的钝态金属材料来说，流速过低容易造成液体停滞，固体物质沉积，从而导致发生孔蚀和缝

隙腐蚀。

防护措施：将流速控制在合适的范围。

实例 2：某轻油制氢装置再生塔底重沸器为 U 形管换热器。管程走低变气 167 ℃，壳程走本菲尔溶液 117 ℃，其中加有 V_2O_5 作为缓蚀剂。换热管为 1Cr18Ni9Ti 不锈钢，管板为 16Mn 钢。使用两年后，发现管子与管板连接处的缝隙内发生腐蚀。分析：V_2O_5 是一种钝化剂，能使 16Mn 钝化，表面生成保护膜。但使用钝化剂的基本要求是：钝化剂的浓度必须超过临界致钝浓度。

分析：设备结构上的缝隙往往受到严重的腐蚀。在狭缝内发生的缝隙腐蚀。在狭缝内发生的缝隙腐蚀，具有发展速度快，破坏集中等特点，对设备危害极大。

本事例中，16Mn 钢管板和 1Cr18Ni9Ti 不锈钢管子外表面都处于本菲尔溶液中。本菲尔溶液主要成分为 K_2CO_3 和 $KHCO_3$，为高温碱性溶液，其中加有 V_2O_5 作为缓蚀剂。V_{5+}是一种钝化剂，能促使 16Mn 钢钝化，表面生成保护膜，以维持很低的腐蚀速度。

使用钝化剂的基本要求是：钝化剂的浓度必须超过临界致钝浓度。因为钝化剂属于氧化剂，通过促进阴极反应使金属表面迅速生成钝化膜而转变为钝态。如果浓度偏低，阴极反应增加程度不足，不仅不能使金属钝化，反而会促使金属的腐蚀，或者造成局部腐蚀。管板与管子之间的缝隙区就正是这种情况。由于闭塞的几何条件，V_{5+}离子的消耗难以得到补充，使缝隙内部 V_{5+}离子达不到临界致钝浓度，导致 16Mn 钢管板发生严重腐蚀。

对于不锈钢管子，腐蚀机理则有所不同。因为不锈钢不需要 V_{5+}离子来维持其钝态。随着缝隙内金属腐蚀速度增大，金属离子浓度增高而难以迁移到缝外。金属离子发生水解反应，生成固体氢氧化物和 H^+，这不仅使闭塞条件加剧，而且使缝内 Cl^-浓度升高，致使缝内溶液酸化，pH 值下降，加上 Cl^-迁入，使缝隙内 Cl^-浓度升高，致使腐蚀条件强化。金属腐蚀速度增大，使金属离子浓度进一步升高，水解反应使 pH 值进一步降低，形成一个具有自催化特征的腐蚀过程。最终导致不锈钢钝态被破坏，腐蚀速度大大增加。

防护措施：管子与管板联接部位缝隙采用背部深孔密封焊。

实例 3：某用于输送淀粉溶液的 316 L 形不锈钢管在现场制造。使用 6 个月后，在很多环焊缝上及其附近发生泄漏。检查发现蚀孔处有焊接时形成的焊珠。

分析：本事例中的腐蚀是由于焊接工艺不良和焊接缺陷造成的。焊接质量不好，形成了焊珠、飞溅、咬边、根部未焊透等缺陷，这些焊接缺陷提供了缝隙位置。淀粉溶液中含有氯化物，奥氏体 316L 形不锈钢在含氯化物的溶液中很容易发生孔蚀和缝隙腐蚀。

防护方法：焊后应对焊缝进行检查和处理，打磨焊缝，除去焊珠、飞溅，必要时还应对焊缝区进行钝化处理。

五、电偶腐蚀实例

实例 1：某啤酒厂的大啤酒罐，用碳钢制造，表面涂覆防腐涂料，用了 20 年。为了解决罐底涂料层容易损坏的问题，新造贮罐采用了不锈钢板作罐底，筒体仍用碳钢。认为不锈钢完全耐蚀就没有涂覆涂料。几个月后，碳钢罐壁靠近不锈钢的一条窄带内发生大量蚀孔泄漏。

分析：碳钢罐壁和不锈钢罐底组成了电偶腐蚀电池，碳钢作为阳极，可能发生加速腐蚀

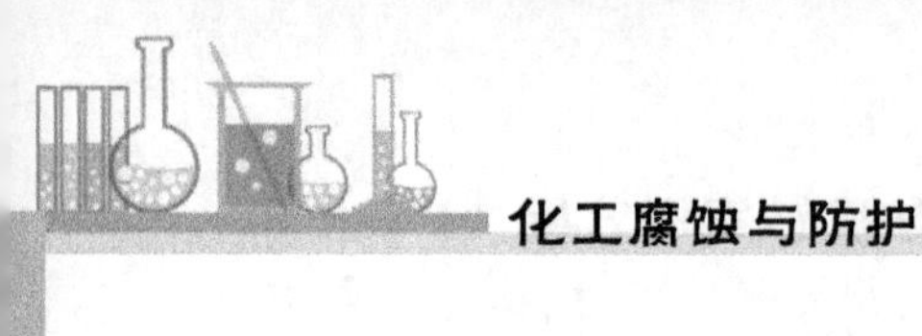

破坏。这里的失误是：碳钢罐壁表面涂覆了涂料，而不锈钢罐底表面没有涂覆涂料。如果当初在不锈钢罐底也涂漆的话，碳钢罐壁是不会发生这么迅速的腐蚀破坏的。涂料层由于薄，很难避免空隙。空隙中裸露出的碳钢变成为小小的阳极区；而罐底不锈钢作为很大阴极，根据阳极对阳极的面积比估计，空隙内碳钢的腐蚀率可达到 25 mm/a，难怪在几个月之内将碳钢罐壁腐蚀出了很多小孔。

防护措施：碳钢和不锈钢全部涂覆或全部用碳钢—不锈钢复合板。

实例 2：一管道系统需要用低碳钢和铜管组合。为避免发生电偶腐蚀，在碳钢管和铜管间加入了一个陶瓷接头。但安装时用金属托架将管道固定在金属板制造的壁上。一年后钢管因腐蚀发生大量泄漏。

分析：本事例中碳钢和铜偶接组成的电偶腐蚀电池中，碳钢是阳极，而铜作为阴极。不过，两种金属部件在电解质溶液中构成腐蚀电池，还必须要“点接触”，即必须构成电流能流通的闭合回路。在金属部分，阳极金属氧化反应产生的电子能顺利流到阴极金属，为去极化剂还原反应所消耗。在溶液部分，离子能顺利迁移。

防护方法：在两种金属之间插入绝缘材料，使它们不能形成电通路即可。

实例 3：海边一座混凝土石油装运码头，混凝土台面支撑在钢管上。钢管表面涂漆并加阴极保护。电源负极连在钢筋上。阳极是镀铂钛悬挂在海水中。在石油装卸过程中，码头受到周期性机械应力，引起混凝土某些物理破坏。使用 12 年后发现，平台的混凝土台面出现严重胀裂，钢筋暴露出来。上表面很严重，下表面完好。检查混凝土增强覆层完好。碳酸化深度低于覆层深度，即混凝土质量良好。

造成破坏的原因是阴极保护系统导线连接不正确。阴极保护系统返回电源的导线不是接到钢管上，而是接到混凝土钢筋上。

分析：在阴极保护实施中电连接十分重要，被保护设备和电极负极用导线连通，导线直径要和保护电流相匹配，以减小线路电压降；导线与设备要连接牢固，电接触良好，不存在大的电阻，特别要防止在使用过程中断线，使保护失效。

施工时将导线接到混凝土钢筋上而不是支撑钢管上，可能是图方便。因为钢筋与平台支撑钢管是导通的，所以开始不会出现问题。但随着码头的运行，混凝土平台发生某些物理破坏。钢筋之间的电连接减弱甚至中断。某些钢筋脱离了阴极保护系统，电流不能通过电路排出，就会发生杂散电流腐蚀。腐蚀产物体积一般大于被腐蚀金属，腐蚀产物膨胀产生很大应力。腐蚀严重时，混凝土覆层被胀裂。

防护措施：对混凝土中的钢筋也可以采用阴极保护，为了保证电路通畅，避免某些钢筋因脱离而受到杂散电流腐蚀，钢筋绑扎后还需焊接。

习题练习

1. 利用网络查找最新的防腐蚀案例。
2. 你认为防腐蚀失败案例失败的原因主要归结为几种？

第十章

化学工业腐蚀的特点和现状

学习目标

1. 了解化学工业腐蚀的现状；
2. 掌握化学工业腐蚀的特点。

学习重点

化学工业腐蚀的特点。

第一节　化工系统行业划分

关于化工系统行业的分类目前没有一个完全统一的标准，大体可以分为以下几类。

一、无机化工

（一）酸类

包括盐酸、硝酸、硫酸和发烟硫酸等。

化工行业有“三酸二碱”之称，其中的“三酸”即指此三酸。

1．盐酸

主要用于制造氯化物（如：氯化铵、氯化锌等）的原料，用于染料和医药，也用于聚氯乙烯、氯丁橡胶和氯乙烷的合成，还用于湿法冶金和金属表面处理，在石油上也有大量应用。另外，还用于印染工业、制糖、制革和离子交换树脂的再生等。根据数据显示，2022 年我国盐酸产量约为 821.35 万 t，同比增长 2.4%；需求量约为 821 万 t，同比增长 2.4%。

2．硝酸

硝酸是用途很广的化工基本原料，是制造化肥、染料、炸药、医药、照相材料、颜料、塑料和合成纤维等的重要原料。2021 年国内浓硝酸产量降至 182.1 万 t，较去年跌幅约 11.77%，平均开工负荷保持在 65%左右。

3．硫酸

硫酸是重要的基本化工原料。在 2010—2021 年期间，全国硫酸总产量为 10.09 亿 t，年均产量为 8 406.95 万 t，复合增长率达到了 5.00%。其中 2021 年硫酸累计产量最高，达到了

9 382.70万吨，当年同比增长 5%。

（二）碱类

纯碱（碳酸钠）和烧碱（氢氧化钠）（二碱）。

1．纯碱

纯碱是基本化工原料之一，广泛用于化工、冶金、国防、建材、农业、纺织、制药和食品等工业，其耗量较大，属于大宗化工产品。我国纯碱工业经过几十年的发展，已然跻身世界前列。从我国纯碱产量情况来看，近年来我国纯碱产量呈波动上涨的趋势。据资料显示，2021 年我国纯碱产量为 2 913.3 万 t，同比增长 3.59%。

2．烧碱

氯碱工业已有近百年的历史，是基础化学工业，也是经历过重大技术变革至今日臻成熟的大吨位产品工业。烧碱在化学工业上用于生产硼砂、氰化钠、甲酸、草酸和苯酚等，还用于造纸、纤维素浆粕的生产、用于肥皂、合成洗涤剂、合成脂肪酸的生产以及玻璃、搪瓷、制革、医药、染料和农药等等。截至 2022 年年底，中国的烧碱产能为 4 763 万 t，而烧碱产量达到了 3 981 万 t。这意味着在 2022 年内，中国的烧碱产量比产能略低，产能利用率为 83.6%。

（三）无机盐及化合物类

此类产品有 530 余种，主要有钡化合物（15 种）、硼化合物（42 种）、溴化合物（10 种）、碳酸盐（20 种）、氯化物及氯酸盐（44 种）、铬盐（12 种）、氰化物（17 种）、氟化合物（22 种）、碘化合物（98 种）、镁化合物（7 种）、锰盐（14 种）、硝酸盐（16 种）、磷化合物及磷酸盐（66 种）、硅化合物及硅酸盐（40 种）和硫化物及硫酸盐（56 种）以及钼、钛、钨、钒、锆化合物等。

（四）化肥类

主要是氮肥、磷肥和复合肥。氮肥：合成氨（其中 2021 年中国合成氨产量为 5 909 万 t，同比增长 15.5%；合成氨表观需求量为 5 989.64 万 t，同比增长 14.5%），尿素 （整体来看，2022 年的我国尿素行业实现供需双增。供给而言，2022 年的尿素产能与产量分别为 6 634 万 t、5 761 万 t）。磷肥：过磷酸钙等（数据显示，2015 年我国过磷酸钙产量达 1 550 万 t，随着低浓度肥逐步得到替代，2022 年我国过磷酸钙产量下降至 802.6 万 t 左右，2022 年我国过磷酸钙需求量为 717.8 万 t）。钾肥（近年来，随着下游需求的持续增长，我国氯化钾销售规模也随之不断增长。据资料显示，2021 年我国氯化钾销量达 1 523 万 t，同比增长 0.5%）。复合肥：硝酸磷肥（2022 年我国工业硝酸磷肥产量 449.8 万 t，同比下降 8.2%），磷酸铵肥：（2021 年，中国磷酸二铵产量是 1 354.4 万 t）。

（五）气体产品

主要有二氧化碳、氢气、氮气、氧气和各种惰性气体等。

（六）其他无机产品

主要有氧化物、过氧化物、氢氧化物、稀土元素化合物和单质等（有 100 多种）。

二、有机化工

（一）基本有机原料

这是有机化工产品的一个主要部分，品种较多（有 1 500 种左右），产量也比较大，主要包括以下几大类。

1．脂肪族化合物

分为脂肪族烃类（如乙烯、乙炔等）、脂肪族卤代衍生物（如氯乙烯、四氟乙烯等）、脂肪族的醇、醚及其衍生物（如酒精）、脂肪族醛、酮及其衍生物（如甲醛）、脂肪族羧酸及其衍生物（如醋酸、乙酸乙烯脂等）、脂肪族含氮化合物、含硫化合物和脂环族化合物及其衍生物等。

2．芳香族化合物

和脂肪族一样，包括芳香族的烃类，醇、醛、酮、酸、酯及其衍生物等各类，不再列举。

3．杂环化合物

如各种呋喃、咪唑、吡啶等等。

4．元素有机化合物、部分助剂及其他

如防老剂、促进剂、甲基氯硅烷、电石及明胶等等。

（二）合成树脂及塑料

目前国内生产的有 18 大类 200 个品种左右，其中聚烯烃 7 种，聚氯乙烯 6 种，苯乙烯类 4 种，丙烯酸类 4 种，聚酰胺类 15 种，线型聚酯聚醚类 13 种，氟塑料 11 种，酚醛树脂及塑料 16 种，氨基塑料 4 种，不饱和聚酯 9 种，环氧树脂 4 种，聚氨酯塑料及部分主要原料 12 种，纤维素塑料 6 种，聚乙烯醇缩醛 2 种，呋喃树脂 3 种，耐高温聚合物 7 种，有机硅聚合物 13 种，离子交换树脂及离子交换膜 20 余种。据买塑网监测数据显示，2022 年，中国通用树脂产品产量约为 8 406.98 万 t，占比达 73.96%，是我国合成树脂行业的主要产品;而专用树脂产品产量为 2 959.95 万 t，占比为 26.04%。

（三）合成纤维

纤维材料产业是关乎世界民生的产业，是人们日常生活不可或缺的产业。化学纤维在纺织服装领域的应用继续增长的同时，又不断向产业用纺织品、生物医用材料、国防航天等领域拓展，人们对功能化、智能化、个人定制化的产品需求也日益增加。其中 2022 年 1—10 月中国合成纤维产量为 5 171.7 万 t，同比增长 0.7%。

合成纤维是由合成的高分子化合物制成的，常用的合成纤维有涤纶、锦纶、腈纶、氯纶、维纶、氨纶、聚烯烃弹力丝等。2021 年中国维纶产量为 8.7 万 t，丙纶产量为 42.8 万 t，氨纶产量为 86.8 万 t，锦纶产量为 415 万 t，腈纶产量为 48.5 万 t。

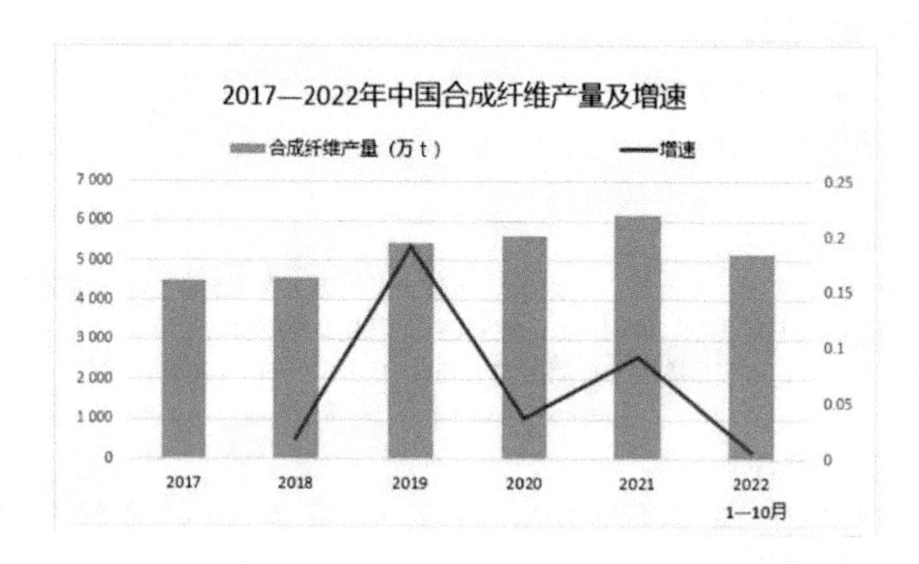

图 1　2017—2022 年中国合成纤维产量及增速

资料来源：国家统计局、共研产业咨询（共研网）

（四）化学医药

医药是品种较多更新换代较快的一大类产品，国内产量不掌握。

（五）合成橡胶

合成橡胶又称人造橡胶，是人工合成的高弹性聚合物，也称合成弹性体。产量仅低于合成树脂(或塑料)、合成纤维，2022 年我国合成橡胶总产能达 678 万 t，总产量约为 484 万 t。从产能来看，丁二烯橡胶产能为 176.2 万 t，占比达第二，约占总产能的 26%，同比增长 12.8%。

（六）炸药、油脂、香精、香料和其他

需要说明的是在有机化工类别中，不完全是有机产品，也有一些无机化工产品，例如在医药中就有不少是无机产品，炸药中也有无机产品。

三、精细化工

生产精细化学品的工业称为精细化学工业，简称精细化工。我国的精细化学品包括下列各类。

（一）化学农药

农药广泛用于农林牧业生产、环境和家庭卫生除害防疫、工业品防霉与防蛀等。农药产品品类繁多，从用途上主要可分为除草剂、杀菌剂及杀虫剂几大类。2021 年，除草剂以高达 44.31%的销售份额继续领跑全球农药行业，其次是杀虫剂和杀菌剂，分别占据 27.19%和 25.12%的市场份额。

（二）颜、染料

染料是指能使其他物质获得鲜明而牢固色泽的一类有机化合物，由于现在使用的颜料都是人工合成的，所以也称为合成染料。染料和颜料一般都是自身有颜色，并能以分子状态或分散状态使其他物质获得鲜明和牢固色泽的化合物。2021 年中国染料产量为 83.5 万吨，同比增长 8.6%；染料产值为 689.27 亿元，同比增长 2.8%。

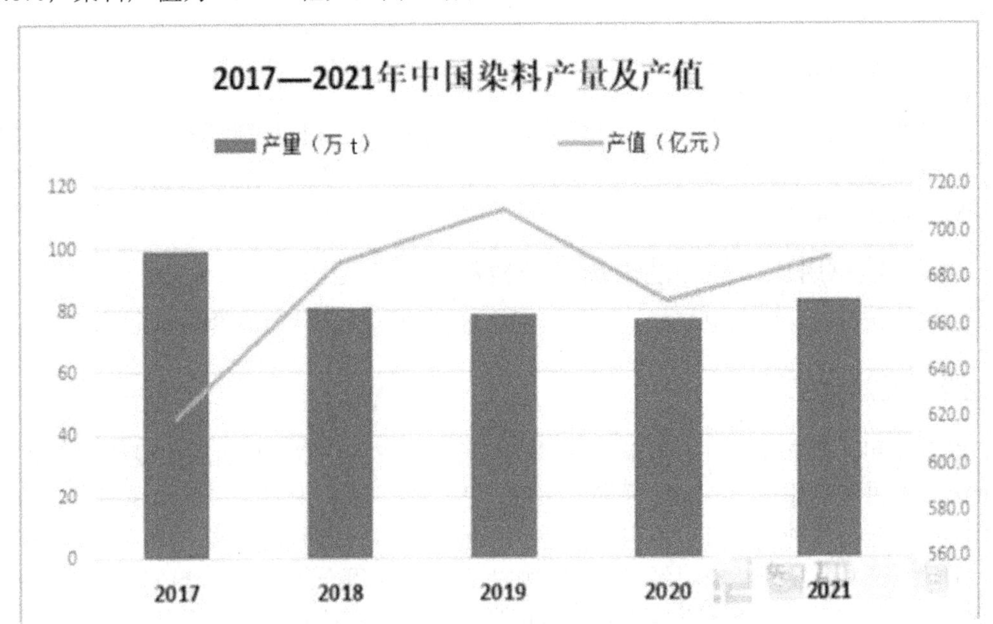

图 10-2 2017—2021 年中国燃料产量及产值

资料来源：中国燃料工业协会、智研咨询整理

（三）化学试剂

它是科学研究和分析测试必备的物质条件，也是新兴技术不可缺少的功能物料。该类物质的特点是品种多、纯度高、产量小。国内各种试剂的总产量不过 20 万 t/年。

（四）助剂

包括表面活性剂、催化剂、添加剂和各种助剂等。表面活性剂的种类很多、一般分为阳离子表面活性剂、阴离子表面活性剂和非离子表面活性剂，此外，还有两性表面活性剂，其用途广泛。2021 年我国表面活性剂产量为 388.52 万 t。催化剂又称触媒，一类能够改变化学反应速度而本身不进入最终产物的分子组成中的物质。常用的有金属催化剂、金属氧化物催化剂、硫化物催化剂、酸碱催化剂、络合催化剂、生物催化剂等。多数具有工业意义的化学转化过程是在催化剂作用下进行的。2022 年我国环保催化剂市场规模达到 33.69 亿美元，随着近年来我国碳达峰、碳中和等节能减排、绿色环保政策持续推进，“十四五”之后，预计 2029 年我国环保催化剂市场规模将达到 51.87 亿美元，期间 2023—2029 年复合增长率 CAGR 将达到 6.46%。

助剂的品种很多，可分为印染助剂，塑料助剂，橡胶助剂，水处理剂，纤维抽丝用油剂，有机抽提剂，高分子聚合物添加剂，皮革助剂，农药用助剂，油田用化学品，混凝土用添加

剂，机械、冶金用助剂，油品添加剂，炭黑，吸附剂，电子工业专用化学品，纸张用添加剂，填充剂、乳化剂、润湿剂、助熔剂、助溶剂、助滤剂、辅助增塑剂和溶剂等。用量较大的有印染助剂和橡胶助剂，2022 年我国印染助剂需求量从 2017 年的 196.66 万 t 增长至 259.52 万 t，印染助剂产量从 193.5 万 t 增长至 257.68 万 t，我国橡胶助剂产量从 2002 年的 18 万 t 快速增长至 2022 年的 143.7 万 t，年均复合增速达到 10.9%，产量在全球中比重逐年增加，已接近 80%。

（五）胶黏剂

此类产品虽然产量不大，但是功用不小，且无可替代。胶黏剂可分为八大类，即通用黏合剂、结构黏合剂、特种黏合剂、软质材料用黏合剂、压敏黏合剂及胶黏带、热熔黏合剂、密封材料和其他黏合剂。

（六）信息用化学品和功能高分子材料

包括感光材料、磁性记录材料等能接受电磁波的化学品、功能膜和偏光材料等。

四、石油化工

以石油和天然气为原料的化学工业。范围很广，产品很多。原油经过裂解（裂化）、重整和分离，提供基础原料如乙烯、丙烯、丁烯、丁二烯、苯、甲苯、二甲苯和萘等。从这些基础原料可以制得各种基本有机原料如甲醇、甲醛、乙醇、乙醛、醋酸、异丙醇、丙酮和苯酚等。基础原料和基本有机原料经过合成和加工，又可制得合成材料如合成树脂、塑料、合成橡胶、合成纤维、合成纸、合成木材、合成洗涤剂以及其他有机化工产品如胶黏剂、医药、炸药、染料、涂料和溶剂等。油田气可直接用于制化学产品，也可用作裂解（裂化）原料。天然气可直接用于制炭黑、乙炔、氰化氢和甲烷衍生物。油田气和天然气还可用于制合成气（一氧化碳和氢气），以供氨和脂肪族醇、醛、酮、酸等的合成。

五、煤化工

煤化工是经化学方法将煤炭转换为气体、液体和固体产品或半产品，而后进一步加工成一系列化工产品的工业。从广义上讲还包括以煤为原料的合成燃料工业。在煤的各种化学加工过程中，焦化是应用最早且至今仍然重要的方法，目的是制取焦炭同时制取煤气和煤焦油（其中含有各种芳烃化工原料）。电石化学是煤化工中一个重要领域，在 2022 年的产量约为 2 698 万 t，相较于 2021 年有所下降，降幅达到 4.5%。用电石发生乙炔，生产一系列有机化工产品（如聚氯乙烯、氯丁橡胶、醋酸、醋酸乙烯酯等）和炭黑。

在世界炭黑生产供应国中，我国以 46.1%的供应量稳居全球第一的位置，是全球主要炭黑产地，据中国橡胶工业协会，2022 年我国炭黑产能 925.0 万 t/年，其中特种炭黑仅有 40 万 t/年左右。据数据显示，2022 年我国炭黑产量 502.8 万 t，开工率基本维持在 60%左右，行业总产能近几年每年保持 3%的平稳增长。煤气化在煤化工中占有特别重要的地位。现在煤气化主要用于生产城市煤气和各种工业用燃料气，也用于生产合成气制取合成氨、甲醇等化工产品。通过煤的液化和汽化生产各种液体燃料和气体燃料，利用碳一化学技术合成各种化工产品。随着世界石油资源不断减少，煤气化技术的改进，煤化工有其广阔的前景。

第二节　腐蚀特点及现状

根据化工系统行业分类的情况，我们选取典型的几个行业，就其生产过程中出现的腐蚀以及防护作一说明。

一、氯碱行业

氯碱化工的生产过程，夹杂了大量的氯气、盐酸等腐蚀性物质，如果生产设备的抗腐蚀性能不过关，设备必将受到严重的腐蚀，面目全非，并直接影响氯碱产品生产效率和安全。针对如此严峻的形势，氯碱化工企业已经着手解决此问题，其主要是通过引进先进生产设备和改进生产工艺以达到防护腐蚀的目的，应用实践后取得了一定的成效。但是，为了更好地提高防腐蚀的效率，企业可以追究生产过程中的腐蚀源，再结合具体的生产工艺流程，制定针对性强的防腐蚀对策，力求最大程度地降低腐蚀程度。

（一）列举氯碱企业生产中的主要腐蚀源

1．氯气

氯气是一种化学性质十分活泼的气体，常温干燥条件下的氯气对多种金属腐蚀程度很轻，但温度一旦升高，氯气的腐蚀程度也会同时升高，与温度形成正相关的关系。湿氯气（水的体积分数$>100\times10^{-6}$）中的氯元素和水反应后生成腐蚀性极强的新物质，能将许多金属诸如碳钢、铜、镍、不锈钢等腐蚀，只有一小部分金属或者非金属材料能够在特殊条件下抵抗湿氯气的腐蚀。氯气作为氯碱化工生产中的主要材料之一，它会对生产设备以及辅助装置产生严重腐蚀，是一大腐蚀源。

2．烧碱

烧碱与氯气不同，它不参与氯碱化工的直接生产，而是作为生产成品出现在整个氯碱生产过程中。在锅式法固碱生产的流程中，预先稀释好的烧碱溶液会在浓缩的状态下对生产机械设备造成较为严重的腐蚀。除此之外，烧碱自身的毒害性和腐蚀性威力就比较强大，所以如果用一般材料的装置盛放烧碱，也不可避免地会将盛放装置腐蚀至裂缝或者直接开裂，因此应该对烧碱所接触的装置、设备采取强大的防腐蚀对策，从而延长装置和设备的使用寿命。

3．酸

和烧碱一样，酸是氯碱化工所产出的一种产品，但它称不上氯碱生产的主产品，可以算是副产品之一，但它与烧碱有着同样的特征，即腐蚀性极强。基础化学试剂之一的稀盐酸（HCl），虽然无法明晰看清它的腐蚀性，但并不代表它不具有腐蚀性，其实它是具有一些轻微的腐蚀性。而化工生产所得的各种酸，它的腐蚀性要比化学基础试剂强十倍百倍，它能够对机械生产设备产生严重腐蚀，由此可见，对其进行防腐对策是极为必要的。

4．盐水

氯碱化工生产所需的盐水，其自身虽然没有腐蚀性，但是它却极容易和金属形成腐蚀电池，从而使得金属失去自身的金属电子导致自身被溶解（此处的溶解相当于腐蚀）。因此，在

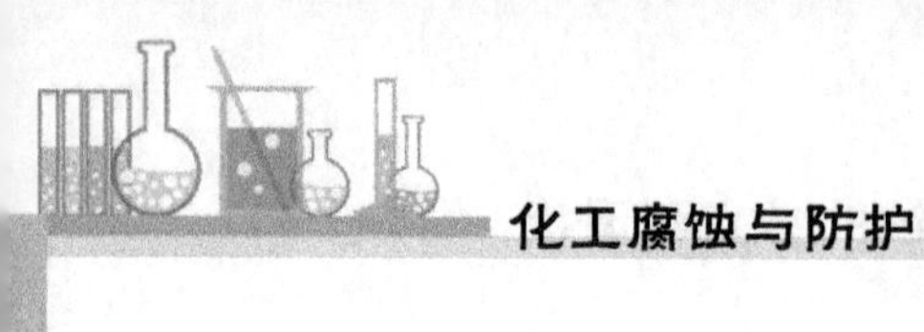

氯碱化工的生产过程中，企业也需要谨慎注意盐水的存放和生产，以免它自身遭到反应而造成对其他事物的腐蚀，同时，在设计选材的时候，企业要尽可能选择非金属材料隔离层来保护金属设备不受腐蚀。

5．尾气

氯碱化工生产的产品，其中尾气占据了不小比例，主要是氯气、氯化氢气体、硫酸气体和碱雾等，但应该注意的是，这些气体均具有一定的腐蚀性，它们会对设备、厂房、管架、管路等内容造成腐蚀，从而引发一定的经济损失。为了降低尾气的腐蚀力，如今多用粉刷涂料的方式来保护各种设备、厂房、管架、管路等内容，但我们更需明白的是，此种方法只能是治标不治本，我们需要尽快改进生产工艺、降低生产浪费，在生产的每一具体环节有效控制尾气气体的产生与蔓延，从根本上降低尾气对各种设备的腐蚀。

（二）针对腐蚀源所提出的具体防护对策

1．氯气腐蚀的防护对策

1）应用碳钢

碳钢应用于抵耐氯气腐蚀，应该注意相应的范围额度：处于小于 90 ℃的干燥氯气环境中，碳钢的耐腐蚀性较强，但干燥氯气一旦掺杂水分，碳钢也容易被腐蚀。因此，以碳钢为主要材质的透平压缩机、输送管线、生产设备可以有效抵抗腐蚀，但都应经过冷却、干燥以及水分体积分数小于 100 ppm 的氯气检测，并且将氯气的温度控制在 90 ℃以下，才能够保障碳钢材质设备处于安全的防腐环境。

2）应用金属钛

钛是一种化学性质较活泼的金属，也可称为活性金属，但是它在常温条件下能够形成保护性较强的氧化膜，对于外界各种酸性物质的腐蚀有着极强的抵抗作用，所以它能够被有效应用到氯气的防腐对策中。常温下的钛可以抵耐浓度小于 10%的盐酸，处于 50 ℃的环境中可以抵耐浓度为 3%的盐酸，如果适当在钛材料中加入少量的贵金属（比如铂、钯等），便能够将其耐腐蚀度又提升到一个较高的层次。

2．盐酸腐蚀的防护对策

1）利用玻璃钢

玻璃钢（FRP）是一种合成材料，其成分可分为增强材料与基体材料。增强材料是玻璃钢的主要承载材料，由玻璃纤维和纤维织物构成，能够直接影响玻璃钢的强度和腐蚀度；基体材料由合成树脂与辅料构成，其功用主要是在纤维间传递载荷，并使之达到平衡。比如，常用于氯碱化工生产的乙烯基酯玻璃钢能够抵耐 110 ℃的高温浓盐酸，一定程度上展现了自身的强大性能，目前已得到广泛使用。

2）利用不透性石墨

不透性石墨可称为一种全能材料，它在大多数恶劣腐蚀环境中都能保持优良的耐腐蚀性，沸点盐酸、硫酸、磷酸各种酸性物质以及碱液、有机溶剂等物质均能够被它有效抵挡。据有关数据显示，石墨在还原性气氛中可抵耐 2 000～3 000 ℃的高温，在氧化气氛中也可抵耐 400 ℃的高温，由此可见，不透性石墨的抗腐蚀能力十分强大。

3．烧碱腐蚀的防护对策

1）运用金属镍

镍是一种化学性质相对稳定的金属，它具有相当优良的机械、加工性能，兼备良好的耐腐蚀性能，所以，可以将它视为抗烧碱腐蚀的一大特殊材料。它能够抵耐热浓碱液和中、微酸性溶液和一些有机的腐蚀性溶液，但是它对于氧化性酸和含有氧化剂的溶液不具有抵抗性，所以镍多被应用于碱液蒸发器这种设备装置。

2）膜式法与碱生产设备的选材

在固、片碱的生产中，高温且浓度大的碱对于生产设备腐蚀性较强。在膜式蒸发器中，将45%的碱液蒸发到60%，且其操作温度低于150 ℃，选择镍材质的设备比不锈钢材质设备使用的周期长。但氯酸盐在250 ℃以上逐步分解时，会在新生态氧和镍制的蒸发器作用产生氧化镍层，随即在高温下被冲刷走又继续生成，如此循环往复反而易造成蒸发器寿命缩短。

二、化肥行业

以尿素生产为例，尿素不仅是一种高效的氮肥，而且在树脂、医药、涂料、纺织、食品、饲料等工业领域作为化工原料有着广泛的应用。

在工业尿素生产中，以液氨和 CO_2 为原料，目前尿素生产主要采用的两种生产工艺：一种是水溶液全循环法，经 CO_2 压缩、NH_3 的净化和输送、尿素合成、循环、吸收解吸、蒸发、造粒与贮存等工序；另一种是二氧化碳汽提法，经 NH_3 和 CO_2 压缩、尿素合成、CO_2 汽提、循环、蒸发与造粒等工序。其中生产用 NH_3 和 CO_2 由合成氨系统提供。合成氨的生产工艺主要经脱硫、造气、转化、变换脱碳、甲烷化、氨的合成和氨的冰冻等工序。

合成氨生产过程中产生的腐蚀主要源于生产过程中的各种原料及其杂质、工艺过程介质及其环境等。如高温气体（H_2、N_2 等）、H_2S、CO_2、水蒸气、热钾碱液/MEDA 液及其水溶液体系、循环冷却水等对设备及管道的腐蚀，具体包括氢腐蚀、氮腐蚀、高温氧化腐蚀以及其他一些均匀腐蚀和局部腐蚀。针对上述各种腐蚀，各生产单位一般以选用适用的设备及管道材料，在工艺上选用缓蚀剂、水处理剂以及调整工艺的方法加以控制，并采用化学分析法、冷却水的电导检测法、pH 监测法和旁路挂片法实现腐蚀监测。

尿素生产装置中主要腐蚀问题是氨基甲酸铵、尿素溶液等的腐蚀，氨基甲酸铵是在 NH_3 和 CO_2 转化成尿素过程中生成的一种中间产物，其腐蚀在反应部位最为严重。因为在该部分的温度和压力均高于下游，其中水溶液全循环法生产系统中尿素合成塔、吸收塔和中低加热器等都很容易被氨基甲酸铵腐蚀；而二氧化碳汽提法生产系统中受尿素甲铵液腐蚀较严重的设备是合成塔、高压洗涤器、汽提塔和高压甲铵冷凝器等。特别是在温度 130～200 ℃、压力 15～25 MPa 条件下的尿素-甲铵溶液，对金属的腐蚀更为严重。在尿素的现代生产过程中，设备的防腐主要集中在工艺操作上。而工艺操作的控制主要以化学分析法、冷却水的电导检测法、pH 监测法、旁路挂片法和设置检漏孔来检查设备衬里的腐蚀，穿透法等传统腐蚀监测的结果为依据，尤其以化学分析法为主。

传统方法在现实腐蚀监测中存在一些问题，主要表现在：①传统分析法，分析操作周期长，不能及时地反映设备的腐蚀状态和工艺操作对设备腐蚀的影响；②设置检漏孔和分析冷却水的电导法，均不能检测设备的未穿透腐蚀，这些检测方法不是安全可靠的监测方法；③上述监测

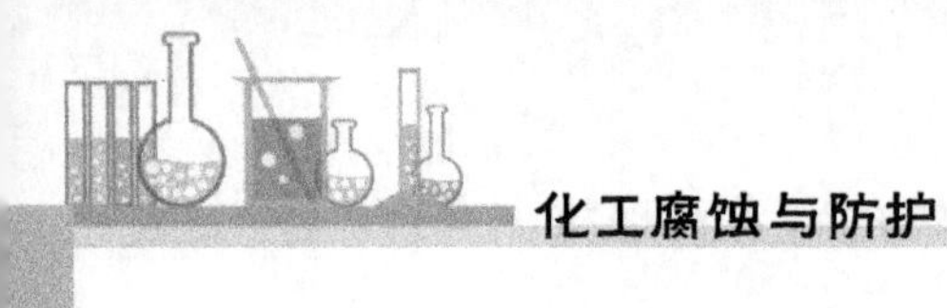

法由于不能准确及时了解设备腐蚀状态，采取措施不及时，针对性也不是很强，因此，不同程度地降低了设备使用寿命，对成品尿素的质量也有一定的影响。因此在尿素生产厂实现在线腐蚀监测具有重要的现实意义，能指导工厂进行工艺控制，以减轻工艺介质对设备的腐蚀，且能指导工厂合理使用各种缓蚀剂及水处理剂，一方面防止因药量不足，工艺介质对设备的腐蚀，另一方面防止因药量过大而产生的药剂的无谓耗损和浪费，提高经济效益。

三、农药行业

农药的生产是利用有机或无机化学物质通过在特定环境（高低温，高低压）下发生化学反应而得到我们所需特殊化合物的过程。对反应环境的要求使得我们需要使用一些特定的设备来进行反应。目前为止，这些特定的设备基本都是使用金属材料所制成的。由于农药生产是大型化生产，因此设备多因体积大而露天放置，又加上原料都是化学物质，大多带有腐蚀性。因此生产设备的腐蚀不可避免。下面简单地介绍一下农药生产中目前存在的一些主要的腐蚀。

（一）晶间腐蚀

沿着晶粒间界发生的腐蚀是很严重的破坏现象，因为这种腐蚀使晶粒间丧失结合力，以致材料的强度几乎完全消失。经过这种腐蚀的不锈钢样品，外表还是十分光亮的，但是轻轻敲击即可碎成细粉。

（二）点腐蚀

奥氏体不锈钢接触某些溶液，表面上产生点状局部腐蚀，蚀孔随时间的延续不断地加深，甚至穿孔，称为点腐蚀（点蚀），也称孔蚀。通常点蚀的蚀孔很小，直径比深度小得多。蚀孔的最大深度与平均腐蚀深度的比值称为点蚀系数。此值越大，点蚀越严重。一般蚀孔常被腐蚀产物覆盖，不易发现，因此往往由于腐蚀穿孔，造成突然性事故。

（三）缝隙腐蚀

缝隙腐蚀是两个连接物之间的缝隙处发生的腐蚀，金属和金属间的连接（如铆接、螺栓连接）缝隙、金属和非金属间的连接缝隙，以及金属表面上的沉积物和金属表面之间构成的缝隙，都会出现这种局部腐蚀。

（四）应力腐蚀

奥氏体不锈钢的应力腐蚀是一种腐蚀速度快，破坏严重，且往往是在没有产生任何明显的宏观变形，在不出现任何预兆的情况下发生的迅速而突然的破坏。应力腐蚀是在拉应力和腐蚀环境的联合作用下引起的腐蚀破坏过程。

（五）其他腐蚀情况简介

1. 氧化

氧化是指气体/金属在高温下反应生成一层腐蚀产物——氧化皮的现象，氧化可以在O_2、空气、CO_2、蒸汽以及含这些气体的复杂工业气氛中产生。

2．硫化

硫化是用来描述材料在高温含硫化物气体介质中遭受的侵蚀。硫化包括在氧化性气体中发生氧化物和硫化物侵蚀或在还原性气体中（如 H_2—H_2S 混合物）发生硫化物侵蚀。硫化物介质主要有潮湿空气—SO_2、H_2—H_2S、硫蒸气、含硫燃料产生的燃烧气和石油液体加氢脱硫和煤的汽化的气氛。

3．渗碳

渗碳是指合金吸收碳或金属裸露在高温含碳气体（例如 CO 和 CH_4）中可能发生的表面增碳现象。当奥氏体不锈钢中碳含量超过固溶体溶解度时，则钢中 Cr 和 Fe 与其生成碳化物。渗碳引起的破坏就是由于渗碳层形成大量碳化物，导致体积变化产生局部应力，并使材料的延性和韧性降低。渗碳在高温下进行并随着温度的增加而加速。

像氧化和硫化情况一样，提高合金耐渗碳性最重要的元素是 Cr，其次是 Ni、Si、Nb、Ti。

4．氮化

原子氮可由氨高温解离而成，并渗入不锈钢中生成脆的氮化物表面层。氮化像渗碳一样可能产生脆化。奥氏体不锈钢耐氮化性取决于合金成分和氨浓度、温度等介质条件。高 Ni 量对提高耐氮化性是有益的，而在一定条件下高 Mo 是有害的。

5．无机盐的腐蚀

原料在预处理中，原料中的水分经过脱水处理，已大大减少，但仍然不能完全去除水分。这部分水分中带有一定成分的无机盐，如 NaCl 和 Na_2SO_4 等，当这部分水分工艺过程中的加热处理，该类无机盐便会因为受热而发生水解。之后便会形成某些强腐蚀性的气体，如氯化氢气体等。这些气体随着水蒸气共同从塔顶排出，在塔顶冷却时，强腐蚀性气体会形成酸性溶液，对塔顶附近的机械系统造成酸性腐蚀，破坏其冷却功能。

6．硫化物的腐蚀

原料中常会含有一些硫化物，常温常压下，或温度并不很高的条件下，硫化物并不会对设备产生明显的腐蚀与损害。但是，当温度接近或高于 350 ℃时，电化学腐蚀情况便尤为严重，并且其腐蚀能力会随着温度的增高而持续加强。例如在设备减压等条件下，该类情况下的高温对硫化物的活性起到了强有力的催化，腐蚀程度较高。

7．氮化物的腐蚀

除了上述几种物质以外，原油中还存在着某些氮化物。在石油的加工过程中，该类氮化物会经过一系列反应，生成氨气等。该类气体或物质在石油的蒸馏过程中与水结合，也会生成腐蚀性物质，促使设备发生又一种电化学腐蚀。并且，H_2S 与氨水共同反应，会使电化学腐蚀加重，对储存罐或管道内壁涂料造成腐蚀，在石油产品生产中造成设备的故障和一些事故的发生。

四、染料行业

印染行业是我国纺织工业产业链中的重要组成部分，是带动纺纱织造、提升服装及家用纺织品档次和附加值的关键行业。

但是印染行业属于高耗能、高耗水、高污染的“三高”行业，在能源紧张，水资源日益

短缺，环境不断恶化的今天，那些能耗较高、污染治理不力的企业，必然面临着更大的压力。而在生产过程中，印染设备工作环境比较恶劣，受各种染化料和水、汽的高度腐蚀，磨损严重，影响了印染设备精度，造成运行处在不良状态，增加了设备的跑、冒、滴、漏的可能。不锈钢和碳纤维等新材料，因强度高、耐腐蚀，抗磨性好，保温性好，综合性能优越，不仅应用于航天、航空和日常用品多个领域，目前也越来越广泛地应用于印染机械并取得了良好的效果。比如聚四氟乙烯有表面防粘的特性，在印染布加工过程中，由于各种染化料极容易沾污在导布辊及烘筒的表面，不但影响了织物的加工质量，清除这些污垢需要用大量的清水，而且处理工作十分不便，可以说是劳民伤财，而聚四氟乙烯既有防沾污又有耐高温的特性，大大地改善烘筒表面的沾污状况。

五、石油化工行业

石化行业占比大，腐蚀情形更不乐观，造成的原因也是多方面的，例如环境、设备等。下面选取环境中的大气和设备中储罐作为典型做一介绍。

（一）化工大气的腐蚀与防护

1. 化工大气对金属设备的腐蚀情况

金属在大气自然环境条件下的腐蚀称为大气腐蚀。暴露在大气中的金属表面数量很大，所引起的金属损失也很大。如石油化工厂约有70%的金属构件是在大气条件下工作的。大气腐蚀使许多金属结构遭到严重破坏。常见的钢制平台及电器、仪表等材料均遭到严重的腐蚀。由此可见，石油、石油化工生产中大气腐蚀既普遍又严重。

大气中含有水蒸气，当水蒸气含量较大或温度降低时，就会在金属表面冷凝而形成一层水膜，特别是在金属表面的低凹处或有固体颗粒积存处更容易形成水膜。这种水膜由于溶解了空气中的气体及其他杂质，故可起到电解液的作用，使金属容易发生化学腐蚀。

因工业大气成分比较复杂，环境温度、湿度有差异，设备及金属结构腐蚀也是不一样的。如生产装置中的湿式空气冷却器周围空气湿度大，有害杂质的复合作用使设备表面腐蚀很厉害。涂刷在设备、金属框架等表面的涂料，如酚醛漆、醇酸漆等由于风吹日晒，使用一年左右，涂层表面发生粉化、龟裂、脱落，失去作用。

2. 金属（钢与铁）在化工大气中的腐蚀

由于铁有自然形成铁的氧化物的倾向，它在很多环境中是高度活性的，正因为如此它也具有一定的耐蚀性。有时候会在空气中发生氧化反应，在表面形成保护性的氧化物薄膜，这层膜在99%相对湿度的空气中能够防止锈蚀。但是要存在0.01%SO_2就会破坏膜的效应，使腐蚀得以继续进行。一般在化工大气情况下，黑色金属的腐蚀率随时间增加而增加。这是因为污染的腐蚀剂的积聚而使腐蚀环境变为更加严重的缘故。

（二）储罐的腐蚀与防护

通过对油罐的腐蚀情况调查，首先对汽油罐进行内壁防腐，在20世纪90年代初防腐涂料一般采用耐蚀性好的涂料防护，例如环氧树脂漆或聚氨酯漆等，有效地保护了油罐。但是这些涂料都有高绝缘性。由于油流输送时与管道和罐壁摩擦产生静电，使罐内静电压升高，

易产生静电火花而引起油罐爆炸。因此油罐内壁防腐的涂料不仅要有良好的耐蚀性，更应具有抗静电性。目前我国使用比较多的是“环氧玻璃鳞片抗静电涂料”。

该涂料是由底漆与面漆配套组成，在防腐方面，主要表现如下。

1．底漆

主要成分为有机硅富锌漆，在防腐蚀上主要表现为电化学保护、化学保护作用。

1）电化学保护作用

有机富锌涂料中含有大量的（达70%以上）超细金属锌的微粒，它在涂料中彼此相连。而且，金属锌又和金属基体紧密接触。因此，当有电解质存在时（如水、溶液）就产生了许多微电池。由于锌的电极电位（–0.75 V）要比铁的电位（–0.44 V）低，根据电化学原理，锌粉不断地被消耗而保护了阴极铁。即当锌、铁接触时，在锈蚀条件下（水、溶液），锌首先被氧化生成氢氧化锌、氧化锌，进一步吸收空气中的二氧化碳，生成碳酸锌。由于这种保护作用使得有机富锌涂料具有保护钢铁，甚至在出现锈点的情况下不使锈点蔓延扩散，如镀锌铁皮腐蚀情况。

2）化学保护作用

金属锌的化学性比较活泼，容易与其他物质起反应，特别是潮湿的空气或溶液中很迅速地生成各种复盐与难溶的化合物。如锌被氧化，生成氢氧化锌、氧化锌、碳酸锌（简称白锈）这些碱性物质。这些物质体积易膨胀，堵塞了涂膜内的空隙、裂纹和孔洞，挡住了氧气、空气及其他电解质的侵入，起着物理隔离作用，阻止锌铁被氧化，从而提高了涂层的稳定性能。同时，由于这些难溶化合物，还牢固地覆盖在涂层表面，保护了涂层并阻止锌的继续溶解。使有机富锌涂料具有极其优异的防锈性能，同时该涂料不污染油品。

另外，该材料与金属基面有很好的结合力，当涂刷一道时干膜厚度为40 μm左右。由于该材料孔隙率大，这样可使面漆容易渗透，加大了底漆与面漆的结合力。

2．面漆

主要由改性环氧树脂、鳞片状导电材料、玻璃鳞片状填料、触变剂组成，该材料的性能如下：

环氧树脂具有良好的耐腐蚀性能。在固化后的环氧树脂体系中，含有稳定的苯环和醚键以及脂肪族羟基，所以耐某些溶剂及稀酸、碱的性能好。

在鳞片树脂层中，极薄的玻璃鳞片基本上是平行重叠排列的，当防腐层厚度为1 mm时，平行排列的玻璃鳞片就有几百层，有效地阻止了腐蚀介质的渗入，所以抗腐蚀介质渗透的能力特别强。同时由于玻璃鳞片不连续地存在于树脂中，使收缩力大大减少，涂层的抗裂性也好。这就使鳞片树脂涂层的结构较之传统防腐涂层有本质的区别，从而其耐蚀性能、抗冲性能非常好。

3．用富锌与环氧系涂料

作为防腐层的组合，从理论到实际上较为合理。具体表现如下。

（1）当涂层有抗静电要求时，要求漆膜有一定的导电率。从我国目前生产的抗静电涂料看，基本是树脂做底、面漆，因树脂本身是绝缘体，如果要求漆膜有一定的导电率，要在底漆中加入一定数量的导电材料（如碳黑）。虽然抗静电指标达到要求，但是底漆与金属表面的结合力不好，易产生开裂或脱层。

（2）富锌做底漆与面漆时，虽然耐蚀性好，但是富锌漆的锌粉随时间的延长易氧化成碱与盐，这样漆膜的导电率下降了，达不到国家颁发的有关静电安全标准。

（3）采用富锌做底漆，环氧做面漆时，才能克服用其他材料做底漆时附着力不好的现象。同时用环氧系涂料做面漆，避免了富锌漆氧化，导电率下降的缺点。

六、纯碱行业

（一）纯碱生产的腐蚀情况

纯碱生产过程中的介质大致可分为以下几种：精制氨盐水，主要是饱和盐水溶液；蒸馏冷凝液，主要是游离氨和 CO_2 的混合溶液；氨盐水、碳化取出液、母液Ⅰ、母液Ⅱ、氨母液Ⅰ、氨母液Ⅱ等溶液，它们主要是 NaCl、NH_4Cl、$(NH_4)_2CO_3$、NH_4HCO_3、$NaHCO_3$ 等盐类的混合溶液，其 CO_2、Cl^-含量大致相似，不同的是结合氨、游离氨、Na_+含量不一样。这些溶液它们具有一个共性，就是均为强电解质，比较有利于电化学腐蚀的进行。

由于碱厂各种溶液大部分是多元混合溶液，其腐蚀性极强，在生产实际中，由于介质、流速、浓度、温度、压力等条件不同，以及耐蚀材料种类繁多，因此，金属的腐蚀破坏类型也是多种多样的。均匀腐蚀是纯碱工业设备最常见的腐蚀形态之一，是电化学腐蚀的基本形态，在全部暴露于介质中的表面上均匀进行，金属均匀减薄，重量逐步减轻，最后破坏；石墨化腐蚀是普通铸铁中的石墨以网络形状分布在铁素体内，在介质为盐水、矿水、土壤或极稀的酸性溶液中，发生了铁素体选择性腐蚀。磨损腐蚀是由于腐蚀流体和金属表面的相对运动，引起金属的加速破坏现象，它是腐蚀和磨损、化学作用和机械作用共同或交替进行的结果，其腐蚀激烈程度远超过单一的腐蚀过程。小孔和缝隙腐蚀是在金属表面上产生小孔或缝隙的一种局部的电化学腐蚀形态。

（二）铸铁在纯碱工业中的使用

纯碱工业从索尔维制碱法工业化开始，绝大部分设备都是采用铸铁材料。而灰铸铁制设备使用寿命比碳钢设备寿命长，因此，不论是庞大的塔器还是各种各样的热交换器、管道、泵、阀门等，均采用铸铁材料。直到 120 年后的今天，纯碱工业仍然是铸铁材料大用户之一，它所采用的铸铁总数量远远超过其他任何化学工业。到今天为止在纯碱工业中使用材料的情况来看，不得不承认铸铁仍是第一大材料，有些由它制成的设备 100 多年都没有变化，如碳化塔、吸收塔现在还是依然使用灰口铸铁来制造。

在当今的纯碱企业中铸铁用量虽然大，但并非是最佳的材料，在使用上也暴露出一系列的问题，如铸铁笨重，耐腐蚀能力低，铸造缺陷比较多而且很难完全避免，使用一段时间后容易泄漏，维修工作量很大。因此铸铁是否继续作为制碱的主体材料很值得人们去思考与探讨。

（三）钛材料在纯碱工业的使用

钛是轻金属，在元素周期表中处于第四族的过渡元素，化学活性极高，易与氧、氢、氮和碳等元素形成稳定的化合物。钛的储量非常丰富，我国的钛储量居世界首位。钛具有质轻、强度高、比强高等特点，在国外被广泛应用。尽管钛的化学性质非常活泼，平衡电位 $E=-1.63$ V（SCE），

但钛的自钝化能力很强，钝化膜稳定性很高，且在遭受机械损伤后，有迅速的自修复能力，特别是在含有强烈破坏钝化膜的 Cl^- 的溶液中也有很好的抗点蚀能力，这是一般不锈钢无法匹敌的，故广泛应用于耐蚀的工况，特别是用于盐水和含有 Cl^- 的溶液中。

由于钛材价格比钢铁材料价格高约 40 多倍，这是任何一个纯碱企业在选择钛材时所无法回避的问题。所以到今天为止，钛材的使用也只能是在设备的最关键部位。高昂的成本问题是阻碍纯碱工业进一步推广钛材料的主要障碍。

（四）不锈钢材料在纯碱工业的使用

1．奥氏体不锈钢的使用

在纯碱工业中使用的不锈钢品种以奥氏体不锈钢和奥氏体-铁素体双相不锈钢为主。其中奥氏体不锈钢中含钼的 00Mo5（00Cr18Ni18Mo5）不锈钢、高镍钼 904L（00Cr20Ni25Mo4）不锈钢及 316L（00Cr18Ni12Mo2）不锈钢使用最为广泛，双相不锈钢主要有奥氏体——铁素体双相不锈钢 3RE60（00Cr18Ni8Mo3Si2）和 CD4Mcu 铸造不锈钢这两种材料。

00Mo5 不锈钢在纯碱中主要是作碳化塔的冷却管，它具有非常优越的抗孔蚀和缝隙腐蚀能力，甚至可以用于接触海水介质的冷却小管。但是该材料不是一个标准的不锈钢系列产品，市场上采购较为困难，其使用受到一定程度的限制，没有大量推广使用。

904L 不仅具有高的 Cr、Ni 含量，而且有很高的 Mo 含量，具有比 00Mo5 不锈钢更好的耐蚀性。在纯碱生产中，904L 表现出较好的耐全面腐蚀和抗点蚀能力。另外，904L 有很好的冷热加工性。在欧洲 904L 在纯碱设备上被认为具有与钛材相媲美的优异的耐蚀性能，在一些贫钛国家它被大量地用于替代钛材在纯碱工业应用。它不仅可以用作板材成为压力容器的壳体材料，也可以作为锻件和铸件用在换热器的管板和泵上。

除此以外 316L、304 等不锈钢也广泛地使用在纯碱设备、管道、仪表及阀门等上面。

在与纯碱生产密切相关的苛化法烧碱多效蒸发的生产中，高浓度的 NaOH 含量 45%、NaCl 含量 20%、温度 150 ℃（沸腾）条件下用 0Cr18Ni9Ti 不锈钢制作的泵阀用不到 1 个月，而 1Cr18Ni9Ti 制作的管材，使用寿命仅 11 个月。用超纯铁素体不锈钢（000Cr26Mo1）在浓碱（42%～46%）生产线的蒸发器上，管壁腐蚀率仅为 0.018 mm/a，使用寿命超过 10 年。

2．双向不锈钢的使用

3RE60（00Cr18Ni8Mo3Si2）是奥氏体——铁素体双相不锈钢。国外有的工厂将这种不锈钢用于塔器的内件，如格栅、塔盘等，国内曾将该材料用于氨碱的母液蒸馏塔蒸馏段，但投入运行后产生应力腐蚀破裂。经检查分析，应力腐蚀破坏部位是在温度最高处。虽然双相不锈钢有着比碳含量相当的奥氏体不锈钢更好抗晶间腐蚀的能力，但双相不锈钢耐氯化物应力腐蚀性能与普通 18-8 奥氏体不锈钢相比，只有在低应力下才显示出一定的优越性，在高应力作用下则区别不大或基本相同。因此用此材料制成的母液蒸馏塔在使用 2 年后塔壁出现裂纹，发生渗漏，使用 5 年后各塔出现了 30 多处的泄漏点。裂缝与裂纹多出现在塔体的焊缝及热影响区，其中环焊缝热影响区的裂纹最多，严重处的裂纹呈向外放射状，导致内外穿孔，焊缝热影响区裂纹较集中，方向与焊缝平行且长度与其相对应，局部筒体母材多处发生点腐蚀。分析其产生原因认为主要是氯化物的应力腐蚀破坏造成损坏，应力腐蚀破裂的原因主要是焊接应力，尤其是补焊造成的残余应力及设备制造时产生的结构应力二者叠加的应力源，同时

在塔壁上结垢和干湿交替局部浓缩 Cl^-介质的作用，从而产生应力腐蚀破坏。最后得出双相不锈钢不能承受在碱厂母液蒸馏的工况条件，对于该材料在纯碱中应用，建议使用温度不要超过 80 ℃，且应在设计和制造时注意避免应力集中。这同样也说明，在工业生产中，适宜材料的选用对生产的安全、稳定、成本的降低来讲是极其重要的。

不锈钢的耐腐蚀，主要是靠 Fe—Cr 合金的钝化来实现的，不锈钢的钝化膜特别薄，只有 1～10 nm，膜并不十分均匀，局部总有缺陷，因此，钝化膜很容易遭受破坏，如化学破坏和机械破坏等。钝化膜的化学破坏主要是由于氯化物等侵蚀性阴离子与钝化膜交互作用，导致点蚀，缝隙腐蚀和晶间腐蚀等局部腐蚀破坏。至于 Cl^-等对于钝化膜破坏的机理也是一个正在探讨的问题。钝化膜的机械破坏是由于腐蚀环境和机械力共同作用的结果，在这种破坏形式中，卤化物离子起着重要作用，因此针对不同的工况条件选用适宜的材料是极其重要的。

（五）非金属材料在纯碱工业中的使用

1. 工程塑料的使用

耐蚀塑料分为热塑性与热固性两大类，热塑性塑料中聚乙烯、聚氯乙烯（PVC）、聚丙烯（PP）的应用占主流，氟塑料、氯化聚醚、聚苯硫醚等工程塑料具有优异的耐蚀性能，应用日益广泛，尤其是氟树脂应用最广，增长速度也最快；热固性的树脂有环氧、酚醛、聚酯、呋喃为主的四大树脂，大多数制成复合材料使用，因其刚度与强度差，通常通过纤维增强来做化工设备。耐蚀塑料制的化工设备主要有管道、通用设备、槽罐、换热器、泵、阀等。聚氯乙烯除强氧化剂（如浓度大于 50%的硝酸、发烟硫酸等）及活性极大的物质外，它可耐各种浓度的酸、碱、盐类溶液的腐蚀，非常适合纯碱厂生产中任何浓度的各种介质，由于硬聚氯乙烯的抗拉强度随温度升高而下降（温度每升高 1 ℃，强度下降 6.25 MPa），冲击韧性随温度降低而下降，仅适合温度小于 60 ℃场合下使用。纯碱企业给排水车间的循环水塔内的喷淋管线，原使用碳钢管，由于长期生产，维护防腐时间不足，锈蚀比较严重，现改用 PVC 管效果良好。在温度不太高的状态下（如小于 100 ℃），可在管外采用玻璃钢或碳钢管以增加其抗拉强度。如重碱车间中和水管线及热母液管线采用外缠玻璃钢加强的聚氯乙烯管取代原来的铸铁管，效果亦较好。聚丙烯（PP）与聚氯乙烯相比，重量轻（密度约为聚氯乙烯的 60%）、具有较高的使用温度（推荐使用温度为 110～120 ℃），聚丙烯用玻璃纤维增强后其耐热性和机械强度都有明显改善，扩大了聚丙烯的应用范围，非常适合纯碱生产中各种介质、温度小于 100 ℃的场合下应用。如母液洗涤塔的鲍尔环采用聚丙烯材料代替不锈钢，使用效果好，节省费用。或者在钢管内衬聚丙烯管道在给排水车间稀盐酸管线及煅烧车间热母液管线中应用均比较成功。目前市场上，已有许多厂家生产的改性聚丙烯（PPR）管线及钢箍架聚丙烯管线均非常适合制造纯碱生产中温度小于 100 ℃的各种介质管线。在聚乙烯塑料的大家庭中，超高分子量聚乙烯由于其熔融指数（接近于零）极低，熔点高（190～210 ℃），黏度大、流动性差而极难加工成型一直没有推广应用。然而超高分子量聚乙烯除具有一般的高密度聚乙烯性能外，还具有突出的耐磨性（磨耗 4.4～5.2 mm）、低摩擦系数（0.14～0.15）、较高的冲击强度（无缺口冲击强度 18.6～19.6 MPa）和热稳定性、优良的耐应力开裂性和自润滑性、无表面吸附力、卓越的化学稳定性和抗疲劳性，可用在磨损、腐蚀严重的重碱溜子、挡板等，内衬超高分子量聚乙烯板还可推广到其他需要耐磨、耐冲击的场合，如石灰石仓、焦炭仓、石灰仓，

目前已有厂家生产出超高分子量聚乙烯泵可以取代昂贵的钛泵。

MC 尼龙是单体浇铸尼龙的俗名，是已内酰胺单体在模具内聚合成型直接制得的制品。MC 尼龙除具有普通尼龙材料的通性（如较高的强度、刚性、韧性、低蠕变、耐磨耗，以及化学稳定性）外，由于其高分子量和高结晶度，故比普通尼龙吸水率低，尺寸稳定性好，机械强度比普通尼龙高 1.5 倍。目前国内已有厂家生产出增强 MC 尼龙管线，使用温度高至 160 ℃，可取代纯碱生产中的铸铁管，尤其适合温度较高、腐蚀性较强的场合。

2．玻璃钢、搪玻璃的应用

玻璃钢即纤维增强高分子材料，玻璃钢是一种以合成树脂（包括热固性与热塑性树脂）为黏合剂，以玻璃纤维为增强材料的新型复合结构材料，它具有高强、轻质、耐蚀、优良的耐热性能和电绝缘性能等许多优点。目前国际上每年生产数百万吨，有四五万个品种，国外化工用玻璃钢树脂大多数采用间苯二酸聚酯，部分采用环氧和双酚 A，乙烯基树脂的应用也在逐年增加。国内主要为聚酯、环氧、酚醛等树脂，其中聚酯玻璃钢占总产量的 80%，耐蚀玻璃钢制品主要有储罐、槽车、耐蚀风机、管道等。纯碱生产中的母液洗涤塔内的筛板与液体分布器，原设计使用材料为不锈钢（0Cr18Ni9Ti），一般使用不到 1 年。改用玻璃钢筛板与液体分布器后，经过近 10 年的使用，效果良好，经济效益显著。热氨盐水管线及母液蒸馏塔出气氨气管线也有采用玻璃钢材料，都收到满意的效果。另外，玻璃钢还可以制作设备平台、梯子、电缆桥架等取代腐蚀较严重的钢结构，尽管一次性投资较大，但可省去钢结构周期性防腐费用。需要指出的是，玻璃钢耐腐蚀性能、耐热性能及其机械强度与黏合剂的品种及其配制有极大的关系，在选择玻璃钢时要注意。

搪玻璃也是重要的非金属耐蚀材料，它的主要产品有反应釜、储罐、换热器、搅拌器等，国外的搪玻璃产品及规格很多，国内的产品比较单一，在纯碱企业使用尚未见报道。

3．工业陶瓷的应用

近年来世界工业陶瓷发展很快，在化工装备中常用的精细陶瓷材料就是高纯度的人造原料，通过控制原料的组成和材料的细微组织而制成的一种烧结体，化学工业中常用的结构陶瓷有：氧化系，如氧化铝、氧化锆等；碳化物系，如碳化硅、碳化硼等；氮化系，如氮化硅、氮化硼等。其中氧化铝陶瓷使用最多最广，占 60%左右，陶瓷材料具有优良的化学稳定性，除了对高浓度的碱与氢氟酸以外，几乎对所有的化学品具有优异的耐蚀性。但由于加工与成型的难度，在纯碱行业用得很少，一般只是在一些有特殊要求的阀门（如石灰乳调节阀）上用的多。

非金属材料虽然具有无可比拟的耐腐蚀性、耐冲刷性能及绝热的优点，但由于它们存在低的强度与刚度，低的导热系数，成型制造困难、温度的适应性较差等问题，一直使得非金属材料在纯碱行业只能作为一个配角，现今也只是在管道、阀门、小型储罐、小型反应釜方面得到应用，或只是复合在金属材料的表面使用，它的推广还要有很长的路要走。

本章小结

1．化工系统行业划分的类型。

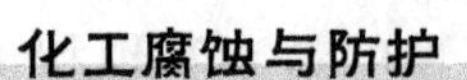

2. 典型行业生产过程中出现的腐蚀及其防护。

习题练习

1. 以当地或你熟悉的化工企业为例，说说你所看到的腐蚀的现状。
2. 各化工行业腐蚀的特点是什么？都有什么差别？

第十一章

腐蚀实验

实验一　失重法测定金属腐蚀速度

一、实验目的

1. 通过实验进一步了解金属腐蚀现象和原理，了解某些因素（如不同介质，介质的浓度，是否加有缓蚀剂等）对金属腐蚀速度的影响；

2. 掌握一种测定金属腐蚀速度的方法——重量法。

二、实验原理

目前测定腐蚀速度的方法很多，如重量法，电阻法，极化曲线法，线形极化法等。所谓重量法，就是使金属材料在一定的条件下（一定的温度、压力、介质浓度等）经腐蚀介质一定时间的作用后，比较腐蚀前后该材料的重量变化从而确定腐蚀速度的一种方法。

对于均匀腐蚀，根据腐蚀产物容易除去或完全牢固地附着在试样表面的情况，可分别采用单位时间、单位面积上金属腐蚀后的重量损失或重量增加来表示腐蚀速度：

$$K = \frac{W_0 - W}{s \times t}$$

式中　K——腐蚀速度　$g/m^2 \cdot h$　（K 为负值时为增重腐蚀产物未清除）；

s——试样面积，m^2；

t——试验时间，h；

W_0——试验前试片的重量，g；

W——试验后试片的重量，g（清除腐蚀产物后）。

对于均匀腐蚀的情况，以上腐蚀速度很容易按下式换算成以深度表示的腐蚀速度：

$$K_e = \frac{24 \times 365}{1000} \times \frac{K}{d} = 8.76 \times \frac{K}{d}$$

式中　K_e——一年腐蚀深度，mm/a；

D——试验金属的密度，g/cm^3。

重量法是一种经典的试验方法，然而至今仍然被广泛应用，这主要是因为试验结果比较真实可靠，所以一些快速测定腐蚀速度的实验结果还常常需要与其对照。重量法又是一种应用范围广泛的实验方法，它适用于室内外多种腐蚀实验，可用于评定材料的耐蚀性能。评选缓蚀剂，改变工艺条件时检查防蚀效果等。重量法是测定学金属腐蚀速度的基础方法，学习

掌握这一方法是十分必要的。

但是，应当指出，重量法也有其局限性和不足。首先，它只考虑均匀腐蚀的情况，而不考虑腐蚀的不均匀性；其次，对于失重法很难将腐蚀产物完全除去而不损坏基体金属，往往由此造成误差，对于晶间腐蚀的情况，由于腐蚀产物残留在样品种不能除去，如果用重量法测定其腐蚀速度，肯定不能说明实际情况，另外对于重量法要想作出 $K\text{–}t$ 曲线往往需要大量的样品和很长的实验周期。

本实验是碳钢在敞开的酸溶液中的全浸实验，用重量法测定其腐蚀速度。

金属在酸中的腐蚀一般是电化学腐蚀，由于条件的不同而呈现出复杂的规律。酸类对于金属的腐蚀规律很大程度上取决于酸的氧化性。非氧化性的酸，如盐酸，其阴极过程纯粹是氢去极化过程；氧化性的酸，其阴极过程则主要是氧化剂的还原过程。

然而，我们不可能把酸类截然分为氧化性酸和非氧化性酸。例如当硝酸比较稀时，碳钢的腐蚀速度随浓度的增加而增加，是氢去极化腐蚀，当硝酸浓度超过 30%时，腐蚀速度迅速下降，浓度达到 50%时，腐蚀速度降到最小成为氧化性的酸，此时碳钢在硝酸中的腐蚀的阴极过程是：

$$NO_3^- + 2H^+ + 2e \longrightarrow NO_2^- + H_2O$$

酸中加入适量缓蚀剂能阻止金属腐蚀速度或降低金属腐蚀速度。

三、实验内容与步骤

（一）试样的准备工作

1．为了消除金属表面原始状态的差异，以获得均一的表面状态，试样需要打磨。

2．试样编号，以示区别。

3．准确测量试样尺寸，用游标卡尺准确测量试样尺寸，计算出试样面积，并将数据记录在记录本上。

4．试样表面除油，首先用毛刷、软布在流水中清除试样表面黏附的残屑、油污，然后用丙酮清洗，用滤纸吸干，经除油后的试样避免再用手摸，用干净纸包好，放入干燥器中干燥 24 h。

5．将干燥后的试样放在分析天平上称重，准确度应达 0.1 mg，称量结果记录在附表中。

（二）腐蚀实验

1．分别量取 500 ml 下列溶液

20%H_2SO_4；

20%H_2SO_4+硫脲（10 克/升）；

20%HNO_3；

60%HNO_3

将其分别放在四个预先冲洗干净的烧杯中。

2．将试样按编号分成四组（每组两片），用尼龙丝悬挂，分别浸入以上四个烧杯中。试样要全部浸入溶液，每个试样浸泡深度要求大体一致，上端应在液面以下 20 mm。

3．自试样浸入溶液时开始记录腐蚀时间，半小时后，将试样取出，用水清洗。

（三）腐蚀产物的去除

腐蚀产物的清洗原则是应除去试样上所有的腐蚀产物，而只能去掉最小量的基本金属，通常去除腐蚀产物的方法有机械法、化学法和电化学方法。本实验试采用机械法和化学法。

1．机械法去除腐蚀产物

若腐蚀产物较厚可先用竹签、毛刷、橡皮擦净表面，以加速除锈过程。

2．化学法除锈

目前化学法除锈常用的试剂很多，对于铁和钢来说主要有：

（1）20%NaOH+200 g/l 锌粉，沸腾 5 分钟。

（2）浓 HCl+50 g/l $SnCl_2$+20 g/l $SbCl_3$，冷，直至干净。

（3）12%HCl+0.2%As_2O_3+0.5%$SnCl_2$+0.4%甲醛，50 ℃，15～40 min。

（4）10%H_2SO_4+0.4%甲醛，40～50 ℃ 10 min。

（5）12%HCl+1～2%乌洛托品，50 ℃或常温。

（6）饱和氯化铵+氨水，常温，直到干净。

3．除净腐蚀产物后，用水清洗试样（先用自来水后用去离子水）。再用丙酮擦洗、滤纸吸干表面，用纸包好，放在干燥器内干燥 24 h。

4．干燥后的试样称重。结果记录在表中。

四、试剂及设备

游标卡尺、毛刷、干燥器、分析天平、烧杯、量筒、时钟、温度计、玻璃棒、镊子、滤纸、丙酮、去离子水、硫酸、硫脲、硝酸。

五、实验结果评定

金属腐蚀性能的评定方法分为定性及定量两类。

（一）定性评定方法

1. 观察金属试样腐蚀后的外形，确定腐蚀是均匀的还是不均匀的，观察腐蚀产物的颜色，分布情况及金属表面结合是否牢固。

2．观察溶液颜色有否变化，是否有腐蚀产物的沉淀。

（二）定量评定方法

如果腐蚀是均匀的，可根据式（1-1）计算腐蚀速度，并可根据式（1-2）换算成年腐蚀深度。根据下式计算 20%H_2SO_4 加硫脲后的缓蚀率：

$$g = \frac{K - K'}{K} \times 100\%$$

式中　K——未加缓蚀剂时的腐蚀速度；

K'——加入缓蚀剂后的腐蚀速度。

（三）实验数据记录及处理

表 11-1　材料原始数据记录表

测量尺寸 / 编号	长 a/mm	宽 b/mm	厚 c/mm	面积 s/m^2	备注
1					
2					
3					
4					
5					
6					
7					
8					

表 11-2　腐蚀情况数据记录表

组别	腐蚀介质	编号	腐蚀时间 t/h	试样原重 W_0/g	腐蚀后重 W/g	失重量 W_0-W/g	腐蚀速率 K g/m^2·h	腐蚀深度 K_e mm/a	缓蚀率%	备注
一		1								
		2								
二		3								
		4								
三		5								
		6								
四		7								
		8								

六、思考题

1．为什么试样浸泡前表面要经过打磨？

2. 为什么要保证试样面积与溶液体积之比？放太多的试样或同时放几种类型不同的金属对腐蚀速度测定有何影响？

3．试样浸泡深度对实验结果有何影响？

4．何谓缓蚀剂？

实验二　阳极极化曲线的测定

一、实验目的

1．掌握用恒电流和恒电位法测定金属极化曲线的原理和方法；

2．通过阳极极化曲线的测定，判定实施阳极保护的可能性，初步选取阳极保护的技术参数；

3．掌握恒电位仪的使用方法。

二、实验原理

阳极电位和电流的关系曲线叫作阳极极化曲线。为了判定金属在电解质溶液中采取阳极保护的可能性，选择阳极保护的三个主要技术参数——致钝电流密度、维钝电流密度和钝化

区的电位范围，需要测定阳极极化曲线。

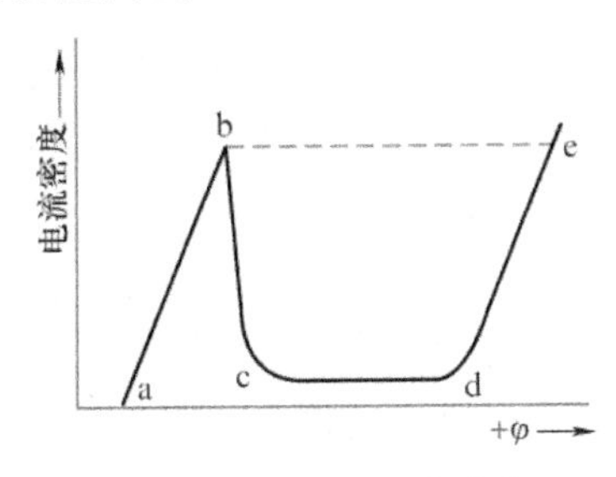

图 11-1 金属极化曲线

ab 活性溶解区 b 临界钝化点 bc 过渡钝化区 cd 稳定钝化区 de 过（超）钝化区

阳极极化曲线可以用恒电位法和恒电流发测定。图 11-1 是一条典型的阳极极化曲线。曲线 abcde 是恒电位法测得的阳极极化曲线。当电位从 a 逐渐向正向移动到 b 点时，电流也随之增加到 b 点，当电位过 b 点以后，电流反而急剧减小，这是因为在金属表面上生成一层高电阻耐腐蚀的钝化膜，钝化开始发生。人为控制电位的增高，电流逐渐衰减到 c。在 c 点之后，电位若继续增高，由于金属完全进入了钝态，电流维持在一个基本不变得很小的值——维钝电流。当使电位增高到 d 点以后，金属进入了过钝化状态，电流又重新增大。从 a 点到 b 点的范围叫活性溶解区，从 b 点到 c 点叫钝化过渡区，从 c 点到 d 点叫钝化稳定区，过 d 点以后叫过钝化区。对应于 b 点的电流密度叫致钝电流密度，对应于 cd 段的电流密度叫维钝电流密度。

若把金属作为阳极，通以致钝电流使之钝化，再用维钝电流去保护其表面的钝化膜，可使金属的腐蚀速度大大降低，这就是阳极保护原理。

用恒电流法测不出上述曲线的 bcde 段。在金属受到阳极极化时其表面发生了复杂的变化，电极电位成为电流密度的多值函数，因此当电流增加到 b 点时，电位即由 b 点跃增到很正的 e 点，金属进入了过钝化状态，反映不出金属进入钝化区的情况。由此可见只有用行电位法才能测出完整的阳极极化曲线。

本实验采用恒电位仪逐点恒定阳极电位，同时测定对应的电流值，并在半对数坐标纸上绘成 ϕ–lg$i$ 曲线，即为恒电位阳极极化曲线。

三、试剂与设备

恒电位仪、饱和甘汞电极、铂电极、电解池、碳钢试件、氨水、碳酸氢铵、量筒、水砂纸、无水乙醇棉、电炉。

四、实验步骤

（一）试验溶液的配制

1．烧杯内放入 700 ml 去离子水，在电炉上加热到 40 ℃左右停止加热，放入 160 g 碳酸氢铵并用玻璃棒不断搅拌。

2．在上述溶液中加入 65 ml 浓氨水。

3．将配制好的溶液注入极化池中。

（二）操作步骤

1．用水砂纸打磨工作电极表面，并用无水乙醇棉擦拭干净待用。

2．按仪器使用说明书连接好电路，经指导教师检查无误后方可进行实验。

3．测碳钢试样在 NH_4HCO_3–NH_4OH 体系中的自然腐蚀电位约为–0.85 V，稳定 15 min，若电位偏正，可先用很小的阴极电流（50 μA/cm^2 左右）活化 1～2 min 再测定。

4．调节恒电位（从自然腐蚀电位开始）进行阳极极化，每隔两分钟增加 50 mV，并分别读取不同电位下相应的电流，当电极电位达到+1.2 V 左右时即可停止试验。

五、实验结果及数据处理

1．数据记录

试样材料　　　　　　尺寸

介质成分　　　　　　介质温度

参比电极　　　　　　辅助电极

自然腐蚀电位

2．结果及数据处理

（1）求出各点的电流密度，填入表中。

表 11-3　E–i 数据记录表

E	i	$\lg i$	E	i	$\lg i$

（2）在半对数坐标纸上将所得数据做成 E–$\lg i$ 关系曲线。

（3）指出碳钢在本实验溶液中进行阳极保护的三个基本参数。

六、思考题

1．试分析阳极极化曲线上各段及各特正点的意义。

2．阳极极化曲线对实施阳极保护有何指导意义？

3．若采用恒电流法测定该体系的极化曲线，会得到什么样的结果？

4．自腐蚀电位，析氢电位和析氧电位各有何意义？

实验三　恒电位法测阴极极化曲线

一、实验目的

1．通过实验初步掌握极化曲线的测试技术；

2．加深对析氢腐蚀和耗氧腐蚀的理解，并学会确定阴极保护参数。

二、实验内容

恒电位法测碳钢在 3%NaCl 溶液中的阴极极化曲线，并确定该系统的阴极保护参数。

三、实验装置

1．实验仪器与材料

恒电位仪、饱和甘汞电极（参比电极）、铂电极（辅助电极）、碳钢电极（研究电极）、盐桥、烧杯、饱和 KCl 溶液、3%NaCl 溶液。

2．实验装置示意图

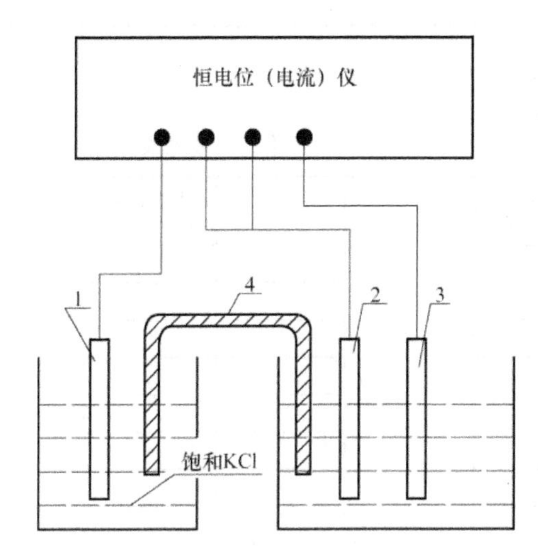

图 11-2　装置示意图

1—参比电极　2—研究电极　3—辅助电极　4—盐桥

四、实验步骤

1．开机准备。

2．电极处理：用细砂布打磨碳钢电极表面，除去锈层并研磨光亮，用浸无水乙醇的棉球除去油污，再用干棉球拭干备用。

3．按示意图接好装置线路：电极电缆线一端接电极输入，另一端的三股电极输入线接不同测量电极（双线电极输入导线接工作电极，红色电极输入导线接辅助电极，兰色电极输入导线接参比电极，）

4．测出碳钢电极的参比电位并记录。

5．按恒电位法进行阴极极化，每变化一次电位值，待一定的时间（2 min）后读出电位、电流值并记录。

6．测试完毕后，取出碳钢电极清洗并拭干后，用游标卡尺测出其工作面尺寸并记录。

五、实验数据及其处理

表 11-4　原始数据记录表

序号	电位/V	电流/mA	序号	电位/V	电流/mA	序号	电位/V	电流/mA

六、实验结果与讨论

表 11-5　实验结果处理表

序号	电位/V	电流密度 /mA・cm^{-2}	序号	电位/V	电流密度 /mA・cm^{-2}	序号	电位/V	电流密度 /mA・cm^{-2}

阴极极化曲线如图：

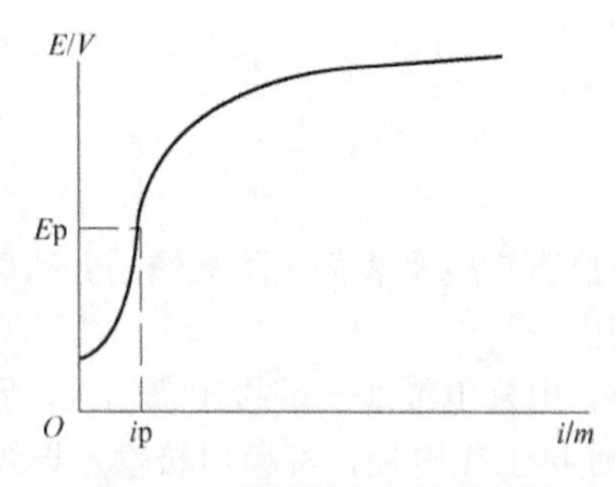

图 11-3　阴极极化曲线示例图

阴极保护参数：

E_p =

i_p=

腐蚀速度估算：K=

实验四　极化曲线评选缓蚀剂

一、实验原理

利用现代的电化学测试技术，已经可以测得以自腐蚀电位为起点的完整的极化曲线。如图 11-4 所示。这样的极化曲线可以分为三个区：（1）线形区——AB 段；（2）弱极化区——BC 段；（3）塔菲尔区——直线 CD 段。把塔菲尔区的 CD 段外推与自腐蚀电位的水平线相交于 O 点，此点所对应的电流密度即为金属的自腐蚀电流密度 i_c。根据法拉第定律，即可以把 i_c 换算为腐蚀的重量指标或腐蚀的深度指标。

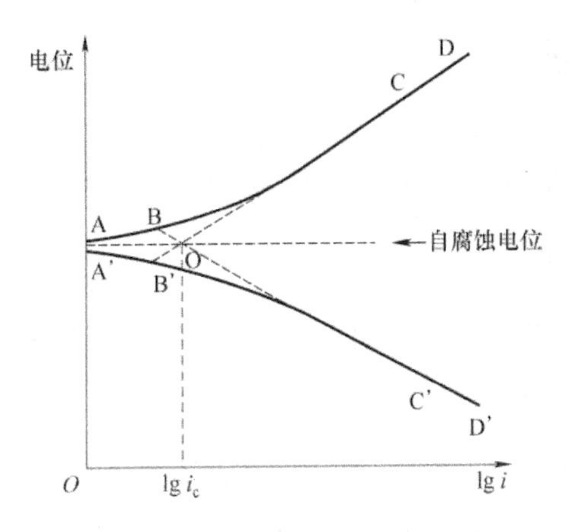

图 11-4　外加电流的活化极化曲线

对于阳极极化曲线不易测准的体系，常常只由阴极极化曲线的塔菲尔直线外推与φ_c的水平线相交以求取 i_c。

这种利用极化曲线的塔菲尔直线外推以求腐蚀速度的方法称为极化曲线法和塔菲尔直线外推法。它有许多局限性：它只适用于活化控制的腐蚀体系，如析氢型的腐蚀。对于浓度极化较大的体系，对于电阻较大的溶液和在强烈极化时金属表面发生较大变化（如膜的生成或溶解）的情况就不适用。此外，在外推作图时也会引入较大的误差。

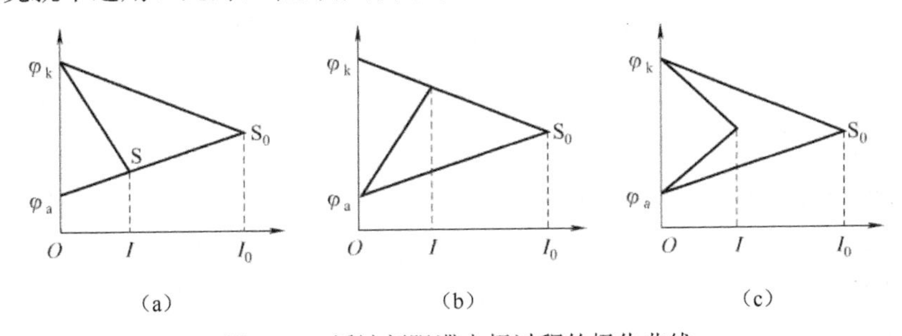

图 11-5　缓蚀剂阻滞电极过程的极化曲线

（a）缓蚀剂阻滞阴极过程（阴极型）（b）缓蚀剂阻滞阳极过程（阳极型）（c）缓蚀剂阻滞阴阳极过程（混合型）

用极化曲线法评定缓蚀剂是基于缓蚀剂会阻滞腐蚀的电极过程，降低腐蚀速度，从而改变受阻滞的电极过程的极化曲线的走向，如图 11-5 所示。由图中可见，未加缓蚀剂时，阴阳

极理想极化曲线相交于 S_0，腐蚀电流为 I_0。加入缓蚀剂后，阴阳极理想极化曲线相交于 S 点，腐蚀电流为 I。I 比 I_0 要小得多。可见缓蚀剂明显地减缓了腐蚀。根据缓蚀剂对电极过程阻滞的机理不同，可以将缓蚀剂分为阴极型、阳极型和混合型。

缓蚀剂的缓蚀效率也可以直接用腐蚀电流来计算：

$$Z=\frac{I_0-I}{I}\times 100\%$$

式中 Z——缓蚀剂的缓蚀率；

I_0——未加缓蚀剂时金属在介质中的腐蚀电流；

I——加缓蚀剂后金属在介质中的腐蚀电流。

二、实验目的及要求

1．掌握用极化曲线塔菲尔区外推法测定金属的腐蚀速度、评选缓蚀剂的原理和方法；

2．评定乌洛托品在盐酸水溶液中对碳钢的缓蚀效率。

三、实验仪器与试剂

恒电位仪、饱和甘汞电极和盐桥、铂电极、碳钢试件、电解池、三角烧瓶、盐酸、乌洛托品、试件夹具、试件预处理用品。

四、实验相关知识点

1．以电流密度表示的金属腐蚀速度与重量指标之间的换算关系；

2．恒电流法测定极化曲线的方法；

3．缓蚀剂的类型（按作用机理划分）；

4．缓蚀效率的计算。

五、实验步骤

（一）准备工作

准备好待测试件、打磨、测量尺寸、安装到带聚四氟乙烯垫片的夹具上，脱脂、冲洗并安装于电解池中。

（二）操作要求

按仪器说明书连接好线路，装好仪器。按恒电位仪的操作规程进行操作：恒电位仪的“电流测量”置于最大量程，预热，调零。测定待测电极的自腐蚀电位，调节给定电位等于自腐蚀电位，再把“电流测量”置于适当的量程，进行极化测量，即从自腐蚀电位开始，由小到大增加极化电位。电位调节幅度可由 10、20、30 mV 逐渐增加到 80 mV 左右，每调节一电位值 1～2 min 后读取电流值。

（三）测量

按上述步骤作如下测量：测定碳钢在 1 N 盐酸水溶液中的阴极极化曲线，然后，重测其

自然腐蚀电位，再测定其阳极极化曲线；更换或重新处理试件，在上述介质中加入 0.5%乌洛托品，并测定此体系中的自然腐蚀电位及阴、阳极极化曲线。

（四）实验原始数据记录

试件材质　　　　介质成分　　　　介质温度

试件暴露面积　　参比电极　　　　参比电极电位

辅助电极　　　　试件自腐蚀电位

表 11-6　数据记录表

极化电位	极化电流	极化电位	极化电流	极化电位	极化电流
φ	$\varphi-\varphi_c$	φ	$\varphi-\varphi_c$	φ	$\varphi-\varphi_c$

六、思考问题

1. 为什么可以用自腐蚀电流密度 i_c 代表金属的腐蚀速度？如何由 i_c 换算为腐蚀的重量指标和深度指标？

2. 本实验的误差来源有哪些？

实验五　临界孔蚀电位的测定

一、实验目的

1. 初步掌握有钝化性能的金属在腐蚀体系中的临界孔蚀电位的测定方法；

2. 通过绘制有钝化性能的金属的阳极极化曲线，了解击穿电位和保护电位的意义，并应用其定性地评价金属耐孔蚀性能的原理；

3. 进一步了解恒电位技术在腐蚀研究中的重要作用。

二、实验原理

不锈钢、铝等金属在某些腐蚀介质中，由于形成钝化膜而使其腐蚀速度大大降低，而变成耐蚀金属。但是，钝态是在一定的电化学条件下形成（如某些氧化性介质中）或破坏的（如在氯化物的溶液中）。在一定的电位条件下，钝态受到破坏，孔蚀就产生了。因此，当把有钝化性能的金属进行阳极极化，使之达到某一电位时，电流突然上升，伴随着钝性被破坏，产生腐蚀孔。在此电位之前，金属保持钝态，或者虽然产生腐蚀点，但又能很快地再钝化，这一电位叫作临界孔蚀电位 φ_b 。φ_b 常用于评价金属材料的孔蚀倾向性。临界孔蚀电位越正，金属耐孔蚀性能越好。

一般而言，φ_b 依溶液的组分、温度、金属的成分和表面状态以及电位扫描速度而变。在溶液组分、温度、金属的表面状态和扫描速度相同的条件下，φ_b 代表不同金属的耐孔蚀趋势。

本实验采用恒电位手动调节，当阳极极化到φ_b时，随着电位的继续增加，电流急剧增加，一般在电流密度增加到200～2 500μA/cm^{2}时，就进行反方向极化（即往阴极极化方向回扫），电流密度相应下降，回扫曲线并不与正向曲线重合，直到回扫地电流密度又回到钝态电流密度值，此时所对应的电位φ_b为保护电位。这样整个极化曲线形成一个“滞后环”把φ—i图分为三个区：必然孔蚀区、可能孔蚀区和无孔蚀区。可见回扫曲线形成的滞后环可以获得更具体判断孔蚀倾向的参数。

三、试剂与设备

恒电位仪、参比电极、辅助电极、电解池、温度计、18-8不锈钢试件（经钝化处理）、氯化钠水溶液。

四、实验步骤

1．待测试件准备：把18-8不锈钢试件放入60 ℃、30%的硝酸水溶液中钝化1h，取出冲洗、干燥。对欲暴露的面积要用砂纸打磨光亮，测量尺寸。分别用丙酮和无水乙醇擦洗以清除表面的油脂，待用。

2．连接好线路，测定自腐蚀电位值，直到取得稳定值为止，记录。

3．调节恒电位仪的给定电位，使之等于自腐蚀电位，由φ_c开始对研究电极进行阳极极化，由小到大逐渐加大电位值。起初每次增加的电位幅度小些（如10～30mV），并密切注意电流表的指示值，在电位调节好以后1～2 min读取电流值。在孔蚀电位以前，电流值增加很少，一旦到达孔蚀电位，电流值便迅速增加。当电位接近孔蚀电位时，要细致调节以测准孔蚀电位。过孔蚀电位后，电位调节幅度可以适当加大（如每次调50～60mV），当电流密度增加爱到500μA/cm^{2}左右时，即可进行反方向极化，回扫速度可由每分钟30 mV减小到10mV左右，直到回归的电流密度又回到钝态，即可结束实验。

五、数据记录及处理

试件材质　　　　　　试件暴露面积

介质成分　　　　　　介质温度

参比电极　　　　　　参比电极电位

辅助电极　　　　　　试件自腐蚀电位

表11-7　数据记录表

时间	电极电位 φ	电流强度 I	现象

φ_b =　　　　　　φ_p =

六、思考题

1．根据测定临界孔蚀电位曲线的特点，讨论恒电位技术在孔蚀电位测定中的重要作用。

2．产生缝隙腐蚀的原因是什么？封装试件中如何放置缝隙腐蚀的产生？

实验六 塔菲尔直线外推法测定金属的腐蚀速度

一、实验目的

1．掌握塔菲尔直线外推法测定金属腐蚀速度的原理和方法；

2．测定低碳钢、不锈钢、铜、在 1MHAc+1MNaCl 混合溶液中腐蚀电流密度 i_c 、阳极塔菲尔斜率 b_a 和阴极塔菲尔斜率 b_c；

3．对活化极化控制的电化学腐蚀体系在强极化区的塔菲尔关系加深理解。

二、实验原理

金属在电解质溶液中腐蚀时，金属上同时进行着两个或多个电化学反应。例如铁在酸性介质中腐蚀时，Fe 上同时发生反应：

$$Fe \longrightarrow Fe^{2+} + 2e$$

$$2H^{+} + 2e \longrightarrow H_2$$

在无外加电流通过时，电极上无净电荷积累，即氧化反应速度 i_a 等于还原反应速度 i_c ，并且等于自腐蚀电流 I_{corr} ，与此对应的电位是自腐蚀电位 E_{corr} 。

如果有外加电流通过时，例如在阳极极化时，电极电位向正向移动，其结果加速了氧化反应速度 i_a 而拟制了还原反应速度 i_c ，此时，金属上通过的阳极性电流应是：

$$I_a = i_a - |i_c| = i_a + i_c$$

同理，阴极极化时，金属上通过的阴极性电流 I_c 也有类似关系。

$$I_c = -|i_c| + i_a = i_c + i_a$$

从电化学反应速度理论可知，当局部阴、阳极反应均受活化极化控制时，过电位（极化电位） η 与电流密度的关系为：

$$i_a = i_{corr} epx（2.3\ \eta/b_a）$$

$$i_c = -\ i_{corr} exp（-2.3\ \eta/b_c）$$

所以

$$I_a = i_{corr}[exp（2.3\ \eta/b_a）- exp（-2.3\ \eta/b_c）]$$

$$I_c = -i_{corr}[exp（-2.3\ \eta/b_c）- exp（2.3\ \eta/b_a）$$

当金属的极化处于强极化区时，阳极性电流中的 i_c 和阴极性电流中的 i_c 都可忽略，于是得到：

$$I_a = i_{corr} exp（2.3\ \eta/b_a）$$

$$I_c = -i_{corr} exp（-2.3\ \eta/b_c）$$

或写成：$\eta = -b_a \lg i_{coor} + b_a \lg i_a$

$\eta = -b_c \lg i_{corr} + b_c \lg i_c$

可以看出，在强极化区内若将 η 对 $\lg i$ 作图，则可以得到直线关系，该直线称为塔菲尔直线。将两条塔菲尔直线外延后相交，交点表明金属阳极溶解速度 i_a 与阴极反应（析 H_2）速度

i_c相等，金属腐蚀速度达到相对稳定，所对应的电流密度就是金属的腐蚀电流密度。

实验时，对腐蚀体系进行强极化（极化电位一般在100～250 mV），则可得到E—lg$i$的关系曲线。把塔菲尔直线外延至腐蚀电位。lgi坐标上与交点对应的值为lgi_c，由此可算出腐蚀电流密度i_{corr}。由塔菲尔直线分别求出b_a和b_c。

影响测量结果的因素如下：

（1）体系中由于浓差极化的干扰或其他外来干扰；

（2）体系中存在一个以上的氧化还原过程（塔菲尔直线通常会变形）。故在测量为了能获得较为准确的结果，塔菲尔直线段必须延伸至少一个数量级以上的电流范围。

三、仪器和用品

电化学工作站CHI660d、铂电极、饱和甘汞电极、碳钢、不锈钢、铜、天平、量筒、烧杯、电炉、蒸馏水、乙酸、U型管、氯化钠、氯化钾、无水乙醇、棉花、水砂纸。

四、实验步骤

1．琼脂-饱和氯化钾盐桥的制备

烧杯中加入3g琼脂和97 ml蒸馏水，使用水浴加热法将琼脂加热至完全溶解。然后加入30g KCl充分搅拌，KCl完全溶解后趁热用滴管或虹吸将此溶液加入已事先弯好的玻璃管中，静置待琼脂凝结后便可使用。

2．电解液的配制

（1）1MHAc+1MNaCl溶液的配制：烧杯中放入1 000 mL去离子水，加入59 g NaCl，60 g乙酸溶液，搅拌均匀。

（2）饱和氯化钠溶液的配制。

3．操作步骤

（1）用水砂纸打磨工作电极表面，并用无水乙醇棉擦试干净待用。

（2）将辅助电极和研究电极放入极化池中，甘汞电极浸入饱和KCl溶液中，用盐桥连接二者，盐桥鲁金毛细管尖端距离研究电极1～2 mm左右。按图11-6连接好线路并进行测量。

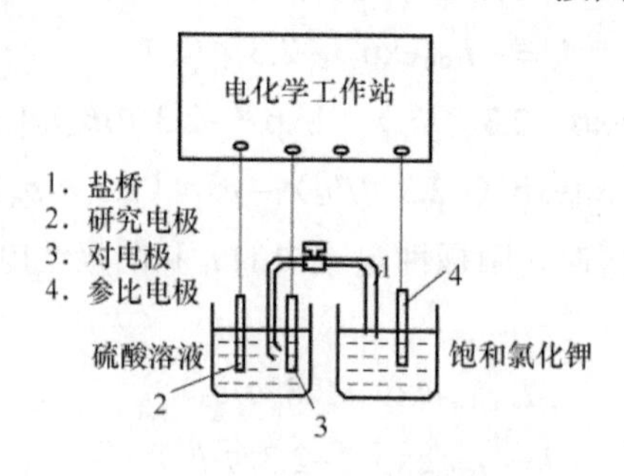

图11-6　恒电位极化曲线测量装置

（3）测碳钢，不锈钢，铜在1MHAc+1MNaCl溶液中的开路电压，稳定5 min。

（4）在-0.9 V和1.2 V（在开路电压正负400 mV区间内，相对饱和甘汞电极：SCE），

以 0.01、0.008 和 0.005 Vs^{-1} 的扫描速度测定碳钢、不锈钢、铜在 1MHAc+1MNaCl 溶液中的 Tafel 曲线。

（5）存储数据，转化为 TXT 文本，用 ORIGIN 软件作图。

五、结果处理

1．绘制碳钢，不锈钢，铜在 1MHAc+1MNaCl 溶液中不同扫描速度的 Tafel 曲线，随着电位的升高，发生的电极反应分别是什么？

2．根据阴极极化曲线的塔菲尔线性段外延求出碳钢、不锈钢、铜的腐蚀电流和腐蚀电位，并进行比较。

3．分别求出腐蚀电流密度 i_c、阴极塔菲尔斜率 b_c 和阳极塔菲尔斜率 b_a。

六、思考题

1．电化学反应过程主要有哪几种极化？Tafel 曲线的适用条件是什么？

2．从理论上讲，阴极和阳极的塔菲尔线延伸至腐蚀电位应交于一点，实际测量的结果如何？为什么？

3．不同扫描速度的 Tafel 曲线有何差异？为什么？

附录

附录一 “化工腐蚀与防护”课程实验

实验一：恒电位法测阴极极化曲线

一、实验目的

（1）通过实验初步掌握极化曲线的测试技术；

（2）加深对析氢腐蚀和耗氧腐蚀的理解，并学会确定阴极保护参数。

二、实验内容

恒电位法测碳钢在3%NaCl溶液中的阴极极化曲线并确定该系统的阴极保护参数。

三、实验装置

1．实验仪器与材料

恒电位仪、饱和甘汞电极（参比电极）、铂电极（辅助电极）、碳钢电极（研究电极）、盐桥、烧杯、饱和KCl溶液、3%NaCl溶液。

2．实验装置示意图

实验装置示意如图1所示。

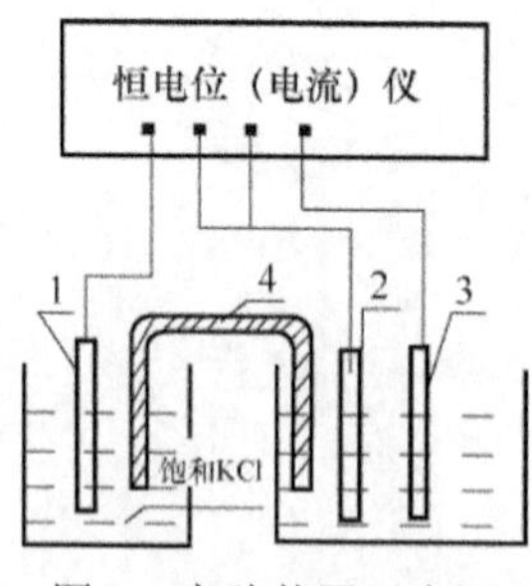

图1　实验装置示意图

1—参比电极　2—研究电极　3—辅助电极　4—盐桥

四、实验步骤

（1）开机准备。

（2）电极处理：用细砂布打磨碳钢电极表面，除去锈层并研磨光亮，用浸无水乙醇的棉球除去油污，再用干棉球拭干备用。

（3）按示意图接好装置线路：电极电缆线一端接电极输入，另一端的三股电极输入线接不同测量电极（双线电极输入导线接工作电极，红色电极输入导线接辅助电极，蓝色电极输入导线接参比电极）。

（4）测出碳钢电极的参比电位并记录。

（5）按恒电位法进行阴极极化，每变化一次电位值，待一定的时间（2 min）后读出电位、电流值并记录。

（6）测试完毕后，取出碳钢电极清洗并拭干后，用游标卡尺测出其工作面尺寸并记录。

五、实验数据及其处理

原始数据见表 1。

表 1　原始数据

序号	电位/V	电流/mA	序号	电位/V	电流/mA	序号	电位/V	电流/mA

六、实验结果与讨论

将实验结果填入表 2。

表 2　实验结果

序号	电位/V	电流密度/mA・cm^{-2}	序号	电位/V	电流密度/mA・cm^{-2}	序号	电位/V	电流密度/mA・cm^{-2}

阴极极化曲线如图 2 所示。

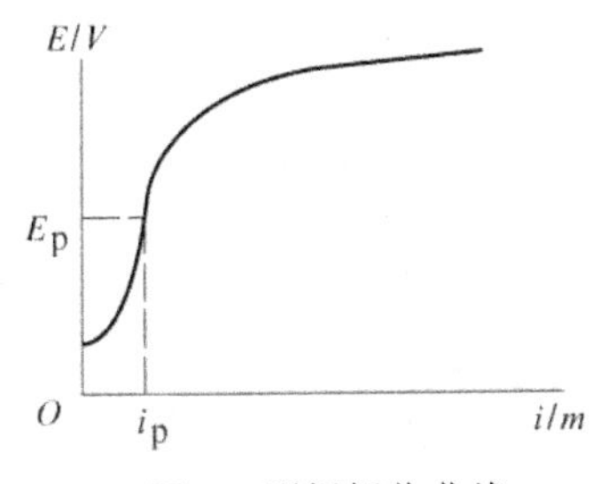

图 2　阴极极化曲线

阴极保护参数：

E_p=

i_p=

腐蚀速度估算：

K=

实验二：线性极化法测金属腐蚀速度

一、实验目的

（1）了解线性极化技术测定腐蚀速度的原理；

（2）初步掌握线性极化技术测定腐蚀速度的方法，学习CR-3多功能腐蚀测量仪的使用方法。

二、实验原理

对于活化极化控制的腐蚀体系，在自腐蚀电位 E_{corr} 附近的微小极化区间（如 $\Delta E \leqslant \pm 10$ mV）内，电极电位的增值 ΔE 与极化电流密度的增值 ΔI 的比值与自腐蚀电流密度 i_{corr} 之间存在着反比关系，即

$$\Delta E/\Delta I=(\beta_a \cdot \beta_c)/23(\beta_a+\beta_c)\ i_{con}$$

对于一定的腐蚀体系，腐蚀过程中局部阳极反应与局部阴极反应的塔菲尔常数 β_a、β_b 为常数，令常数 $B=(\beta_a \cdot \beta_c)/23(\beta_a+\beta_c)$，则 $\Delta E/\Delta I=B/i_{con}$。

在实验测出 ΔE 和 ΔI 后，可通过查手册获得 B 值，代入上式，即可求得 i_{corr}，再通过法拉第定律换算成金属的腐蚀速度：

$$K=3\,600A \cdot i_{con}/Nf \qquad \text{g/m}^2 \cdot \text{h}$$

或

$$K=3.27\times10^3 i_{con} \cdot A/d \cdot n \qquad \text{mm/a}$$

三、实验装置

1．实验仪器与材料

多功能腐蚀测量仪、碳钢电极（3支）、3 %NaCl溶液、烧杯。

2．装置示意图

实验装置示意如图3所示。

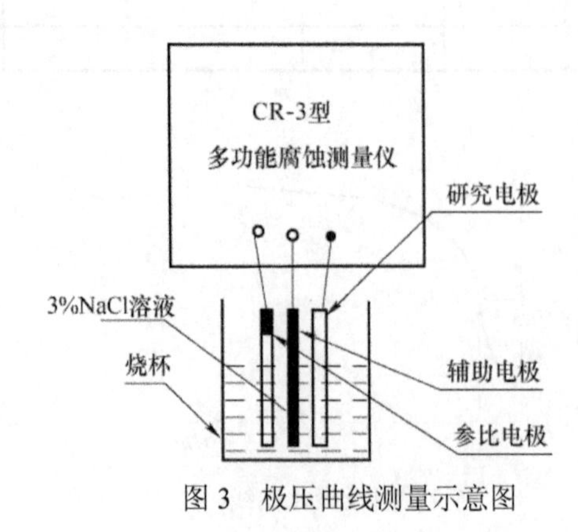

图3　极压曲线测量示意图

四、实验步骤

（1）开机准备。

（2）电极处理：用细砂布打磨碳钢电极表面，除去锈层并研磨光亮，用浸无水乙醇的棉球除去油污，再用干棉球拭干备用。

（3）按示意图将电极与装置接通。

（4）测出研究电极的参比电位并记录。

（5）以 ΔE=　　　　mV 进行线性极化，待数据稳定（约 15min）后记录实验数据。

（6）测试完毕后，取出碳钢电极清洗并拭干后，用游标卡尺测出其工作面尺寸并记录。

五、实验数据及处理

实验数据见表 3。

表 3　实验数据

序　号										
ΔI（μA）										
Δi（μA/cm^2）										
i_{corr}（μA/cm^2）										
K（mm/a）										

计算举例：

六、实验结果

碳钢在 3 %NaCl 溶液中的腐蚀速度为：K=　　　　mm/a

附录二　HDV-4E 恒电位仪操作规程

一、用途

HDV-4E 恒电位仪属于直流变换型恒电位仪，直流电源由 TEG 向蓄电池充电提供，用以实现埋地管道的外加电流阴极保护。该机的特点是直流供电电源与外加电流阴极保护系统隔离。

HDV-4E 恒电位仪属于复合功能型仪器，具有恒电位和整流器两种工作状态。

二、开机准备

（1）开机前应确保恒电位仪机内紧固件、连接线牢固无松动；

（2）应确认恒电位仪面板上仪表指针指零、所有开关指向“关”或“停”位置。

三、日常操作

（1）将恒电位仪面板上电位开关 S1 置“保护电位”位置，电压开关 S2 置“电源电压”位置。

（2）将转换开关从“停止”转换到“准备”位置，此时电位表 PV2 指示出当前通电点的管地电位，同时误差指示灯亮，电压表 PV1 指示 TEG 提供的电源电压，应为 24 V 左右。

当电源电压低于 21.5 V 时，恒电位仪面板上欠压指示灯 HL1 亮，此时无法开机。

（3）将电位开关 S1 置“控制电位”、电压开关 S2 置“输出电压”位置，调节面板上的“控制调节”电位器 RP5，使电位表 PV2 的指示略大于该表先前指示的管地电位，再将转换开关从“准备”转换到“工作”，此时误差指示灯熄灭，电压表 PV1 和电流表 PA1 有“输出电压”和“输出电流”显示。

（4）顺时针调节“控制调节”电位器 RP5，控制电位、输出电压、输出电流随之逐渐加大，当控制电位达到预定值，将电位开关置“保护电位”，电位表指示应与“控制电位”值相等，这表明恒电位仪已开始正常工作。

完成上述步骤后还应用万用表实测控制台后“零位接阴”与“参比电极”之间的真实保护电位，以确定“保护电位”与“控制电位”相等。

（5）恒位状态与整流器状态切换功能调试：

① 现场手动切换：将恒电位仪机厢内印刷板 AP2 上“工作选择”转换开关置“恒位”位置，记录此时的输出电压、输出电流。将 AP2 上的“工作选择”转换开关置“手动”位置，调节 AP2 上的“手动调节”电位器 RP4，使输出电压、输出电流与恒电位仪状态下数值一致。

② 遥控切换：将恒电位仪机厢内印刷板 AP2 上“工作选择”转换开关置“恒位”位置，记录此时的输出电压、输出电流。将恒电位仪后接线板上遥控切换接点短接，此时恒电位仪面板上“遥控切换”指示灯 HL6 亮，调节 AP2 上的“手动调节”电位器 RP4，使输出电压、输出电流与恒电位仪状态下数值一致。

（6）“遥控通断”响应功能调试

① 恒电位仪的遥控通断：当恒电位仪工作在恒位状态下，记录输出电压（电压表 PV1 读数），在恒电位仪后接线板上“遥控通断”+、–接线柱上接入 24 V 电压，此时恒电位仪输出切断，面板上“遥控通断”指示灯 HL5 亮，用万用表测量机厢内印刷板 AP3 上电阻 R11 两端的电压，同时调节电位器 RP1，直到万用表的读数与恒位状态下记录的输出电压相等即可。

② 控制台遥控通断（远方控制状态）：首先将恒电位仪切换到整流器状态（见上文（5）、恒位状态与整流器状态切换功能调试），然后按照 PS-2T 控制台操作规程中远方控制状态检查步骤进行调试。

目前，阴保站遥控通断功能是由控制台实现的，遥控通断功能调试过程中的误操作可能引起设备故障，因此，在没有公司技术人员现场指导的情况下，输气处人员不得进行此项检查。

四、仪器功能检查

1. 过流保护

当负载电流较大时，采用现场调试，调“控制调节”使负载电流（输出电流表 PA1 指示值为标称值的 120%）调节印刷板 AP2 上的电位器 RP2，使其切断输出电流，同时过流报警灯 HL3 亮、蜂鸣器 HA1 响，当控制电位降低时，8～10 s 后，仪器自动复位。

目前陕京管线阴保电流较小，在这种情况下，可按照厂家建议，将电位器 RP2 的中心抽头调到 6 V，并瞬间短路阴、阳极，此时恒电位仪应切断输出，HL3 和 HA1 发出声光报警，8～10 s 后，仪器自动复位。

2. 电位误差报警

把参比输入接线柱上参比电极断开，接入 0.8 V1.3 V 可调直流电压，恒电位仪开机后，将“控制电位”调到 1 V（开机调整步骤见上文日常操作），将参比输入电压调至 1.1 V，调节印

刷板 AP2 上的电位器 RP7 直至误差指示灯 HL4 亮即可；同理，将参比输入电压调至 0.9 V，调节印刷板 AP2 上的电位器 RP6 直至误差指示灯 HL4 亮即可。控制电位改变时，误差报警功能检查方法相同，误差报警上下限设定时，只需模拟参比电位输入值为控制电位±100 mV 即可。

3．欠压保护

当电源电压降至 21～21.5 V 范围内，调节印刷板 AP1 上电位器 RP3，直至“欠压报警”指示灯亮，此时恒电位仪输出电压、输出电流为零。当电压略有回升时，恒电位仪工作在工作和停止之间，则应调节印刷板 AP1 上的电位器 RP8 使仪器不立即恢复工作。

仪器功能检查中各项报警的上、下限，在恒电位仪安装时已设置完毕，在日常运行过程中无须再次设置，因此，在没有公司技术人员现场指导的情况下，输气处人员不得进行上述检查。

附录三　常用标准

GB/T 18590—2001：金属和合金的腐蚀　点蚀评定方法。这是一项关于金属和合金腐蚀评估的国家标准，主要用于评估金属和合金在特定环境下的点蚀情况。

GB/T 10125—1997：人造气氛腐蚀试验　盐雾试验。这是一项用于模拟盐雾环境下材料腐蚀行为的试验标准，广泛应用于各种材料的耐腐蚀性测试。

ISO 8503—1：ISO 表面粗糙度比较样块的技术要求和定义。这是国际标准，规定了用于评估表面粗糙度的比较样块的技术要求和定义，与腐蚀行为有着密切关系，因为表面粗糙度会影响材料的腐蚀速率。

GB5370—85：防污漆样板浅海浸泡试验方法。这是国家标准，规定了防污漆样板在浅海浸泡试验中的方法和要求，用于评估防污漆的耐海水腐蚀性能。

GB/T 1554—1995：硅晶体完整性化学择优腐蚀检验方法。

GB/T 10119—1988：黄铜耐脱锌腐蚀性能的测定。

GB/T 2423.17—2008：电工电子产品环境试验　第 2 部分：试验方法　试验 Ka：盐雾。用于评估电工电子产品在盐雾环境下的耐腐蚀性。

GB/T 20878—2007：不锈钢和耐热钢　牌号及化学成分。虽然这不是直接关于腐蚀的标准，但不锈钢的选用与其耐腐蚀性密切相关。

DL/T 5358—2006：水电水利工程金属结构设备防腐蚀技术规程。针对水电水利工程中金属结构的防腐蚀提出的技术要求。

GB 17915—1999：腐蚀性商品储藏养护技术条件。关于腐蚀性商品储存和养护的规定。

GB 19521.6—2004：腐蚀性危险货物危险特性检验安全规范。针对腐蚀性危险货物特性检验的安全操作规范。

GB 20588—2006：化学品分类、警示标签和警示性说明安全规范　金属腐蚀物。对金属腐蚀物的分类、标签和警示性说明提出的安全规范。

GB/T 13912—2002：金属覆盖层　钢铁制件热浸镀锌层　技术要求及试验方法。替代 GB11372—89 的现行标准。规定了钢铁制件热浸镀锌层的技术要求以及相应的试验方法，适用于各种钢铁制品的热浸镀锌层，如钢板、钢管、钢丝等。这项标准在 GB11372—89 的基础

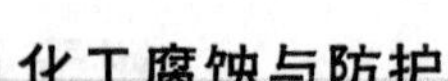

上进行了更新和修订，以更好地适应行业发展的需要和提高产品的耐腐蚀性能。

HG/T 20679—2014：化工设备、管道外防腐设计规定。替代旧版本 HG/T 20679—1990，规定了金属表面处理、除锈方法、等级，环境腐蚀等级划分，防腐涂装、防腐隔热结构设计和涂层厚度，涂层颜色及标识等。它适用于碳钢、铸铁、低合金钢和不锈钢制造的工业设备、管道和钢结构的外防腐规定。

参 考 文 献

[1] 张志宇，邱小云.化工腐蚀与防护[M]. 2 版.北京：化学工业出版社，2013.

[2] 徐晓刚，史立军.化工腐蚀与防护[M]. 北京：化学工业出版社，2020.

[3] 吴荫顺，曹备. 阴极保护和阳极保护原理、技术及工程应用[M]. 北京：中国石化出版社，2007.

[4] 肖友军. 应用电化学[M]. 北京：化学工业出版社，2013.

[5] 龚敏. 金属腐蚀理论及腐蚀控制[M]. 北京：化学工业出版社，2009.

[6] 袁振伟等.防腐蚀施工安全技术[M]. 北京：化学工业出版社，2009.

[7] 赵志农. 腐蚀失效分析案例[M]. 北京：化学工业出版社，2009.

[8] 《防腐蚀工程师选用标准汇编丛书》编委会，中国标准出版社第五编辑室. 防腐蚀设计工程师选用标准汇编[M]. 北京：中国标准出版社，2007.

[9] 沈菡苏，孙纯富，中国腐蚀与防护学会. 中国腐蚀与防护材料产品用户手册[M]. 北京：中国石化出版社，2004.

[10] 杨启明.工业设备腐蚀与防护[M].北京：石油工业出版社，2001.

[11] 张志宇，段林峰.化工腐蚀与防护[M].北京：化学工业出版社，2005.

[12] 中国腐蚀与防护学会.化学工业中的腐蚀与防护[M].北京：化学工业出版社，2001.

[13] 中国就业培训技术指导中心组织.防腐蚀工[M].北京：中国劳动社会保障出版社，2003.

参考文献